高等学校软件工程专业系列教材

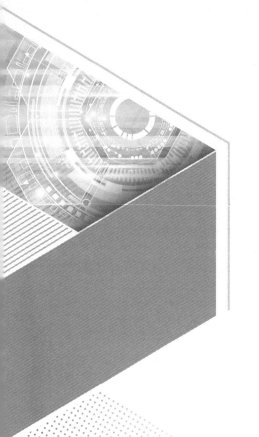

U0366672

软件工程

原理与应用 第三版

◎ 曾强聪 赵 歆 编著

清华大学出版社
北京

内 容 简 介

本书较好地体现了软件工程的实用性,并对软件工程知识体系有比较全面的介绍,对软件工程的概念、规则、方法等有比较生动的基于案例的讲解。

全书共 15 章。第 1~4 章为工程基础,涉及软件工程概述、软件项目管理、软件工程过程模式,以及基于计算机的系统工程等内容。第 5~9 章为工程任务,基于软件生命周期进行内容编排,涉及软件需求分析、软件概要设计、程序算法设计与编码、软件测试、软件维护与再工程等内容。第 10~15 章为工程方法,其中第 10~14 章涉及结构化程序工程、面向对象程序工程、数据库工程、用户界面设计等内容,并介绍了敏捷工程、净室工程等非主流工程方法;第 15 章是一个面向对象工程案例,基于 UML 建模,并通过 C++、Java 语言进行了程序工程结构的创建。

本书语言精练、通俗易懂,教学资源较完备,便于自学。书中案例都已基于主流软件工具(Visio、PowerDesigner、Rose)建立模型。

本书可作为高等学校软件工程相关专业本科生、研究生的教材,也可作为软件开发人员的技术参考书。

图书在版编目(CIP)数据

软件工程原理与应用/曾强聪,赵歆编著.—3 版.—北京:清华大学出版社,2023.5(2024.1重印)
高等学校软件工程专业系列教材
ISBN 978-7-302-63301-3

Ⅰ. ①软…　Ⅱ. ①曾…　②赵…　Ⅲ. ①软件工程-高等学校-教材　Ⅳ. ①TP311.5

中国国家版本馆 CIP 数据核字(2023)第 059268 号

责任编辑: 闫红梅　张爱华
封面设计: 刘　键
责任校对: 李建庄
责任印制: 杨　艳

出版发行: 清华大学出版社
　　　　　网　　　址:https://www.tup.com.cn,https://www.wqxuetang.com
　　　　　地　　　址:北京清华大学学研大厦 A 座　　　邮　　编:100084
　　　　　社 总 机:010-83470000　　　　　　　　　邮　　购:010-62786544
　　　　　投稿与读者服务:010-62776969,c-service@tup.tsinghua.edu.cn
　　　　　质量反馈:010-62772015,zhiliang@tup.tsinghua.edu.cn
　　　　　课件下载:https://www.tup.com.cn,010-83470236
印 装 者: 三河市人民印务有限公司
经　　销: 全国新华书店
开　　本: 185mm×260mm　　**印　张:** 19.25　　　　　　**字　　数:** 470 千字
版　　次: 2011 年 7 月第 1 版　2023 年 6 月第 3 版　　**印　　次:** 2024 年 1 月第 2 次印刷
印　　数: 1501~3000
定　　价: 59.00 元

产品编号:098281-01

前　言

　　本书继续保留以往版本特点,以系统性与实用性为基本宗旨,重视软件工程的概念,通过软件工程案例说明软件工程的方法及其应用。

　　本书在第二版的基础上进行了文字和图表的修订,有适量的内容增减,并基于实际教学意见反馈进行了合乎教学规律的结构调整。

　　全书共 15 章,编排结构分为工程基础、工程任务、工程方法 3 部分。

　　第 1～4 章为工程基础,涉及软件工程概述、软件工程项目管理、软件工程过程模式,以及基于计算机的系统工程等内容。该部分基于工程要素、时空框架、任务特征等对软件工程进行了整体性介绍,使读者在学习初期就对软件工程有初步的认识,对于尽早培养读者的工程意识是有益的,可使读者在学习初期就能建立起有关软件工程的价值体系。

　　第 5～9 章为工程任务。这里的工程任务是指严谨工程计划约束下的任务,是基于一定的过程模式实施的任务。为了方便理论教学与实践教学的结合,该部分按照一般的软件生命周期介绍工程任务,涉及软件需求分析、软件概要设计、程序算法设计与编码、软件测试、软件维护与再工程等内容。显然,这样的内容编排与实际的工程进程是基本一致的,有益于读者的软件工程实践。

　　第 10～15 章为工程方法,涉及结构化程序工程、面向对象程序工程、数据库工程、用户界面设计等内容,并介绍了敏捷工程、净室工程等非主流工程方法。工程模式软件开发需要有与软件问题相适应的工程方法的支持,书中许多工程方法可分别适应不同形态的软件开发,如结构化程序工程方法可适应基于功能抽象的程序构建,面向对象程序工程方法可适应基于现实实体抽象与对现实实体仿真的程序构建等。第 15 章是一个面向对象工程案例,基于 UML 建模,并通过 C++、Java 语言进行了程序工程结构的创建,可供读者更好地领会面向对象程序工程开发。

　　本书中许多工程方法都有案例提供应用说明,这些案例通过主流软件工具(Visio、PowerDesigner、Rose)建立模型,读者也可通过这些软件工具进行软件分析、设计和建模练习。

作　者

2023 年 3 月

目　　录

第 1 部分　工　程　基　础

第2部分 工程任务

第 3 部分　工　程　方　法

第1部分
工程基础

本部分要点:

- 软件工程概述。
- 软件项目管理。
- 软件工程过程模式。
- 基于计算机的系统工程。

软件工程是工程化软件开发与维护的方法论。软件的开发者、维护者或软件项目管理者都将是软件工程的实践者,并且都需要掌握与应用软件工程方法。因此,软件工程的学习不仅是获取知识,更重要的是能将所学的工程方法用于工程实践。

软件工程的应用依赖于工程实践者的工程意识,即工程实践者基于工程方法考察软件问题的自觉性。读者应该主动培养并不断地强化自己的工程意识。只有这样,软件工程才能成为读者自觉遵循的工程行为指南。

本部分是对软件工程基于工程要素、时空框架、任务特征的带有整体性的说明,以使读者在学习初期就对软件工程有一定的认识。显然,这种学习对于尽早培养读者的工程意识是有益的,可使读者在学习初期就能建立起软件工程价值体系。

本部分内容如下。

第1章,软件工程概述:涉及与软件工程有关的诸多方面的问题,如软件的特点、软件产业发展、软件工程定义、主流工程方法。本章是对软件工程的一般性介绍。

第2章,软件项目管理:介绍基于项目的软件工程管理,如项目团队管理、项目计划管理。这里的项目被看作工程容器,可使诸多工程元素基于项目聚集,并通过项目产生工程效应。

第3章,软件工程过程模式:说明软件开发的路线、步骤,介绍几种较典型的工程过程模式,它们是工程化软件开发必须考虑的时间轨迹,是软件工程元素基于时间的展现。

第4章,基于计算机的系统工程:说明软件开发任务特征。这是一项基于计算机的系统工程,涉及诸多环境因素。为了提高工程成功率、降低工程风险,工程初期需要依据软件开发环境、条件等,对项目做前期分析与可行性分析。

第1章 软件工程概述

本章是对软件工程的概况性说明,涉及与软件工程有关的方方面面的问题。软件工程必然涉及软件问题,需要以工程视角考察软件,从而对软件有基于工程的更好的认识。软件工程还涉及诸多工程方法,要求基于工程方法实施软件开发,以使得复杂庞大的软件系统的开发有工程法则可循,使得基于工程的开发结果具有可预见性。软件工程还涉及工程实践,其诸多工程方法即建立于工程实践基础上,并通过工程实践而逐步完善。

本章要点:
- 软件的特点与分类。
- 软件危机现象与原因。
- 软件工程的概念、技术、管理与目标。
- 主流工程方法学。

1.1 软件的特点与分类

计算机系统由硬件和软件两部分组成。硬件是计算机中的物理部件,如处理器、存储器、主板、总线等,具有一定的物理形态,能够独立存在。软件则是计算机中物理硬件以外的逻辑部件,如程序、数据、文档等,抽象无形,不能独立存在。

- 20世纪50年代:计算机主要用于完成复杂的科学工程计算,核心问题是计算过程,其主要的逻辑成分是程序指令,这时的软件就是程序。
- 20世纪60年代:为了适应计算机的大批量数据处理应用,数据从早期程序中分离出来,成为计算机中需要独立对待的逻辑要素。因此,这个时期的软件是"程序+数据"。
- 20世纪70年代以后:为了适应软件系统的工程模式开发,用于说明软件如何构建的技术文档、用于说明软件如何使用的用户文档等,又成为需要独立对待的计算机中新的逻辑要素。由此以来,软件也就有了程序、数据、文档3个逻辑成分。

1.1.1 软件的特点

可以将计算机中的软件与硬件进行比较,由此发现计算机软件的特点。

1. 软件的逻辑特性

计算机软件是计算机中的逻辑成分,不能离开物理载体而独立存在。实际上,无论何时何处,逻辑的计算机软件都离不开物理的计算机硬件的支持。

显而易见,必须要有磁盘、光盘、磁带这些有形的物理介质,抽象的逻辑软件才能存储;必须要有微处理器、存储器的支持,抽象的逻辑软件才能实现物理运行;必须要有键盘、鼠标、显示器、打印机等外部设备的支持,计算机软件中的抽象数据才能实现与外部环境的物理联通。

2. 软件的生产方式

计算机硬件是制造出来的,采用的是传统工业的批量生产模式,需要有较昂贵的生产设备与较复杂的制造工艺才能实现大批量生产,因此对原材料、能源、生产设备等有比较高的依赖度,需要通过购置更先进的生产设备、改进制造工艺来提升产品质量,同时降低生产成本。

但计算机软件不是通过设备制造出来的,而是通过人的智力劳动研发出来的。软件研发对生产设备的依赖度并不高,并可以很廉价地进行副本复制,但却有很复杂的依赖于人的智力活动的研发过程,有很高的智力劳动成本。

3. 软件的生命过程

计算机硬件在使用过程中会经历磨合期、正常使用期、老化期 3 个阶段。

- 磨合期:最初使用阶段。由于硬件中一些难以预料的缺陷,在这个阶段往往会有一个相对较高的故障率。
- 正常使用期:硬件在磨合期之后的一个较长的稳定工作过程,故障频率相对较低。
- 老化期:硬件寿命接近终点时的阶段。由于长久使用,硬件将出现过度磨损,因此故障率会越来越高,并逐渐失效而不能工作。

图 1-1 所示为硬件的生命过程曲线。显然,高质量硬件产品应有较低故障率的磨合期与较长久的正常使用期。

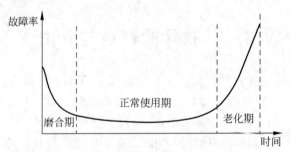

图 1-1 硬件的生命过程曲线

软件也有类似于硬件的磨合期与正常使用期。

软件磨合期的高故障率通常由软件中隐藏的错误或缺陷所致,并随着这些错误或缺陷的排除而进入正常使用期。图 1-2 所示为软件的生命过程曲线。显然,如同硬件一样,高质量软件也应该有较低的磨合期故障率与较长久的正常使用期。

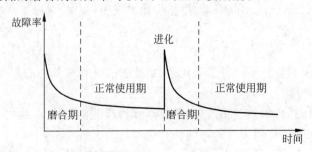

图 1-2 软件的生命过程曲线

实际上,软件是用不坏的,它是逻辑部件,不会出现物理磨损现象。通常情况下,只要软件的工作环境没有变化,并且软件本身没有改动,则在其进入正常使用期后,可以一直使用下去。

但软件会因为系统环境或业务环境的改变而失效,失去使用价值。因此,软件需要进化。通常,软件在使用一定周期后,当面临环境变化而可能失效时,可通过改版进化获得新的生命力,以便适应新的工作环境,提供新的更完善的应用服务。必须注意的是,软件可因改版进化而引入新的错误或新的缺陷,并需要重新经历磨合期。

1.1.2 软件分类

软件分类有利于更好地认识软件。然而,同一个软件可以有多个不同的认识视角,如技术人员视角、管理人员视角、用户视角,因此也就可以按不同方式进行分类。

1. 按功能层次分类

软件可依据功能层次分为系统软件、支撑软件与应用软件,其关系如图 1-3 所示。

(1) 系统软件:为计算机底层软件,如操作系统、设备驱动程序、数据库引擎等。系统软件的特点是与计算机硬件紧密相关,并通过与硬件的频繁交互而为其他软件的运行提供底层服务支持。例如,操作系统建立在硬件环境基础上,并通过文件服务、进程服务、存储服务而给其他软件提供更加适宜的运行环境。

图 1-3 系统软件、支撑软件与应用软件之间的关系

(2) 支撑软件:介于系统软件与应用软件之间。工具软件是最常见的支撑软件,如程序编译器、程序编辑器、错误检测程序、程序资源库等。中间件软件也是支撑软件,根据用途不同可分为数据中间件、对象中间件和通信中间件。可通过中间件的嵌入、组合或二次开发构造应用软件。

(3) 应用软件:为最终用户提供应用服务的软件,通常由工具软件开发,并依靠系统软件的支持运行,如财务处理系统、生产控制系统、自动办公系统。早期的应用软件大多为离散结构,功能相互独立。但目前的应用软件则一般为多功能集成系统,如企业资源管理系统,即集成有企业中的各种资源的管理与协调,涉及人力、设备、资金、客户、原材料、生产线、半成品、产品等诸多方面的管理与控制。

2. 按工作方式分类

软件按工作方式可分为实时软件、分时软件、交互式软件、嵌入式软件和批处理软件。

(1) 实时软件:能够对外部事件或外部环境变化做出及时响应的软件,如飞机自动导航系统、导弹目标跟踪系统、自动生产线监控系统。实时软件一般由数据收集器、数据分析器、响应控制器等诸多部件组成,如图 1-4 所示。通常,数据收集器负责从外部环境获取格式化信息;数据分析器负责对获取的格式化信息进行分析、判断;响应控制器则负责按分析器对外部事件的判断进行有效的行为应对。例如导弹目标跟踪程序,当导弹跟踪目标发生移动时,导弹可通过热感应方式获取移动信息,并通过数据收集器将移动信息格式化,然后通过分析器的分析、判断确定目标新的位置,再由响应控制器调整运行轨迹,以达到有效跟踪的目的。

(2) 分时软件:能够把一个 CPU(Central Processing Unit,中央处理器)工作时间段切片分配给多项任务的软件。如 Windows 操作系统就是一个具有分时功能的多任务操作系统,能使多个程序同步运行。与分时软件相关的软件技术是多线程机制,即在一个程序进程内执行多个线程任务。

(3) 交互式软件:用于实现人机对话的软件,大多具有图形界面,如窗体程序、Web 页面。交互式软件的工作空间一般在客户端。窗体程序的特点是无论安装或是运行都在客户端。Web 页面则是以 HTML(HyperText Markup Language,超文本标记语言)、XML(Extensible Markup Language,可扩展标记语言)等文档格式安装于 Web 服务器,但运行空间则仍在客户端,图 1-5 所示即为 Web 页面的工作特征。

图 1-4　实时软件组成部件　　　　　图 1-5　Web 页面的工作特征

(4) 嵌入式软件:专门为特定智能设备提供自动控制的软件,如洗衣机流程控制程序、微波炉流程控制程序、汽车定速导航程序。嵌入式软件一般驻留在智能设备拥有的只读存储器中,因此与智能设备融为一体。

(5) 批处理软件:能够成批处理大量数据或成批处理多项事务的软件。批处理软件通常需要面对大量数据,并往往以某个时间点(如年终、月尾)为任务触发事件。可通过批处理而提高系统工作性能,如将可能影响系统日常性能的大量数据的处理安排在机器相对空闲时进行成批处理。可通过批处理而使事务操作延后,如一些涉及多方协作而不便于同步操作的事务,即可通过批处理而实现异步操作。

3. 按规模分类

软件按规模可分为小型软件、中型软件和大型软件。

(1) 小型软件:源程序代码行数在 1 万以内的程序,通常一个人半年之内即可完成开发,大多为用户自主开发。

(2) 中型软件:源程序代码行数在 5 万以内,并具有一定复杂度的软件系统,通常一年内可完成开发。

(3) 大型软件:源程序代码行数在 5 万以上,具有综合功能,并涉及多用户任务协作的相当复杂的软件系统。

4. 按服务对象分类

软件按服务对象可分为用户定制软件和通用商业软件。

(1) 用户定制软件:开发机构受特定客户委托而开发的软件,如某特殊设备的控制系统、某专门企业的业务管理系统、某特定大厦的智能监控系统、某城市的交通监管系统。大多以招投标方式委托开发,并需要通过合同确定开发机构与客户之间的责权。

(2) 通用商业软件:开发机构根据市场需求自主开发的面向广大用户的软件,如通用办公系统、通用财务系统。要求有面向用户的应用配置,以对各种复杂工作环境有良好的适应性。

1.2 软件产业化发展

软件发展涉及技术的进步、应用域的拓宽、生产方式的改进,这三方面犹如"三匹骏马",拉动着软件在产业化大道上"奔驰"。

大体上看,软件的产业化发展经历了程序设计、程序系统和软件工程3个时代。

1.2.1 程序设计时代

20世纪50年代,计算机软件还没有从计算机硬件中分离出来,它们融于一体,但需要编制程序,以使计算机能够执行计算任务。因此,这时的软件就是程序,一般使用密切依赖于某特定计算机硬件的机器语言或汇编语言,直接面对机器编制程序。

由于是直接面对机器编程,因此,这时的程序缺乏可移植性,也就是说,在一台计算机设备上编写的程序仅限于在这台计算机设备上运行。

这时的程序主要用于科研机构的科学工程计算,大多任务单一、规模小、结构简单,其主要设计问题是程序算法改进,以期在有限的硬件性能条件下,能够获得更高的执行效率。

这时的程序还没有成为产品,程序编制者大多就是程序使用者,基本上是个人设计、个人使用、个人操作、自给自足的个性化的软件生产方式。

实际上,由于缺乏统一的程序标准,设计者完全可按照自己对问题的理解去构造程序,目标则是实现功能与追求高性能,硬件是唯一需要重视的限制条件,此外则似乎再无其他原则性约束。

1.2.2 程序系统时代

20世纪60年代是计算机技术迅速发展的时代,计算机硬件和计算机软件都有了显著的进步。

- 硬件:半导体材料、集成电路获得了很有成效的应用,改善了计算机的计算速度、可靠性和存储容量,并带来了硬件生产成本的显著下降。
- 软件:高级程序语言获得了有效应用,提高了编程效率,并方便了大规模复杂程序系统的创建。操作系统也在这个时期出现了,有效地改善了软件的工作环境,并使软件具有了很好的可移植性。

程序系统时代的技术进步,有力推动了计算机应用的发展。一些大型商业机构开始使用计算机进行商业数据处理,大型银行也开始使用计算机处理存款、取款数据。应该说,这个时期的软件需求在飞速增长,软件规模也在不断扩大。

"软件作坊"在这个时期应运而生,它们专门从事软件生产,以满足迅速膨胀的软件需求。软件作坊虽然带来了不同于个人开发的工业化软件产品,但这仅仅是工业化软件生产的起步,成员合作需要依赖的行为准则、技术标准并没有建立起来,以致产品随意性大、质量难以保证。于是,在这个时期爆发了软件危机。

1.2.3 软件工程时代

软件作坊时期引发的软件危机,阻挠了软件产业的发展,引起了整个软件业界的关注。于是,1968年在联邦德国召开的计算机国际会议上,来自北大西洋公约组织的计算机科学家针对软件危机问题进行了专题讨论。"软件工程"这个学术名词也在这次学术会议上被正式提出,用来代表基于工程模式的软件开发,以谋求有效克服软件危机。

应该说,软件工程使身处软件危机黑暗中的软件开发者看见了曙光,并使软件开发步入了一个新纪元。

1. 20 世纪 70 年代的软件工程

20 世纪 70 年代是软件工程的起步阶段,产生了结构化的传统软件工程方法。

首先产生了基于模块的结构化程序构建思想,这是一种可将复杂程序问题基于模块进行有效分解的工程方法,使人们看到了复杂程序系统研发的有效工程途径。然后出现了 C 语言、Pascal 语言等结构化编程语言,使基于结构化的工程路线有了可以依赖的程序工具。尤其是 C 语言在重新构建 UNIX 操作系统上的成功应用,使人们看到了结构化工程方法良好的工程前景。

结构化工程方法还包括瀑布过程模式与主程序员管理机制。瀑布过程模式是一种线性的严格按步骤推进的工程过程框架,主程序员管理机制是指以主程序员为核心组建研发技术团队,它们都在 20 世纪 70 年代产生。这样一来,结构化的软件工程方法就在这个时期形成了。

2. 20 世纪 80—90 年代的软件工程

20 世纪 80—90 年代是软件工程迅速发展的时代。首先是软件工具快速进步,不仅有程序编辑器、程序编译器、程序调试器与测试工具,还有软件分析器、设计器,并且搭建了计算机辅助软件工程集成环境(CASE),可使软件研发从分析到设计,再到编程实现,都在一个统一的工作环境下完成。

以面向对象编程技术与面向对象建模技术为核心的面向对象工程方法,正逐步地替代结构化工程方法,成为了这个时期的主流工程方法,得到了广泛的工程应用。

原型进化、增量迭代等更能适应用户需求变更的软件产品研发过程模式,则替代了比较僵硬、容易忽视用户需求的瀑布过程模式,得到了广泛的工程应用。

软件能力成熟度模型(Capability Maturity Model,CMM)也在这个时期产生,标志着软件工程应用有了可供评估的量化标准。

3. 21 世纪以来的软件工程

2000 年以后,随着互联网的发展,基于互联网软件产品的研发,如网络游戏软件研发、互联网电子商务应用研发,有比以往软件产品更短的生命期,因此需要高效研发、快速更新,由此催生出了柔性软件工程方法。

敏捷工程方法就是一种比以往工程方法更具柔性的软件工程方法,包括极限编程、自适应软件开发、动态系统开发等多种敏捷工程形态,以追求最终产品价值为工程目标,并期望通过发挥团队创造力、去除多余文档、采用面向应用的体系结构等诸多措施来实现这个目标。

1.3 软 件 危 机

20 世纪 60 年代,软件产业发展中遭遇了软件危机。由于有待研发的软件系统的规模与复杂程度不断增大,超出了当时的软件研发者能够把控的范围,使软件研发的成本、进度、质量失控。这些问题的出现严重影响了软件研发者的自信心。

1.3.1 软件危机现象

从当时的情形来看,软件危机主要有以下表现。

1. 软件开发成本、进度失控

软件开发费用超支、进度拖延的情况屡屡发生。许多软件尽管在开发之前已有了看似周密的成本估算,但实际开发费用却远远超出预算。

进度也是如此,已制订的进度计划可能是 3 个月提交产品,但实际情况则是半年过去了,能够真正投入使用的最终产品仍遥遥无期。

2. 软件质量不能获得有效保证

软件开发缺乏有效的质量保证。花费大量资金、人力开发出来的软件,可能不能正常使用,经常出故障,性能不稳定。不重视分析设计,只希望能尽快编写出可运行程序交付使用;而为了压成本、赶进度,一些必需的软件测试也被省略。显然,以这种方式开发出来的软件,质量很难有保证。

3. 软件不能满足用户应用需要

开发者不能很好把握用户需求。尽管开发者自己觉得开发出了一个还不错的软件,然而用户不买账,认为提交的软件与开发者在合同中承诺的软件并不一致,一些必要的功能被遗漏,程序工作流程与实际业务流程也可能不一致。

4. 软件可维护性差

软件难免需要进行错误修正或功能修补。然而,当开发者需要修正或改进软件时,发现这是一件非常头痛的事情,原因是维护中需要依赖的设计文档很不完整,很多程序根本就找不到对应的设计说明。有些程序尽管有设计说明,但源程序已有多处改动,与设计说明严重不符。

1.3.2 软件危机原因分析

1. 客观原因

1）软件的逻辑特性

软件是计算机系统中的逻辑部件,这使得软件缺陷具有了较大的隐蔽性,缺少硬件缺陷所具有的直观表象,难以发现。

通常,硬件缺陷会有发热、噪声等不正常现象相伴随,有一个逐渐发展的过程,大多可以在没有引发严重故障之前被发现。

软件缺陷则缺乏硬件缺陷的直观表象,必须等到错误发生的前提条件成立时,故障才会出现,如软件中的编码错误就必须等到出错的这行代码被执行时才有可能被发现。

2）软件的复杂性

软件已是工业产品,规模越来越大,复杂程度越来越高。实际上,许多庞大的软件系统的复杂程度已经远远超出了常人的理解力。

人们寄希望于软件工具支持高度复杂软件系统的开发。然而直到今天,用于软件开发的工具仍不完善,许多复杂软件问题的解决还不得不依靠人基于经验的决策判断。

3）软件较低的产业化发展水平

软件还处于一个较低的产业化发展水平,许多工程规范、技术标准还很不完善,就算是已有的工程规范,实施起来也有一定难度,受软件企业的低产业现状影响,并没有发挥其应有的作用。以 CMM 认证体系为例,这是一个有关软件工程过程的达标认证,用来反映软件企业的产业化完善程度,有 5 个认证级别,要求逐级认证。然而,在世界范围内,能够通过 3 级 CMM 认证的软件企业也不是很多。

2. 主观原因

1) 漠视用户需求

软件技术与用户需求是软件开发的两个支撑点,但软件开发者往往是"一头热",他们的热情几乎都落到了软件技术上,因此用户需求成了冰点,被忽视甚至漠不关心。然而,软件毕竟是为用户开发的,漠视用户需求必然使软件面临应用上的困难。

漠视用户需求还给开发者带来了"关门搞开发"的陋习,很多通用软件就是按照这种方式开发出来的,开发之前没有进行广泛、有效的市场调研,以致开发出来的产品不能获得市场的认可。这个问题也反映到了委托方式的定制软件上,形式上虽有一个需求分析期,但实质上就是要求用户填写一份需求调研表格,紧接着就是软件开发,忽视了必备的现场调研、资料收集和需求论证,以致开发出来的软件与用户的实际业务需求不相符。

2) 重结果轻过程

软件开发过程的透明度一直很低,这与软件的逻辑本性有关,但也与早期开发中形成的个人创作工作模式有关。软件开发过程的透明度低,以致软件项目负责人、评审人员、用户都只能凭借最后结果对软件做出评价。问题的关键是,由于软件开发过程不透明,因此用户不关心过程,过程变得越来越不透明。但实质上,软件开发过程的透明度是可以提高的,只是为此需要花费更多的时间与精力,需要做更多的事情,如记录工作日志、加强配置管理。提高软件开发过程的透明度是很重要的,过程决定结果,透明的过程将带来透明的结果,其有利于软件变更、维护与质量追踪。

3) 个人英雄理念

很少有产品如软件那样对个人素质有如此大的依赖,也正因如此,软件开发极易培养并强化开发者的个人权威。应该说,对于早期软件开发,个人英雄理念或许是不可避免的,甚至是必要的。然而在今天,面对既庞大又复杂的软件系统,个人英雄理念已带来越来越多的弊端。由于个人英雄理念,软件产品开发的成败不得不与个人作为相关联。但个人的能力总是有限的,会受外部环境、自身情绪等诸多因素制约。个人也有可能离开软件开发团队。更严重的是,过于强化的个人英雄理念还必然会对标准和规范带来冲击,使本应该遵守的制度受到破坏。

1.4 软件工程

软件工程是关于软件开发、使用与维护的工程方法学,是一门涉及工程技术、工程管理与工程经济等诸多内容的综合性工程学科。软件工程建立在与软件有关的工程概念、原理与方法的基础上,它是对解决现实软件问题的工程方法的探索,具有鲜明的工程实用性。

许多人认为,软件危机孕育催生了软件工程。软件的产业化发展确实需要软件工程方法的支持。实际上,自从软件成为了工业化产品,它所面临的就不只是软件技术问题了,还必须考虑管理、经济、应用等其他因素。软件工程是基于工程角度,对有关软件的诸多因素的综合研究。

软件工程的最核心问题是如何更有效率、更高质量地开发软件,其作用范围则贯穿整个软件生命过程——从软件的最初定义,到软件的开发实现,直到软件的使用与维护。因此,无论是软件开发者、软件维护修复者,还是软件使用者,都有可能成为软件工程实践者。

许多人专门从事软件工程研究,他们是专业的软件工程研究者,他们一直在探讨如何给软件工程下一个恰如其分的定义,以使该学科研究有一个较为明确的发展目标。

20 世纪 60 年代末,软件工程早期研究者 Fritz Baner 给软件工程的定义是:"为了经济地获得能在实际机器上可靠运行的软件而需要合理建立并有效应用的工程原则"。今天看来,这显然是一个很不全面的定义,其工程特征仅体现为工程原则。但该定义提出了软件工程学科研究将面临的实质问题,即软件的成本、软件的质量和软件生产应该采用的工程方法。因此,该定义成为软件工程方法学成长发展的基线。

1993 年,IEEE 给出了关于软件工程的更加全面的定义,即"软件工程是①将系统的、受规范约束的、可量化的方法,应用于软件的开发、运行与维护,即将工程方法应用于软件;②对①中所述方法的研究"。应该说,这个定义对软件工程的工程学科特性进行了更完整、清晰的表述,如软件工程的作用范围、软件工程基于工程应用的研究途径等都有了比较具体的说明。

1.4.1 工程技术

影响软件的技术因素很多,但从工程角度看,则主要反映在软件过程、工程方法与软件工具这 3 方面。

1. 软件过程

软件过程是软件开发与维护的实施路线与具体步骤,并且是软件开发时的工程化框架,可作为工程方法与软件工具得以有效应用的基础。

软件过程将整个软件开发划分为多个过程域,每个过程域包含任务项、方法、工具、标准、规程等诸多工程元素。

软件过程涉及的内容有:

(1) 划分工程过程域;

(2) 确定过程域中的任务项;

(3) 过程域资源配置,包括任务项、方法、工具、标准等;

(4) 过程域里程碑设置,如过程的启动前提和验收标准。

应该说,不同的软件项目会面临不同的软件任务,因此需要不同的软件过程支持。但是软件定义、软件开发、软件验证与软件维护为 4 个基本过程域,是大多数软件项目都将经历的过程域。

4 个基本过程域的特征如下。

(1) 软件定义:确定软件技术规格和使用规则。

(2) 软件开发:按照软件定义开发软件产品。

(3) 软件验证:按照软件定义对开发出来的软件成果进行验证确认。

(4) 软件维护:修正软件缺陷,并随用户需求变化而不断改进软件。

上述描述只是勾勒了软件过程的一些轮廓。实际应用中,为使软件过程有更多的操作细节,开发者往往会从过程模式中选择合适的软件过程应用于软件项目,如瀑布模式、原型进化模式、增量模式。

需要认识到的是,对于工程应用,诸多过程模式仅具参考性,实际软件开发中往往需要根据具体的软件任务、软件开发机构的自身特点,对过程模式进行过程改进,以使软件开发能够获得更加良好的过程支持。

良好的软件过程的特征是:软件开发能够有效按照一定的工业流程作业,可对开发任务进行量化管理,可使软件方法与工具得到有效应用,可使软件质量得到有效监控,可显著提高软件开发效率。实际应用中,开发者总是根据项目需要,以上述的一个或几个特征为依据对模式进行过程改进。

2. 工程方法

工程方法是指开发与维护软件时应该"如何做"的一系列技术性方法。

工程方法涉及工程规范、工程策略、技术手段等。其中,工程规范是对工程行为的约束,用于规定哪些能做、哪些不能做;工程策略则体现为一种工程路线,以决定在诸多可行方案中,最终将采用的是什么方案;技术手段则是在已定工程策略前提下的具体做法,如通过 E-R 图分析系统数据关系、通过数据流图分析系统功能结构、使用组件技术构造分布式软件系统。

工程方法需要适应软件过程,因此,开发者需要考虑不同过程中工程方法的关联性。显然,为使不同阶段的工程方法有较好的关联性,工程方法需要形成体系(如结构化方法体系、面向对象方法体系),以支持软件分析、设计、实现的全过程任务开展。

3. 软件工具

软件工具是指对工程方法与软件过程的自动化或半自动化支持。与工程方法一样,软件工具要求能够覆盖整个软件过程,如项目管理、软件分析、软件设计、程序创建、软件测试等,都要求有合适的软件工具支持。表 1-1 所列为一些常用软件工具类别。

表 1-1 常用软件工具类别

工 具 类 别	举 例
项目管理工具	项目规划编辑器、用户需求跟踪器、软件版本管理器
软件分析工具	数据字典管理器、分析建模编辑器
软件设计工具	用户界面设计器、软件结构设计器、代码框架生成器
程序创建工具	程序编辑器、程序编译器、程序解释器、程序分析器
软件测试工具	测试数据生成器、源程序调试器

软件工具还可分为高端工具与低端工具。

高端工具为软件前期开发中需要用到的分析、设计工具,如数据字典管理器、分析建模编辑器。

低端工具则为软件后期开发中需要用到的与程序创建直接相关的工具,如程序编辑器、程序分析器、源程序调试器。

可以将诸多软件工具集成,以使软件开发时的各项工作,如软件项目管理、软件分析设计、软件实现部署、软件版本控制,能够在一个统一的工作平台上进行。通常,这样的集成有多种软件工具的开发平台被称为计算机辅助软件工程(Computer Aided Software Engineering,

CASE），如图 1-6 所示。显然，软件工具的集成有利于软件开发资源的集中管理，有利于软件过程的自动化控制，可使软件工具更能发挥工程作用。

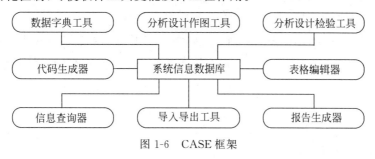

图 1-6　CASE 框架

1.4.2　工程管理

软件工程应用的好坏不仅依赖于工程技术，也依赖于工程管理。许多软件项目之所以失败，并不是因为缺少先进技术与优秀技术人才，而是因为管理混乱。因此，软件工程必须研究工程管理。

软件工程管理主要体现在 4 个 P 上，即项目（Project）、人员（People）、过程（Process）、产品（Product）。它们是软件工程管理中必然涉及的 4 个要素。

1. 项目计划

项目是可量化的工程单位，所涉及的量化指标有项目周期、项目规模等。软件开发需要以项目为单位实施。

软件项目使软件开发中的各种因素（如任务、人员、设备、费用、产品等）集中在一起，并通过建立一定的项目规则、制度而使软件开发有了管理的便利。

项目管理的首要工作是制订项目计划。这就是说，在软件开发工作起步时，就应以项目任务、项目周期、工程环境为依据，制订出科学、合理的软件开发计划。

项目计划是软件开发的工作指南，内容涉及项目任务分解、人员配置、资源配置、成本估算、进度安排等。

2. 人员组织

软件开发是智力型劳动，必须由人来完成。应该说，开发人员，尤其是优秀技术人才，是决定软件成功开发的最关键因素。然而，软件开发光有人还不行，还需要把人组织起来，并将人安排到软件项目中的合适岗位上承担开发任务。

通过软件项目组可将开发人员组织成开发团队，项目组成员有项目负责人、开发人员、资料管理员、软件测试员等。

中小规模的软件系统往往由一个项目组分担全部开发任务。然而，对于较大规模的软件系统，则需要把一个大项目分解为多个子项目，并需要组建多个项目组分担开发任务。

软件项目组有许多不同形式的组织结构，如民主分散形式和核心领导形式。

民主分散形式的特点是小组成员完全平等，享有充分民主，通过协商做出项目决策，如项目计划、任务分配、工作制度、设计方案等都需要集体讨论。

核心领导形式的特点是项目组中有一位核心成员，他全面负责项目任务，起领导作用。比起民主分散形式，核心领导形式的项目组组织结构更加严密，成员任务更加明确。

3. 过程管理

在 1.3.1 节中已从技术层面对软件工程过程进行说明,它是软件工程的技术基础,是一个工程框架,可将软件开发分解为多个任务阶段或过程域。

过程管理的第一项工作是选择一个与所承担的软件项目相适应的过程模式。可供选择的过程模式有瀑布模式、原型模式、增量模式、螺旋模式。许多时候,还可能需要根据软件任务、工程环境的特殊性,对所选过程模式做一些必要的适应性改动,以获得更好的工程框架支持。

过程管理的第二项工作是基于所选过程模型制订出更加详细的里程碑过程计划,以便软件开发能基于各个里程碑获得有效的过程控制。

软件开发需要有各种资源的支持,如人员、设备、软件工具、技术资料等。因此,过程管理的第三项工作是基于里程碑过程计划的资源调配,以使软件项目能够按计划顺利进行,同时又不会有太多的资源浪费。

4. 产品管理

1) 产品质量保证

软件生产需要有较完善的质量保证体系,涉及的要素如下。

(1) 质量标准:有关软件质量的框架性规定,包括产品标准和过程标准。

(2) 质量计划:说明软件产品质量要求,规定软件产品质量的评定方法,包括产品质量计划、过程质量计划和质量目标。

(3) 质量控制:监督整个软件开发过程,以确保质量保证规程和标准被严格执行。可采取的质量控制手段主要有质量评审、质量走查和质量评估。

2) 产品配置管理

为对软件生产进行过程追踪,还需要建立有效的配置管理,其主要内容如下。

(1) 标识软件配置项:软件开发中需要存留的资源(程序、文档、数据),要求有配置项命名,以利于对其实施配置管理。

(2) 控制软件变更:建立软件变更制度,以达到对软件变更的有效控制。

(3) 控制软件版本:制定软件新版发行规则,以达到对软件版本升级的有效控制。

1.4.3　工程目标

软件工程目标是软件工程价值的体现,也是评价软件工程应用效果的基本依据。实际项目中,主要涉及以下几方面的工程目标。

(1) 降低软件开发与维护成本。

(2) 使软件满足用户应用需要。

(3) 尽量改善软件性能。

(4) 尽量提高软件可靠性。

(5) 使软件易于使用、维护与移植。

(6) 能按时完成软件开发任务并及时交付使用。

实际上,很难在一个软件项目中达到所有目标,然而必须有所考虑,并努力完成。软件项目中的工程目标之间还有可能发生冲突。例如,软件成本、软件性能、软件可靠性、软件可维护性之间极有可能发生冲突。或许希望降低软件成本,但一味地降低成本难免影响软件质量,使软件的可靠性下降。或许希望软件有高性能,但为获得高性能,可能不得不使用低级语言实现软件,而这会使软件开发工作量加大,软件成本上升,导致软件难以理解、难以维护、难以移植。

一般看法是,开发者应根据所承担的软件任务的特点、所处的工程环境、资金投入状况、开发人员的技术素质,选择一个合适的通过努力可以达到的工程目标作为工程定位,而不是盲目追求高目标。如果项目中存在目标冲突,还需要根据实际情况对诸多工程目标进行优先排序。

1.5 主流工程方法学

1.5.1 结构化方法学

20 世纪 60 年代末,诞生了结构化程序语言(如 Pascal、C 语言),它们带来了以功能为目标的编程风格,可依靠程序函数建立程序模块,每一个程序模块都有确定的功能任务,叫作功能模块。

结构化程序语言取得了极有成效的应用,成为 20 世纪 60、70 年代的主流编程语言。伴随着结构化程序语言的广泛应用,这种基于功能构建系统的结构化软件开发工程方法逐步形成了,其贯穿软件开发整个生命周期,包括结构化分析(Structure Analysis,SA)、结构化设计(Structure Design,SD)与结构化实现(Structure Particular,SP)。

结构化分析的任务是搞清楚软件需要哪些功能要素。

数据流模型是结构化分析中最常用的建模技术,可逐层描述软件系统内部数据加工细节,获取软件系统功能要素。图 1-7 所示是某考卷处理系统的数据流模型,用来说明该考卷处理系统内部的数据加工过程。

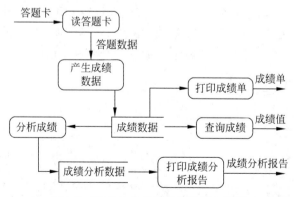

图 1-7　某考卷处理系统的数据流模型

结构化设计则以分析获取的功能元素为依据,定义功能化程序模块,设计程序算法。

从数据流图中获取的功能元素可映射为程序模块。根据各功能元素对数据的加工顺序与协作关系可映射出基于模块的程序结构。

程序结构图是软件设计时需要建立的程序结构模型,可描述程序系统基于程序模块的系统集成。图 1-8 所示即是考卷处理系统的程序结构,可说明该考卷处理系统的程序构造。

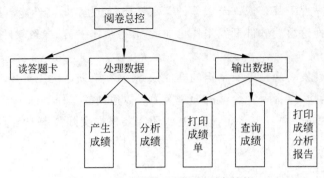

图 1-8　某考卷处理系统的程序结构

1.5.2　面向对象方法学

20 世纪 80 年代,面向对象编程技术开始得到应用,C++是非常具有代表的面向对象编程语言。面向对象程序有不同于结构化程序的构架与执行机制,其通过类体构造程序模板,通过对象、消息等实现程序运行与交互。

面向对象程序需要有不同于传统结构化方法的新的工程方法支持,以适应全新的程序构架与程序工作运行机制。

1. 面向对象程序

类体是面向对象程序的基本模块单位。面向对象程序系统即由诸多类体构造。例如,教学管理程序,其构造元素中即需要有教师、学生、课程等诸多与教学活动有关的类体。

类体涉及属性、操作两个方面的程序要素说明,其中的属性可定义为一组类体成员变量,操作则可定义为一组类体成员函数。例如,图 1-9 所示的学生类,其中的学号、姓名和专业是它的属性,学籍注册和学业查询即是它的操作函数。

对象由类生成,是类模块的实例化结果。例如,图 1-10 中的 S 对象,它由图 1-9 中的学生类生成。一个对象可调用另一个对象的操作函数,以实现对象之间的通信或交互,这被称为消息发送。例如,图 1-10 中的教师对象 T 向学生对象 S 发出的学籍注册消息。

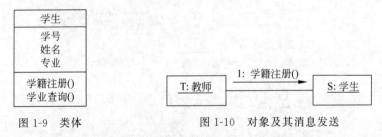

图 1-9　类体　　　　　　　　　图 1-10　对象及其消息发送

数据封装、类体继承、操作多态被看作面向对象程序技术的 3 个基本特性。

(1) 数据封装。数据封装是指同一个类的不同对象将分别拥有各自独立的属性值,并且对象的属性值往往被限制为只能由其自身操作改变。

(2) 类体继承。类体继承是指程序诸多类可组织成为一个具有等级关系的层次结构,处于上层位置的类称为基类,处于下层位置的类称为派生类,其中下层派生类除具有自己的属性和操作外,还可继承上层基类的属性和操作。

(3) 操作多态。操作多态是指多个同名函数可以有不同的功能用途。多态性的一种形态是操作函数重载,就是在类中建立多个同名操作函数,但这些函数有不同的参数和不同的实现代码。动态联编是多态性的又一种表现形态,其体现为由抽象类定义的虚操作函数,仅用于提供消息格式,具体行为则取决于下级子类中的同名操作函数的具体代码实现。

2. 面向对象工程方法

面向对象工程方法是为适应面向对象程序开发而产生的一整套工程规则。

面向对象工程方法的基本特征是程序系统可基于现实实体构建。其中,类体被用来定义实体,由类体生成的对象则被用来进行实体行为仿真。

面向对象方法也涉及面向对象分析(Object Oriented Analysis,OOA)、面向对象设计(Object Oriented Design,OOD)与面向对象实现(Object Oriented Particular,OOP)3个任务阶段。

软件分析需要解决的核心问题是软件有多大的业务范围、有哪些业务步骤。诸多问题可通过建立分析模型给予解决,如业务用例模型、业务活动模型、类分析模型,即是软件分析阶段需要建立的模型。

软件设计需要解决的核心问题是软件基于类体的内部构造、由对象扮演的动态元素的执行步骤。诸多问题可通过建立设计模型给予解决,如类设计模型、对象协作模型、组件模型,即是软件设计阶段需要建立的模型。

比较结构化方法,面向对象方法可体现出以下方面的优越性。

(1) 便利的由分析到设计的转换通道。

面向对象程序由类体构造。面向对象分析中需要建立类关系模型,并且诸多从软件问题分析中获取的业务类可直接映射为软件设计中的实体类。显然,这有利于从面向对象分析到面向对象设计的过渡。

(2) 更加接近现实环境。

可以说,面向对象技术使计算机观点被更进一步淡化,现实世界模型成为了构造系统的最主要依据。因此,面向对象方法要求开发者更多地使用业务领域中的概念思考软件问题,并要求开发者与软件用户有更加广泛的交流。

(3) 更加有效的程序复用手段。

结构化的软件重用技术是建立于标准函数库上的,而大多数的标准函数只能提供一些基本功能,因此复用粒度较小,不能很好地满足大型应用软件的复用需要。

面向对象的软件重用技术则建立于派生类对基类的继承上,因此有更大的复用粒度,可带来更高的开发效率。

(4) 可使软件以迭代方式逐步完善。

面向对象程序类体具有继承性,其支持软件通过派生子类而逐步扩充功能。因此,面向对象程序可逐步创建,程序产品可逐步提交与完善。项目初期可以只建立一个具有基本用途的应用系统,但可通过建立派生类而逐步扩充与完善功能。

1.6 常用软件工具

软件开发需要有软件工具的支持。下面是软件开发中一些常用的软件工具,本书后面各章节的建模描述即通过这些工具创建。

1.6.1 Visio

Visio 是 Microsoft 公司开发的一个通用的图形建模工具,能够创建很多领域的图形模型。Visio 可作为软件工具使用,并能建立软件开发中需要用到的各种图形,如数据流图、数据表关系图、程序结构图、UML 模型图、界面原型图、项目进程图、组织结构图等,都能通过Visio 创建。图 1-11 所示为 Visio 对软件开发的部分作图支持。

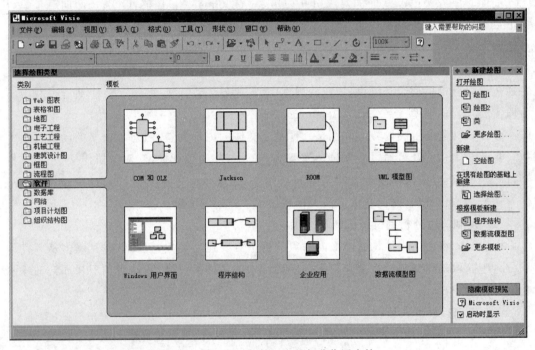

图 1-11 Visio 对软件开发的部分作图支持

Visio 的优点是简单实用,并能用来建立多种图形。本书结构化分析设计建模中的数据流图、程序结构图即通过 Visio 创建。

Visio 还与 Visual Studio. NET 有很好的集成。例如,在 Visio 中创建的 UML 模型,就能够通过正向工程转换为 Visual Studio. NET 中的代码框架;而在 Visual Studio. NET 中创建的程序系统,则能够通过逆向工程转换 Visio 中的软件模型。

1.6.2 PowerDesigner

PowerDesigner 由 Sybase 公司开发,是一个专门用于数据库的 CASE 工具。PowerDesigner 能够支持数据库的全过程建模,涉及模型有业务过程模型(Business Process Management,BPM)、概念数据模型(Conceptual Data Model,CDM)、物理数据模型(Physics Data Model,

PDM)、面向对象模型(Object Oriented Model,OOM)。

PowerDesigner 还提供了极有成效的数据工程过程支持,可实现从概念数据模型到物理数据模型,再到面向对象模型的有效建模映射。

图 1-12 所示为 PowerDesigner 概念数据建模环境。本书中的数据库模型即通过 PowerDesigner 建立。

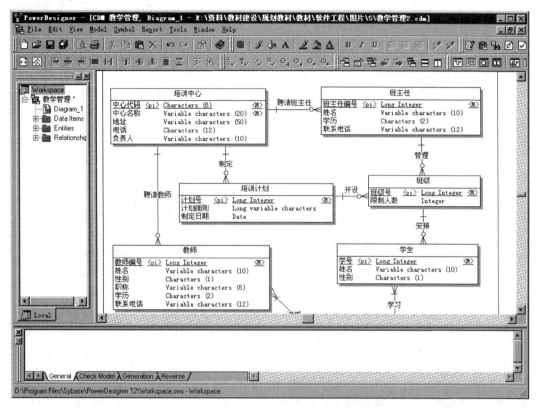

图 1-12 PowerDesigner 概念数据建模环境

1.6.3 Rose

Rose 由 Rational 公司开发,并随着 IBM 公司对 Rational 公司的收购而成为了 IBM 的产品。UML 建模语言的创建者 Booch、Rumbaugh 与 Jacobson 都曾服务于 Rational 公司与 IBM 公司,这使得 Rose 成为了极具影响力的 UML 建模工具。

Rose 提供了从用户业务领域到系统逻辑分析与设计,再到系统物理设计与部署的对 UML 的全面建模支持,并提供了很好模型映射机制,可使 UML 所倡导的基于迭代的统一开发过程得到有效的应用。

Rose 的作用还体现在对低端开发环境的正向工程与逆向工程的支持上,所建模型能够通过代码生成工具产生出低端开发环境所能识别的程序框架,而在低端开发环境中建立的程序清单则能够通过逆向工程而被抽象为系统模型。

图 1-13 所示为 Rose 中设计类图建模环境。本书中的诸多面向对象分析设计模型即通过 Rose 建立。

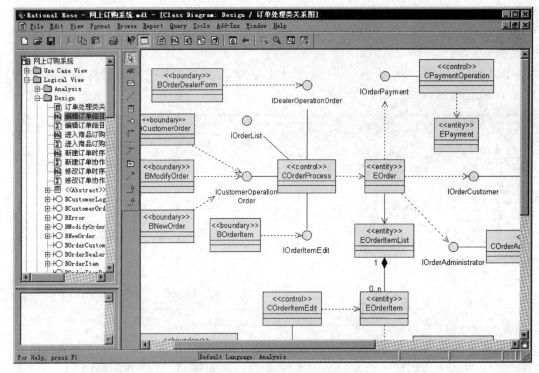

图 1-13　Rose 中设计类图建模环境

小　　结

1. 软件

软件是计算机系统中的逻辑成分,是程序、数据、文档等诸多逻辑元素的集合,需要有物理硬件的支持才能产生作用。

软件不是制造出来的,而是开发出来的,其最大的生产成本是分析与设计。软件是用不坏的,然而却会因环境的改变而失效。因此,软件需要更新进化,以延长其生命周期。

为了更好地认识软件,有必要对软件进行分类。通常,可按照功能层次、工作方式、规模、服务对象等对软件进行分类。

2. 软件产业化发展

(1) 程序设计时代:20 世纪 50 年代,设计者完全可按照自己对问题的理解去构造程序,目标则是实现功能与追求高性能。

(2) 程序系统时代:20 世纪 60 年代,有了"软件作坊"生产模式,带来了工业化软件产品,但产品随意性大,质量难保证。软件危机在这个时期爆发了。

(3) 软件工程时代:20 世纪 70 年代起,软件开发进入软件工程时代。

3. 软件危机

20 世纪 60 年代中期出现了软件危机,主要危机现象有软件开发成本和进度难估算、软件质量没有保证、软件不能满足应用需要、软件缺乏可维护性。

危机客观原因:软件的逻辑特性、软件的复杂性、软件的低产业发展水平。

危机主观原因：漠视用户需求、重结果轻过程、个人英雄理念。

4. 软件工程

软件工程是关于软件开发、使用与维护的工程方法学，并且是工程技术、工程管理与工程经济的有机综合。

软件工程涉及的技术问题如下。

(1) 软件过程：实现软件的步骤与工程框架。

(2) 工程方法：实现软件的技术性要素，如工程规范、工程策略、技术手段等。

(3) 软件工具：对工程方法与软件过程的自动化或半自动化支持。

软件工程涉及的管理问题有项目管理、人员管理、过程管理、产品管理。

软件工程还必须考虑工程目标，一些主要的工程目标是降低成本、满足需求、改善性能、提高质量、及时交付。

5. 工程方法学

结构化方法学是传统的主流方法学，以功能为基本元素，包括结构化分析（SA）、结构化设计（SD）与结构化实现（SP），可对整个软件生命周期提供方法学支持。

面向对象方法学则是目前的主流方法学，包括面向对象分析（OOA）、面向对象设计（OOD）与面向对象实现（OOP），可对整个软件生命周期提供方法学支持。其以实体为基本元素，如类体、对象，并可使程序系统基于现实实体构建，更加接近现实环境。

6. 软件工具

软件工程的还需要有软件分析设计工具的支持。

一些常用的软件分析设计工具如下。

(1) Visio：Microsoft 公司的产品，通用图形建模工具，可支持结构化分析设计建模。

(2) PowerDesigner：Sybase 公司的产品，专门的数据库建模工具。

(3) Rose：IBM 公司的产品，专门的 UML 建模工具。

习　　题

1. 软件是什么？软件有哪些特点？

2. 按照功能层次，软件可分为系统软件、支撑软件、应用软件。那么，SQL Server 是哪个层次的软件？ADO.NET 是哪个层次的软件？Visual C++ 是哪个层次的软件？

3. 按照服务对象，软件可分为用户定制软件和通用商业软件。试举例说明这两类软件的特点。

4. 软件危机有哪些现象？为什么会发生软件危机？应该如何有效预防？

5. 什么是软件工程？其对软件产业化发展有什么积极意义？

6. 软件工程涉及过程、方法、工具 3 方面的技术问题，这 3 方面存在什么相互关系？试举例说明它们之间的关系。

7. 软件工程管理主要体现在 4 个 P 上，即项目（Project）、人员（People）、过程（Process）、产品（Product）。请简述这 4 方面的管理，并谈一谈自己的认识。

8. 软件工程必须考虑工程目标，以体现其工程价值。一些主要的工程目标有降低成本、满足需求、改善性能、提高质量、及时交付。这些目标谁更重要呢？请按照你所认识到的重要性,对上述工程目标进行优先级排序。

9. 结构化方法有什么特点? 面向对象方法有什么特点? C 语言是结构化程序的代表,Java 则是面向对象程序的代表,试以它们为依据说明结构化方法与面向对象方法的区别。

10. 进入 Microsoft Visio,然后从其菜单"文件"|"新建"|"软件"中分别打开 UML 模型图、程序结构图、数据流模型图等模型工具,并进行你所能做的各种操作。对此,你有什么操作感受?

第2章 软件项目管理

软件工程的首要问题是管理问题,只有管理问题解决了,工程中的诸多要素才能整合为一个有机体。实质上,再好的方法或技术,如果没有好的管理相配合,则很难起到好的效果。本章基于项目讨论管理问题,其中的项目可看成是一个相对独立的工程单元,一个可与工程任务相关联的人、财、物、技术等诸多要素组合在一起的工程容器。软件开发基于项目实施,由此组建项目团队,制订项目计划,评估项目风险。

本章要点:

- 软件研发团队。
- 软件项目计划。
- 软件项目成本估算。
- 软件项目风险。
- 软件项目文档、配置与质量管理。
- 软件企业能力成熟度模型。

2.1 软件研发团队

具有一定规模的软件研发通常是基于团队进行的。实际上,一个软件产品是否能够成功地研发出来不仅依赖于软件研发者的个人才智,还依赖于软件研发团队成员之间的良好协作。因此,如何组建软件研发项目团队并带好这个团队,使其成为一个优秀的研发团队,也就成为了一件非常重要的工作。

2.1.1 软件研发机构

所谓软件研发机构,也就是专门承担软件研发任务的公司、部门或科研院所。显然,它需要有健康的、能很好适应软件研发任务的组织机体,如组织结构、制度、文化等,它们将影响这个组织机体的健康度。

图 2-1 所示为比较常见的软件开发公司组织结构,其主要职能部门有质量控制部、产品开发部、产品支持部、产品服务部等。

下面是对各职能部门的说明。

(1) 质量控制部:提供软件质量标准,负责各阶段软件成果评审、软件开发过程质量控制以及产品服务质量监督。质量控制部大多设置于组织结构较高层次,以获得对整个项目有效的质量监控。质量控制部大多只有少数固定成员,主要任务是质量管理,而当需要进行质量评审或质量鉴定时,则从产品开发部、产品支持部以及产品服务部邀请技术骨干,或是

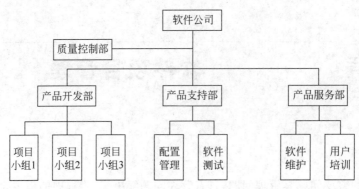

图 2-1　比较常见的软件开发公司组织结构

从有关科研院所邀请技术专家临时担任。

（2）产品开发部：负责软件开发管理。通常管理多个软件项目小组，每个项目小组有不同的软件开发任务。大多数的项目小组是短期的，随承接软件任务而专门设置，并随软件任务的完成而解散。

（3）技术支持部：负责较长期的产品技术支持，如配置管理、产品维护等。

（4）产品服务部：负责较长期的产品后期服务，如产品推广、用户培训等。

2.1.2　软件项目小组

一个有健康机体的软件研发机构，其自身就是一个具有战斗力的研发团队，而为了使软件研发任务能够基于项目有效开展，还需要基于项目任务组建项目小组。

通常，软件项目小组是软件研发机构中被划分到最底层的、最小的软件研发团队，大多因软件项目任务组建。

考虑软件研发团队成员之间通信与协作的便利，项目小组要求小而精，小组成员大多被限制在 8 人以内。

项目组成员角色如下。

- 项目组长：负责制订工作计划、任务分配与协调、项目成果评审。
- 开发人员：按所分配的工作任务从事软件开发，包括软件分析、设计与编码。
- 资料管理员：负责成果归档，进行软件配置。
- 软件测试员：负责软件模块测试与系统集成，进行软件质量控制。

上述角色可以分别由不同的成员担任，但如果是一个人数不足 3 人的项目小组，则一个团队成员就不得不承担多个角色的任务。

必须注意到的是，项目小组必须要有团队凝聚力，团队成员之间要有良好的协作氛围，要能体现出团队精神，要基于项目任务建立团队共同的追求目标。

毫无疑问，项目组长是这个团队最核心的成员，他是项目小组的领导者，虽不一定是技术专家，但必须是管理专家，需要制订项目计划，分配与协调项目任务，处理成员关系，还能够鼓舞成员士气。

通常，可从以下几方面对项目小组进行内部合作性评价。

- 成员在技术、经验和个性上是否有良好的互补性。
- 成员是否对项目组有良好的团队认同感。

- 成员之间是否有良好的情感沟通。
- 成员在团队中是否有良好的受尊重感。
- 成员对所扮演角色是否有较高的满意度。

2.1.3 项目小组管理机制

1. 民主分权制

项目小组成员平等地以民主协商形式做出项目决策,如项目计划、任务分配、工作制度、设计方案等,都需要集体讨论。

民主形式下也有项目负责人,但并不固定,可由其他成员替代。因此,项目组长的核心作用不是很明显,往往只是项目会议的召集者、项目任务的协调者、承接业务的联系人。项目计划、任务分配、工作制度、设计方案等诸多问题,都需要项目组成员集体讨论才能定夺。

民主形式的优点是成员可较充分表现个人作为,可保持较高的工作热情;成员之间可以轻松交流,并有很好的技术协作。通常认为,民主形式能获得较高的团队凝聚力,可带来较浓厚学术风气,有利于开发者能力的培养与技术攻关。

然而,民主形式成员之间有较多的信息通道,如果一个项目组有 n 个成员,则可能的沟通信道有 $n(n-1)/2$ 条。因此,许多决策往往需要花费很长时间才能意见一致,以致影响项目进度,降低工作效率。

民主形式项目组对成员素质一般有较高要求。如果项目组成员都经验丰富、技术熟练,则所承担的软件项目往往比较容易成功。但如果组内成员技术水平不是很高,管理上缺乏核心领导、技术上缺乏权威指导,则软件项目容易失败。

2. 主程序员负责制

主程序员负责制是一种以主程序员为核心的团队工作机制。通常,这是一种能对项目团队实施集权控制的管理机制,其项目小组成员有主程序员、后备程序员、资料管理员与一般程序员等,一般组织结构如图 2-2 所示。

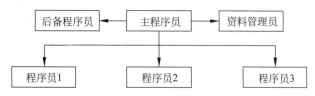

图 2-2 主程序员负责制的一般组织结构

显然,主程序员负责制中,主程序员处于该组织体系的绝对核心位置,因此,需要由资深软件工程师担任,要求经验丰富、技术能力强,将负责整个项目计划的制订与实施、软件体系结构与接口设计、关键算法设计,并承担对其他成员的工作指导。

后备程序员被看作主程序员的得力助手,须协助主程序员工作,并要求在必要时能够接替主程序员的工作。此外,还需要负责制定测试方案、分析测试结果及其他独立于设计过程的工作。

资料管理员则负责软件成果归档与软件资源配置等方面的事务性管理工作。

主程序员负责制有比民主分权制更严密的组织体系,并有严格的管理制度,团队成员任务分工明确,项目中各项工作基于计划开展。因此,在大多数情形下,其能够获得比民主分权制更高的团队工作效率与工作质量。实际上,在以往许多人看来,主程序员负责制还是一种能够与结构化工程方法相匹配的项目团队组织机制。因此,在结构化工程时代,主程序员负责制是最常采用的项目团队组织形式。

然而,主程序员负责制也有以下几方面的不足。

(1)对主程序员的依赖度较高,一旦主程序员离开了项目组,项目就有可能瘫痪。另外,由于一切工作以主程序员为中心,项目计划、设计方案等都是由主程序员制订的,其他成员只需按部就班地开展工作,缺少发言权,以致其他成员的创造性可能受到压制。

(2)主程序员有过高的工作压力,既要负责项目管理,又要解决技术问题。

(3)主程序员作为技术专家,一般更加关注技术问题而疏忽管理艺术,以致对项目团队中其他成员可能严格要求有余而沟通关心不足,因此,难免会影响项目团队中其他成员的工作积极性。

3. 职业项目经理负责制

职业项目经理通常是一些经受过专门训练或考试认证的,具有软件项目管理资质的专业管理人才。

由于主程序员负责制有偏重技术而忽视管理的弊端,因此,现在许多软件项目就采用了职业经理负责制,以满足项目负责人首先应该是管理者的要求。

然而,职业项目经理大多并不精通技术,一般只负责项目管理,如制订项目计划、分配项目任务、进行项目成本预算、按照里程碑进度计划监控项目进程。因此,职业项目经理与项目组从事技术的其他成员之间容易出现情感隔阂,一些技术人员甚至可能把他看作外行而对他有敌对情绪,不愿服从他的安排。为了解决这个问题,一些软件研发机构就采用了给项目经理配备精通技术副手的措施,这个副手是专门的技术负责人,承担原主程序员需要承担的技术任务。

图 2-3 所示为职业项目经理负责制的一般组织结构。

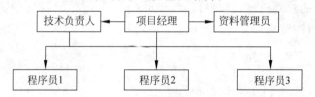

图 2-3　职业项目经理负责制的一般组织结构

4. 项目层级负责制

软件系统规模可大可小。对于规模较小的软件系统,一个 3~5 人的项目小组即可承接下来,并可在规定期限内开发完成。但对于大规模的软件系统,若要在规定期限内开发完成,则不得不组织起几十人的研发队伍。

显然,软件项目参与人数越多,项目组成员之间的沟通与协作越不便利。通常情况下,项目小组人数要求限制在 8 人以内,因此,当项目规模庞大而需要几十人参与时,就有必要将一个大项目分解成为许多小项目,然后建立多个有组织关联的项目小组实施产品研发。

常用的项目分组方法是,将系统按功能分解成为若干具有一定独立性的子系统,然后再按子系统进行项目任务分组,每个项目小组只需要完成分配的子系统的开发,由此形成的项目团队组织体系即为项目层级负责制。

图 2-4 所示为项目层级负责制的一般组织结构。

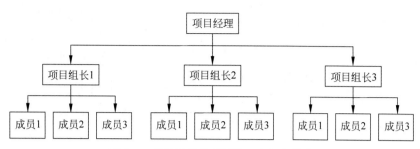

图 2-4　项目层级负责制的一般组织结构

项目层级负责制体现出了上级对下级基于任务分解的指挥控制,项目经理分解项目任务,并分配给各项目小组,而项目组长再将承担的小组任务做进一步分解,并分配给每个小组成员。

项目层级负责制由多个项目小组共同完成一个项目任务,因此各项目小组之间必然涉及任务协调。可基于里程碑进程进行小组任务协调,例如,整个项目有一个统一的整体里程碑进度计划,各个项目小组则基于项目整体计划,制订出自己承担的子项目的里程碑进度计划,以保证局部子项目计划与项目整体计划的协调。

项目任务分派则还须考虑任务之间较低的依赖度,如分配给各个项目小组的子系统任务有较好的独立性、研发的子系统可独立调试,由此可减轻因高度依赖而带来的任务协调负担。

2.2　软件项目计划

项目是一个工程容器,包含诸多工程要素,项目还是一个相对独立的工程作业单元,可使诸多工程任务基于工程项目得以实施。然而,要使基于项目的工程任务能够有序实施,就必须要有一个项目计划。软件项目要求事先制订计划,其作为项目任务行动指南,可使项目任务在计划约束下有序进行。

2.2.1　任务分配

软件开发面临各种各样的任务,如需求分析、结构设计、程序编码、文档管理等,为确保这些任务按期完成,必须合理安排到人,这就是任务分配。

显然,一些大的任务单位需要分解细化,以方便项目任务可合理、适度地分配到各项目小组成员身上。然而,如何分解项目任务呢?

首先要进行的是基于软件生命周期的阶段划分。整个软件开发可划分为需求分析、概要设计、详细设计、编码与单元测试、系统集成等阶段任务。

接着是对这些阶段任务做进一步的任务细分,以使分配到任务承担者身上的各项任务能够内容具体、目标清晰、责任明确。例如,软件结构设计可进一步分解为软件构架设计、软件接口设计和数据库设计。

任务树是一种最常使用的任务分解工具。图 2-5 所示即是基于任务树的任务逐层分解,其中,任务树的根节点是对任务的整体概括,而根节点以下的各级子节点是对任务的逐级分解。

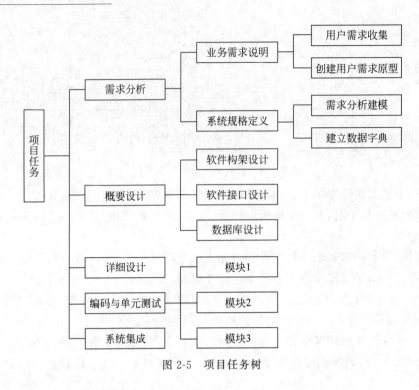

图 2-5　项目任务树

2.2.2　进度计划

项目计划的核心内容是项目进度计划。应该基于里程碑制订项目进度计划,以使项目中的任务及资源能按照里程碑进行合理的流程部署。而这个里程碑就是项目进行过程中的关键任务完成节点,它将有代表性的成果作为里程碑标志,如软件需求规格说明书、软件系统设计说明书,用于表示已完成了该项任务,如产生了软件需求规格说明书即表明已经完成了需求分析任务。

在制订项目进度计划时,需要对与里程碑直接关联的关键任务做重点部署,其对项目进程有至关重要的影响。

项目进度计划是对任务合理的时序安排。首先应避免任务重叠,以减少人力及资源浪费,并提高开发效率。应特别注意关键任务的延期对整个项目进程的影响。一些无时间关联的任务则可并行开展,以加快任务进程。

项目进度计划制订中还须顾及的是项目初期对问题的考虑往往有不确定性。实际上,项目进行中也难免会有不确定性事件发生,例如,项目组中的某个成员可能因生病而请假,或是因某种原因离职;项目中的某台设备可能出了故障;项目遇到了事先没有估计到的技术性困惑等。因此,在制订项目进度计划时,需要考虑一定的工作弹性,要有一定的弹性时间,以利于从容应对不确定性因素,以便当项目的实际进程与先期进度计划有较大偏差时,可根据项目实际进程对进度计划进行调整。

通常情况下,一个基于里程碑的进度计划将会建立起对项目进程的量化监控。实际上,如果项目中的每一项任务都有了比较确定的工作量比例,并且还能通过关键成果对该任务是否完成做出判断,则项目进展就有了能够量化的完成比例说明。

有许多工具可用来帮助建立项目进度计划,如甘特图、任务网络图。下面介绍这两种进度计划辅助工具。

1. 甘特图

甘特(Gantt)图是最常用的项目进度图，其建立在日历表上，可直观地反映项目进展情况。

甘特图中的长条图形表示项目中的每项任务。长条形的起点代表任务开始，长条形的终点代表任务结束，任务进展可通过长条图形内不同颜色的细线表示，并可使用一些特殊图标(如菱形)表示任务里程碑。

甘特图中任务之间的依赖关系则通过链接的箭头线表示，用于表明只有当前一项任务完成之后，下一项任务才能启动。大多数情况下，依赖关系基于里程碑建立。

甘特图能较全面地反映项目开展情况，并能方便基于里程碑的项目管理。

图 2-6 所示是一个有关软件项目的甘特图。这是一个与图 2-5 中的任务树相关联的甘特图，可安排任务序列，并可表示任务进展、任务依赖关系、任务里程碑等。

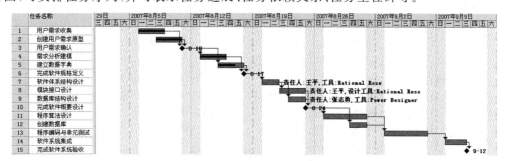

图 2-6 使用甘特图描述项目进度

2. 任务网络图

任务网络(PERT)图则基于项目任务创建，每个任务为一个任务节点，任务节点之间的网络连线可表示任务执行流程。

图 2-7 所示即为任务网络图，其使用矩形表示任务，网络连线是执行路线，箭头所指为执行方向。

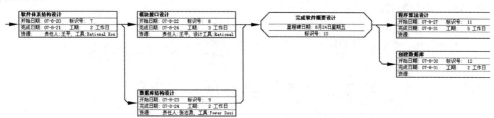

图 2-7 使用任务网络图描述项目进度

任务网络图直观性好，有利于描述并行任务。一些项目任务需要并行开展，还可能需要根据任务依赖关系、成员协作性等进行任务分配与调度，对此即可通过任务网络图给予直观描述。

当涉及并行任务时，耗时最长的路线将决定项目进度，需得到最多关注，可看作关键路径。任务网络图可直观表现关键路径。例如，图 2-7 中的模块接口设计与数据库结构设计这两项并行任务，由于模块接口设计耗时更多，因此为关键路径，被放在主线位置。

任务网络图可给项目任务资源配置带来便利。在任务网络图中,任务承担人、任务所需设备、软件工具等是与任务项结合在一起的,因此能够得到更加明确的表达。

2.2.3　项目计划书

项目计划书是项目计划的具体体现,可作为软件开发的工作指南。

项目计划书涉及的内容有项目任务分解、资源配置、成本估算、进度安排等。下面是项目计划书的基本格式。

---

1. 引言

   1.1　编写目的(说明项目计划书的编写目的及阅读对象)

   1.2　项目背景(说明项目来源、开发机构和主管机构)

   1.3　定义(说明计划书中专门术语的定义与缩写词的原意)

   1.4　参考资料(说明计划书中引用的资料、标准或规范的来源)

2. 项目概述

   2.1　工作内容(说明项目中各项工作的主要内容)

   2.2　条件与限制(说明影响软件开发的各项约束条款,如项目实施应有条件、已有条件、尚缺条件,用户及项目承包者需承担的责任,项目完工期限等)

   2.3　产品

      2.3.1　程序(说明需移交用户的程序的名称、编程语言、存储形式等)

      2.3.2　文档(说明需移交给用户的文档的名称及内容要点)

   2.4　运行环境(包括硬件设备、操作系统、支撑软件及其协同工作应用程序等)

   2.5　服务内容(说明需向用户提供的各项服务,如人员培训、安装、保修、维护与运行支持等)

   2.6　验收标准(说明用户验收软件的标准与依据)

3. 实施计划

   3.1　任务(分解项目任务,确定任务负责人)

   3.2　进度(使用图表安排任务进度,涉及任务的开始时间、完成时间、先后顺序和所需资源等)

   3.3　预算(说明项目所需各项开支,如人力费用、场地费用、差旅费用、设备资料费用)

   3.4　关键问题(说明将影响项目成败的关键问题、技术难点和风险)

4. 人员组织及分工(说明本项目人员组织结构、参与者基本情况等)

5. 交付期限(说明项目完工并交付使用的预期期限)

6. 专题计划要点(简要说明项目实施过程中需制订的其他专题计划,如人员培训计划、测试计划、质量保证计划、配置管理计划、用户培训计划和系统安装计划等)

2.3　软件项目成本估算

软件开发涉及成本。通常情况下,在软件项目初期,如项目立项论证时,或制订项目开发计划时,需要对软件开发项目做成本估算,然后以估算的成本为依据,对项目以后的具体实施进行必要的成本控制。

2.3.1　软件成本估算策略

软件项目有来自多方面的成本,如人力成本、场地费、差旅费、设备费、资料费等,并且这些成本因素都有很大的不确定性。因此,对于一个大型软件项目,为使估算尽量准确,往往要用到多种估算方法。下面是一些常用的估算方法。

（1）成本建模：根据软件项目特征，用数学模型来预测项目成本。一般采用历史成本信息来建立估算模型，并通过这个模型预测研发工作量和项目成本。

（2）专家判定：聘请一个或多个领域的专家和软件开发技术人员，由他们分别对项目成本进行估计，并最后达成一致而获得最终的成本。

（3）类比评估：用以前同类项目的实际成本作为当前项目的估算依据。

（4）自顶向下估算：依据软件功能以及子功能的组成形式逐层分配成本。

（5）自下而上估算：首先估计出每个单元的成本，然后累加得到最终的成本。

诸多估算方法都有各自的优势和不足。因此，在软件项目成本估算中，除了要从多种不同途径进行估算外，还需要比较估算结果，如果采用不同方法估算的结果大相径庭，就说明没有收集到足够的成本信息，应该继续设法获取更多的成本信息，重新进行成本估算，直到几种方法估算的结果基本一致为止。

2.3.2　代码行成本估算

代码行成本估算是一种传统的基于软件规模的成本估算方法。显而易见的是，软件越复杂，软件规模越大，则创建软件的程序代码行数将越多，软件成本也就越高。

1. 估算代码行数

程序代码行成本估算建立在对程序代码行数有较准确的估计基础上。

基于功能的程序分解是一种比较有效的代码行估算策略，其方法是对程序系统进行逐级的功能分解，直到分解出足够简单的或是已有代码行估算依据的程序功能元素为止。

还需要考虑的是，虽然可依据上面的方法进行软件代码行估算，但计算量必然很大。因此，有必要建立一个代码行估算程序，以减轻估算工作劳动强度。

下面是软件代码行估算的一般过程的算法说明。

```
确定软件功能范围；
分解软件功能为诸多功能项；
将软件功能项加入到功能表；
Do While 功能表中有没搜索到的功能项
  从功能表选择功能项 i；
  将功能项 i 分解为诸多子功能项；
  将子功能项加入到子功能表；
  Do While 子功能表中有没搜索到的子功能项
      从子功能表选择子功能项 j；
      If 子功能项 j 在代码行估算历史数据库中有类似功能元素 p 对应
    Then
        通过功能元素 p 获取子功能项 j 的代码行数；
        将子功能项 j 的代码行数累加到总代码行数中；
    Else
        If 子功能项 j 已简单到能够直接估算代码行数
        Then
            估算子功能项 j 的代码行数；
            保存子功能项 j 到代码行估算历史数据库中；
            将子功能项 j 的代码行数累加到总代码行数中；
        Else
            将子功能项 j 继续分解为更小的子功能项；
            将这些更小的子功能项加入到子功能表；
        End If
```

```
            End If
        End Do
    End Do
```

2. 计算人力成本

上面介绍了如何估算程序代码行数。实际上,如果已经估算出了程序的总代码行数,则根据软件项目组成员的人月均程序代码生产率和人月均工资,即可非常简单地计算出程序的人力成本。下面是程序代码行成本估算的计算式:

$$人力成本=(总代码行数/人月均代码行创建数)×人月均工资$$

例如,某程序总代码行数估算结果是 20 000 行,而软件项目组成员平均每人每月能够开发 1000 行代码,假如每人每月平均工资是 4000 元,则由上面的计算式可计算出该程序人力成本是 80 000 元。

3. 代码行成本估算局限性

精确的代码行估算是建立在程序精细的功能分解基础上的。然而,一个很大规模的软件系统要在项目早期就做出很精细的功能分解并非易事,因此估算结论必然有很大的不确定性。

实际上,软件成本不能仅凭代码行数决定。来自设计者的质疑是,如果仅凭代码行数决定成本,则因算法设计优良而只需较少代码即可实现的程序就会比因欠缺良好设计而必须依靠编写大量代码以实现相同功能的程序有更低的成本。显然,这是不合理的。

2.3.3 功能点成本估算

1979 年,Albrecht 最早提出了基于功能点的成本估算方法。这是一种建立在软件应用层上的能够更好地适应项目初期的软件成本估算方法。

应该说前面的代码行估算是一种很耗时间的成本估算方法。功能点成本估算则显得更具经济性,它不需要对软件进行逐级的深度功能分解,只要对软件按区域估算出功能点数,就能由此获取到软件成本,因此有相对较少的人力成本。

1. 功能元素

软件功能点成本估算需要考察的对象是功能元素,一般方法是将软件划分为用户输入、用户输出、用户查询、内部存储、外部接口等几个功能区域,然后基于这些区域分类考虑功能元素。

(1)用户输入:一般对应于一个相对完整的输入功能,如报名登记、学籍注册。

(2)用户输出:一般对应于一个相对完整的输出功能,如报表输出、屏幕输出、提示消息。

(3)用户查询:一般对应于一个相对完整的查询功能,并通常与一个联机操作相关联。例如,输入查询条件、系统根据查询条件进行查询计算、产生查询结果。这样一个完整查询过程可看成是一个查询元素。

(4)内部存储:一般对应于一个与功能实现相关联并与外界无直接关系的内部数据存储,如数据文件、数据表。

(5)外部接口:一般对应于一个相对完整的与外界其他系统的交流,如数据导入处理、数据导出处理。

通常,软件的每个功能元素可通过加权因子反映其复杂程度。表 2-1 列出了不同区域中的功能元素的加权因子的取值范围。

表 2-1　不同功能元素的加权因子的取值范围

功能元素	复杂度		
	低	中等	高
用户输入	3	4	6
用户输出	4	5	7
用户查询	3	4	6
内部存储	7	10	15
外部接口	5	7	10

2. 功能数

软件中诸多功能元素的加权因子之和即为该软件的功能数。

例如,某软件有一个数据录入窗(高复杂度)、一个用户注册窗(中等复杂度)、一个用户登录窗(低复杂度)、一个数据汇总报表打印输出窗(中等复杂度)、一个数据查询窗(中等复杂度)、一个数据存储表(中等复杂度)、一个用户表(低复杂度)和一个数据文件导出通道(中等复杂度),则该软件功能数的计算如下:

$$功能数 = 6 + 4 + 3 + 5 + 4 + 10 + 7 + 7 = 46$$

3. 功能点数

通过软件功能数即可计算出软件的功能点数。

软件功能点数的计算如下:

$$功能点数 = 总的功能数 \times \left(0.6 + 0.01 \times \sum_i F_i\right)$$

上面表达式中的 F_i 是软件复杂度调整值。通过回答表 2-2 中的问题,可确定软件复杂度调整值。其有 14 个关联程度问题需要回答,可做出的判断有:没有关联,0;微弱关联,1;轻度关联,2;一般关联,3;较大关联,4;很大关联,5。

表 2-2　软件复杂度调整值

序号	问题	关联程度(F_i)		
		微弱关联(1)	一般关联(3)	很大关联(5)
1	数据备份与恢复	核心数据需要备份	基础数据需要备份	全部数据需要备份,并需记录工作日志,以便于恢复系统
2	数据通信	需要远程数据验证	需要远程数据存储	多用户远程数据通信协作
3	数据分布式处理		事务数据本地处理,基础数据服务器提供	
4	高性能要求	需要有良好的交互相应	需要快速导入大批量数据	需要对环境数据进行实时监控
5	高负荷操作环境	涉及大批量数据汇总计算	需要同步处理多项事务	需要多服务器支持,以应对多用户服务阻塞
6	联机输入输出数据		需要	
7	多窗口切换		需要	

序号	问 题	关联程度(F_i)		
		微弱关联(1)	一般关联(3)	很大关联(5)
8	主数据文件联机更新		需要	
9	数据输入、输出、查询、存储复杂度	较低复杂度	一般复杂度	较高复杂度
10	数据内部处理复杂度	较低复杂度	一般复杂度	较高复杂度
11	代码复用率		需要考虑代码复用,以利于系统扩充改造	
12	系统需考虑平台转换		需要	
13	系统需考虑多次安装	可多次重复安装	可多次安装,并有多种安装配置模式	
14	系统需具有灵活性与易用性		涉及多种数据输入与显示方式	多输入与显示方式,并有很好的交互提示

例如,前面软件问题中的功能数是 46。假如该软件系统中的基础数据需要备份(一般关联),需要进行远程身份验证(微弱关联),有一般的联机数据显示与更新需要,并需要有满足一般安装功能的简单安装程序,以使软件可多次重复安装使用。则该软件的功能点数的计算如下:

$$功能点数 = 46 \times (0.6 + 0.01 \times (3 + 1 + 3 + 3)) = 32.2$$

4. 人力成本

如果要通过功能点数估算软件人力成本,则需要知道软件基于功能点数的生产率高低,即项目组成员人月均创建的功能点数与人均月工资数。

基于功能点的软件人力成本计算如下:

$$软件人力成本 = (软件功能点数/人月均功能点创建数) \times 人均月工资$$

例如,一个有 3 个成员的软件项目组,其每月能开发 90 个功能点,而该项目组人均月工资是 4000 元,则开发出 32.2 功能点软件的人力成本如下:

$$软件人力成本 = (32.2/(90/3)) \times 4000 = 4293(元)$$

实际成本估算时,还将涉及程序实现语言的差异。一般地,程序实现语言越偏向高层应用,则实现一个功能点所需代码行数就越少,成本自然也就越低。

表 2-3 所列是一些常用程序设计语言的代码行与功能点的比值,数据来自经验统计,因此并不精确,但可用作成本评估参考。

表 2-3　常用程序设计语言的代码行与功能点的比值

程序设计语言	LOC/FP(平均值)
汇编语言	320
C	128
VC++	64
VB	32
SQL	12

2.3.4 软件过程成本估算

软件还可以按照生产过程估算成本。软件的一般生产过程是需求分析、概要设计、详细设计、编码实现。

生产过程中的每个阶段都是一个任务单元,其主要人力成本因素则有时间长短、参与人数、参与者工资待遇等。需要注意的是,不同阶段会有不同的参与者。

通常情况下,前期阶段以高层人员为主,如系统分析员、构架设计师,他们有相对较高的工资待遇,但人员数量较少,时间也一般较短。后期阶段则以低层人员为主,他们有相对较低的工资支出,但人员数量较多,时间也一般较长。

下面是对这种成本估算方法的举例。

需要开发一个"企业资源管理系统",并考虑按系统分析、结构设计、算法设计、程序编码、系统集成等几个步骤安排项目进程,并进行人员配置。

项目进度与人员配置如表 2-4 所列。

表 2-4　项目进度与人员配置

任 务 名 称	参入人员结构/人	完成周期/月
系统分析	项目经理:1 系统分析师:1 构架设计师:1 文档管理员:1	1
结构设计	项目经理:1 构架设计师:1 高级程序员:3 文档管理员:1	1
算法设计	项目经理:1 高级程序员:3 程序员:6 文档管理员:1	1
程序编码	项目经理:1 高级程序员:3 程序员:6 文档管理员:1	2
系统集成	项目经理:1 构架设计师:1 高级程序员:3 文档管理员:1	1

除了分阶段进行项目成员配置外,还需要考虑各阶段项目成员的工资标准。表 2-5 所列即为该项目成员工资标准。

表 2-5　工资标准

人 员 类 别	月平均工资/元
项目经理	6000

36

人 员 类 别	月平均工资/元
系统分析师	6000
构架设计师	6000
高级程序员	4000
程序员	3000
文档管理员	2000

各阶段任务的人力成本是这个阶段所有成员工资之和,而整个软件的人力成本则为各阶段人力成本之和。因此,可按以下表达式计算人力成本:

$$人力成本 = \sum_{阶段}\left(\sum_{职位}(职位人数 \times 职位工资标准)\right)$$

表 2-6 所列即为开发"企业资源综合管理系统"时的各阶段成本,以及由各阶段成本累加而产生出来的总的人力成本。

表 2-6　人力成本

任 务 名 称	阶段成本/元
系统分析	20 000
结构设计	26 000
算法设计	38 000
程序编码	76 000
系统集成	26 000
人力总成本	**186 000**

2.4　软件项目风险

软件开发涉及诸多不确定性,如用户需求的不确定性、技术策略的不确定性等。这些不确定因素的存在,使得软件开发有了这样那样的风险。例如,我们或许在使用一种新技术,并可能为新技术的功能强大惊叹,然而在获得强大功能的同时我们也在冒技术风险,因为我们对新的技术缺乏良好的工程经验,因此有更大的出错概率。

值得注意的是,风险所影响的是项目的未来结果,只能判断今后的发生概率,而并不能百分之百地确定其影响。

2.4.1　风险类别

软件项目涉及多方面风险,如计划风险、管理风险、需求风险、技术风险、人员风险、产品风险、用户风险、市场风险等。

(1) 计划风险:由计划的不确定性所致,如列入计划预算被压缩,已列入计划的专用设备、技术资料不能及时到位,产品的计划交付日期被提前等。

(2) 管理风险:由管理的不确定性所致,如管理层意见可能不统一、管理制度可能不完善、管理行为可能不协调等。

(3) 需求风险:由需求的不确定性所致,如需求内容可能遗漏、规格说明可能有歧义、用户有需求变更等。

（4）技术风险：由技术的不确定性所致，如技术可能不够先进、技术可能不够成熟、可能缺乏有效的技术支持等。

（5）人员风险：由人员的不确定性所致，如项目成员可能缺乏较高职业素质、技术人员可能没有很好掌握关键技术、技术骨干可能中途离职、新成员可能缺乏有效培训等。

（6）产品风险：由产品的不确定性所致，如实际产品规模可能远远大于预计产品规模、产品可能不能获得预期的市场竞争力等。

（7）用户风险：由用户的不确定性所致，如项目有可能难从用户那里获得预期的支持与理解等。

（8）市场风险：由市场的不确定性所致，如研制的软件产品可能不能获得预期的市场竞争力等。

2.4.2 风险识别

风险识别是搞清楚有哪些风险。风险调查是识别项目风险的有效途径。可以依据风险类别进行风险调查，以对项目风险有较全面的把握。下面是基于风险类别的相关调查提问，以对项目中风险有较清晰的认识。

1. 针对计划风险的提问

（1）制订项目计划时是否对现实环境有较全面的考虑？

（2）项目计划是否留有余地，并能有效应对项目计划的变更？

2. 针对管理风险的提问

（1）管理团队是否由多方面专家组成，并有良好的集体协作精神？

（2）开发机构是否有能很好适应软件生产的组织结构？

（3）开发机构是否建立起了较完善的项目管理规则？

3. 针对需求风险的提问

（1）软件需求是否已被用户与开发者完全理解？

（2）软件需求是否已经过用户与开发者双方共同确认？

（3）需求规格定义是否已将用户需求完全包含进来？

（4）用户对软件提出的要求是否现实？

（5）软件需求是否稳定，是否会发生大的变更？

4. 针对技术风险的提问

（1）项目所采用的技术是否能确保系统 5 年时间的有效应用？

（2）项目所采用的技术是否已有成功的项目范例供参考？

（3）项目组对所采用的技术是否有过成功应用的经验？

5. 针对人员风险的提问

（1）项目组人员配备是否能够满足该系统的开发？

（2）开发人员对项目将采用的技术是否有较好的把握？

（3）项目组成员对工作是否有较高的满意度？

6. 针对产品风险的提问

（1）待开发的系统的作用范围是否已有较清晰的边界定义？

(2) 项目组是否有承担如此大规模系统开发的经验？

(3) 项目组是否有与该系统相类似的其他系统开发的经验？

7. 针对用户风险的提问

(1) 用户机构高层管理者对项目是否能够给予积极支持？

(2) 软件最终操作者对有待创建的系统是否热情期盼？

8. 针对市场风险的提问

(1) 待开发的软件是否已有较全面的市场调研？

(2) 目前软件市场是否已有了同类型的软件产品？

(3) 是否有比同类产品更强的市场竞争力？

2.4.3 风险评估

风险评估需要考虑的是风险有多大的发生概率？风险可带来多大的损害？

1. 评估风险概率

评估风险概率即是确定风险事件发生的可能性有多大。

大多数情况下,我们只能凭据已有的项目管理经验对风险概率做出初步估计,然后再根据当前项目的实际情况对这个经验数据加以修正。

例如,项目组成员流动风险。假设某个软件项目组有 10 个成员,但其中有一位女设计师最近结婚,并有生子休产假计划;另还有一位年轻设计师准备考研,有离职求学的可能。假如一般成员中途离职的概率是 0.1,但有生子计划的女设计师与有考研计划的年轻设计师是特例,因此需要将他们的离职概率修正为 0.7。

根据以上描述,可以对该项目组成员离职概率进行以下估算。

$$离职概率 = (8 \times 0.1 + 2 \times 0.7)/10 = 0.22$$

2. 评估风险影响力

假如某个风险事件的发生概率很低,则尽管它有发生的可能,但其影响力并不大。

然而风险影响力不能仅考虑风险概率,而且还要考虑风险事件一旦发生的危害程度。例如,飞机控制程序,尽管其出错的概率极低,但一旦发生则可能导致机毁人亡,因此必须高度关注。

一种来自于美国空军的项目风险评价体系是,将风险影响范围考虑为性能、支持、成本、进度这 4 方面,而风险事件发生后的危害程度则考虑为灾难、严重、轻微、可忽略 4 个级别。表 2-7 是对这 4 个级别的详细说明。

表 2-7 风险评价体系

危害程度	影 响 范 围			
	性能	支持	成本	进度
灾难	性能指标显著下降	不能修改、扩充	资金短缺	无法按期完成
严重	性能指标有一定程度的下降	较难修改、扩充	资金不足	可能延期
轻微	性能指标有较小程度的下降	较易修改、扩充	资金有保障	可按期完成
可忽略	性能指标没有下降	便于修改、扩充	可低于预算	将提前完成

风险影响力是风险概率与风险危害程度的乘积,即风险影响力=风险概率×危害程度

举例：某软件系统被设计为由 100 个可复用组件构造,但其中的 30 个组件有特殊需

求,并估计有 60% 的可能需要专门定制,而定制一个组件的资金费用比使用已有组件的资金费用高 1000 元,并需额外增加 3 个人日的工作量。

则根据以上描述,可以计算出该软件系统组件复用时对成本、进度的风险影响力如下:

$$成本影响力 = 0.6 \times (30 \times 1000) = 18\,000(元)$$
$$进度影响力 = 0.6 \times (30 \times 3) = 54(人日)$$

2.4.4 风险防范

可以从风险规避、风险监控与风险应急这 3 方面进行风险防范。

1. 风险规避

风险规避所考虑的是如何制定有效的风险预防措施以缓解风险的发生,包括降低风险发生概率、限制风险影响范围、减小风险危害程度。

例如,项目组成员流动。许多软件项目都存在这个风险,可能带来的危害是使项目工作出现混乱、使项目技术外流,并可能使项目进度延期、项目成本提高、产品质量降低。因此,有必须采取合理措施以减少项目成员的流动,降低其危害性。

针对项目组成员流动风险,可以考虑的规避措施如下。

(1) 改善工作环境,建立公平合理的业绩评价体系,以提高成员对于当前工作的满意度与成就感。

(2) 增强情感交流,了解成员在工作、生活上遇到的困难,并能给予适当帮助,以使成员能够更加重视当前工作。

(3) 加强配置管理,以使项目工作及成果可追踪,防止项目技术被个人垄断。

(4) 重视新人培养,针对关键性技术工作建立有效的后备人员制度,以使得当某关键技术人员出现流动时,其工作能够快速、方便地转移给后备人员。

2. 风险监控

风险监控是对风险规避的补充,以达到对项目风险更好的预防。

下面是针对项目组成员流动的风险监控。

(1) 项目组成员之间的任务合作与交流。

(2) 项目组成员的工作态度。

(3) 项目组成员对于工资、奖金的满意度。

(4) 项目文档的规范化程度与可读性。

(5) 项目配置管理工作质量。

3. 风险应急

风险应急指的是当风险最终成为现实后应该采取的对策。

通常情况下,有效的风险预防可降低风险影响力。

然而也有一些风险,无论之前的预防措施如何周密,只要其成为现实就必然带来很大的影响。例如,前面举例中的组件复用风险,尽管可通过改善软件规格、严格按标准设计应用接口等措施提高组件复用率,但只要某个组件不能复用,就必然会带来定制费用。

显然,对于这类风险,不得不有应急措施。

4. 风险计划

为实现对项目风险的有效管理,还必须制订风险计划。风险规避、风险监控与风险应急等应列入风险计划。

在制订项目计划的同时,即可制订出风险计划。然而,如果项目风险很多很复杂,则有必要单独编制,以提高风险计划的清晰度。

大多数的风险是低概率的,并且有很低的影响力。实际上,风险计划一般只列入 20% 的高概率或高破坏性风险,以减轻风险计划编制负担,并使主要风险能得到高度重视。

可以参照表 2-8 样式制订风险计划。

表 2-8 风险计划表

风险名称	组件复用风险	类别	技术风险
概率	60%	影响程度	严重
风险说明	因有特殊需求,可能有 30 个组件不能复用而需要专门定制,并可能使项目成本、进度受到影响。 成本影响力＝0.6×(30×1000)＝18 000(元)。 进度影响力＝0.6×(30×3)＝54(人日)		
发生阶段	需求阶段、设计阶段		
预防措施	尽量基于标准组件库建立软件规格,并严格按标准设计应用接口		
监控措施	严格按组件复用标准进行需求与设计评审		
应急措施	按照该风险成本影响力,应预留 18 000 元作为风险应急资金。 按照该风险进度影响力,应在项目进度计划中安排 54 人日的机动任务		

2.5 软件文档管理

软件文档是工程模式软件开发的成果体现。然而,软件文档要能产生很好的工程效应,还必须要有管理规范的支持。

2.5.1 文档的用途

软件文档是软件开发、维护与使用中需要依赖的资源,具有永久性,并可以由人或机器阅读。软件文档可体现出以下方面的用途。

(1) 软件开发的阶段性工作成果与里程碑标志。

(2) 提高软件开发过程的能见度。

(3) 提高软件开发效率。

(4) 可方便软件的使用与维护。

(5) 便于潜在用户了解或选购软件。

2.5.2 文档分类

1. 按照软件文档形式分类

(1) 正式文档:必须建立的各种技术资料、管理资料,一般要有文档编码号,并需要进行专门的归档管理。

(2) 非正式文档:根据需要随时创建的并且无须归档的模型或工作表格。

2. 按照软件文档使用范围分类

(1) 技术文档:软件开发人员的技术性工作成果,如需求规格说明书、数据设计说明书、概要设计说明书、详细设计说明书。

（2）管理文档：软件开发人员的工作计划或工作报告，如项目开发计划书、软件测试计划书、开发进度月报、项目总结报告。

（3）用户文档：软件开发人员为用户准备的软件操作使用说明，如用户手册、操作手册、维护说明。

3. 按照国家标准分类

按照计算机软件产品开发文件编制指南的国家标准（GB/T 8567—2006）的要求，在一项计算机软件的开发过程中，一般应产生以下若干种有关软件的文档资料。

（1）可行性研究报告。

（2）项目开发计划。

（3）需求规格说明书。

（4）测试计划。

（5）概要设计说明书。

（6）数据库设计说明书。

（7）详细设计说明书。

（8）模块开发卷宗。

（9）用户操作手册。

（10）系统维护手册。

（11）测试分析报告。

（12）开发进度月报。

（13）系统试运行计划。

（14）项目开发总结报告。

2.5.3 软件文档与软件生命周期之间的关系

可将软件生命周期划分为以下 6 个阶段：①项目论证阶段；②需求分析阶段；③软件设计阶段；④软件实现阶段；⑤软件测试阶段；⑥软件运行与维护阶段。不同阶段将会有不同的软件文档输出，具体对应关系如表 2-9 所示。

表 2-9　软件开发不同阶段需要产生的文档

文　　档	阶　　段				
	项目论证阶段	需求分析阶段	软件设计阶段	软件实现阶段	软件测试阶段
可行性研究报告	▬▬▬				
项目开发计划	▬▬▬▬				
需求规格说明书		▬▬▬			
测试计划		▬▬▬▬			
概要设计说明书			▬▬		
数据库设计说明书			▬▬		
详细设计说明书			▬▬		
模块开发卷宗				▬▬▬▬	
用户操作手册		▬▬▬▬▬▬▬▬			

续表

文　　档	阶　　段				
	项目论证阶段	需求分析阶段	软件设计阶段	软件实现阶段	软件测试阶段
系统维护手册			████	████	████
测试分析报告					████
开发进度月报	████				
系统试运行计划					████
项目开发总结报告					████

2.5.4　文档的使用者

软件项目的管理者,软件的创建者、维护者,以及软件最终用户,都将需要使用软件文档。然而,他们分别承担着不同的职责,并因职责的不同而需要使用不同的文档。

1. 管理人员

(1) 可行性研究报告。

(2) 项目开发计划。

(3) 模块开发卷宗。

(4) 开发进度月报。

(5) 项目开发总结报告。

2. 开发人员

(1) 可行性研究报告。

(2) 项目开发计划。

(3) 需求规格说明书。

(4) 详细设计说明书。

(5) 数据库设计说明书。

(6) 测试计划。

(7) 测试分析报告。

3. 维护人员

(1) 设计说明书。

(2) 测试分析报告。

(3) 模块开发卷宗。

4. 最终用户

(1) 用户手册。

(2) 操作手册。

(3) 系统维护手册。

2.5.5　文档编码

为使文档能获得规范管理,所有正式的软件文档都有必要加编码号(文档的唯一标识),并需要有相应的文档编码规则与其配套。

文档编码要求能够体现出文档的基本特征,如开发机构标识、文件种类标识、项目标识、软件标识、创建年月、分类顺序号和版本号等。下面是一些常用的文档编码规则。

(1) 开发机构标识：由开发机构英文名称单词缩写或汉字名称拼音首字母等字符组成。如新时代软件技术有限公司，其标识即可为 XSD。

(2) 文件种类标识：由 1、2 个字符组成，用于说明文档归类。如：R—需求分析类；D—设计说明类；C—源代码类；M—用户文档类。

(3) 项目标识：由项目英文名称单词缩写或汉字名称拼音首字母等字符组成。如学校工作流平台研发，其标识即可为 XXGZLPTYF。

(4) 软件标识：由项目中需要开发的某软件的英文名称单词缩写或汉字名称拼音首字母等字符组成。如教务工作流系统，其标识即可为 JWGZLXT。

(5) 创建年月号：由 4 个数字组成，前两个数字为年份，后两个数字为月份。如 0208，即表示是在 2002 年 8 月创建的。

(6) 分类顺序号：由 4 位数字组成，用于表示所在文件类中的文件连续计数。

(7) 版本号：由数字组成，表示文件的更新次数。

例如，新时代软件技术有限公司针对学校工作流平台研发项目中的教务工作流系统，于 2007 年 6 月 18 日编写了"需求规格说明书"的第一版。则根据上述编码规则，可以得出该文档的编码号是 XSD -R- XXGZLPTYF- JWGZLXT-070618-0003-1。

需要注意的是，文档编码规范可能与开发机构历史有关，以致不同的开发机构可能会有不同的文档编码规范，但无论采取什么编码规范，目的都是更好地管理文档。

2.5.6 文档格式

通常情况下，正式的软件文档需要包含封面、目录、版本更新说明、文档内容等成分，如图 2-8 所示。

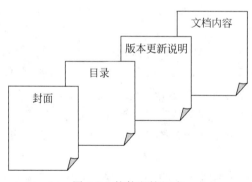

图 2-8　软件文档组成

1. 封面

文档封面需要体现的内容有软件项目名称、文档名称、文档编码、保密级别、版本号、完成日期、作者姓名、软件机构名称等。

2. 目录

目录可采用手工编辑或是通过文档编辑软件自动生成。

3. 版本更新说明

当文档内容有更改时，如产生了文档的第二版、第三版时，需要加进版本更新说明，内容包括新版本号、旧版本号、更新日期、更新理由、责任人等。

4. 文档内容

文档内容主要成分如下。

(1) 标题：文档须按层次关系建立标题，以方便目录的编制。标题按照科学编码法，从 1、1.1、1.1.1 开始编号，一般不使用标点符号。

通常情况下，一级标题使用四号加粗宋体，二级标题使用五号加粗宋体，三级标题使用五号普通宋体，如图 2-9 所示。

> **2. 可行性研究的前提**
>
> **2.1 基本要求**
>
> **2.1.1 基本功能要求**

图 2-9　文档中的多级标题样式

(2) 正文：通常情况下，正文中的中文使用五号普通宋体，英文使用 Times New Roman 字体。

(3) 图表：图片不能跨页。表格可以跨页，但表格的第 2 页必须要有表头。图表需要编排顺序号，一般按一级标题编排，如图 1-1、表 1-1。

(4) 引用文献：文档中需要引用文献时，需要使用方框号"[ ]"引用，例如，参看文献[6,7]。

(5) 术语：科技术语应采用国家标准(或行业标准)规定的(或通用的)术语或名称。对于新名词或特殊名词，需要在适当位置加以说明或注解。对于英文缩写词，应在文中第一次出现时用括号给出英文全文。注意文中名词术语的统一性。

(6) 参考文献：参考文献应按在文档中引用的先后次序排列。

- 著作文献编排格式是：

　　序号　作者　书名　出版单位　出版年份　引用部分起止页

- 翻译文献编排格式是：

　　序号　作者　书名　翻译者　出版单位　出版年份　引用部分起止页

(7) 附录：需要收录于文档，但又不适合写进正文中的内容，如附加资料、公式推导等。若有多个附录，可以采用序号如附录 A、附录 B 加以区别。

(8) 索引：为了便于检索文中内容，可编制索引置于文后。索引以文档中的专业词语为关键字进行检索，指出其相关内容所在页码。中文词句索引按拼音排序，英文词句索引按英文字母排序。

(9) 页眉、页脚：一般在页眉处标明一级标题名称，在页脚处标明页码，以保证单独的一页文档也能显示其正确属性。

2.6　软件配置管理

2.6.1　软件配置概念

所谓软件配置，也就是基于软件生产轨迹进行过程控制与产品追踪，其贯穿整个软件生命周期，可使软件开发中产生的各种成果具有一致性。

软件开发将会产生许多方面的成果，如软件需求规格说明书、软件设计说明书、软件测试计划、软件源程序清单等。通常要求这些成果具有一致性。然而，软件开发时所涉及问题的复杂性与不确定性则可能给开发工作带来混乱，并可能因此带来成果内容的不一致。例如，软件需求变更带来的不一致，也许我们根据用户的变更请求修改了源程序，但需求规格说明与软件设计说明却遗漏了这种变更，于是源程序与需求说明、设计说明之间就有了不一致的内容。

实际上，软件还必须考虑今后的维护。但是，如果需要维护的软件的规格、设计与程序清单是不一致的，那么今后的维护工作也必然会出现混乱。

软件配置管理可用来克服软件开发与维护时的混乱。

软件配置的主要任务有软件配置规划、软件变更控制、软件版本控制。这是一项非常专业的工作，对此许多软件开发机构设置了专门的软件配置部门，以提高配置管理工作的专业化程度，并使得软件开发中取得的成果能够集中管理。

软件项目组通常配备专门的配置管理员承担软件配置任务，作为项目负责人的重要助手，进行软件开发任务的分配与软件成果的归档。

2.6.2 配置规划

1. 设置配置基线

软件开发过程被划分为几个阶段，每个阶段都将产生成果。配置基线是基于阶段任务定义的，并体现为某个阶段的所有成果的集合。

当需要对软件进行配置管理时，各个阶段中的每一项成果都要求作为配置项进行标识，基线则是阶段中所有软件配置项的集合。

设置配置基线是实现软件配置管理的基础，可使软件生产获得有效的监控与追踪。实际上，在基于里程碑的工程过程中，配置基线是一个清晰的里程碑标记，可使项目负责人清楚地知道是否达到里程碑目标。

配置基线一般按照软件过程阶段进行设置，几个主要的软件阶段是需求分析阶段、软件设计阶段、软件实现阶段，与它们对应的配置基线是需求基线、设计基线与产品基线。

(1) 需求基线中的配置项：需求规格说明书、系统验收计划等。

(2) 设计基线中的配置项：概要设计说明书、详细设计说明书、数据库设计说明书、系统集成计划、单元测试计划等。

(3) 产品基线中的配置项：源程序文件、数据文件、数据库脚本、测试数据、可运行系统、使用说明书等。

2. 标识配置项

标识配置项即是给软件配置中的每个配置项一个唯一标记，以使它们能够被清楚地识别与追踪。

根据软件配置项的内容特征，分为基本配置项和复合配置项两大类。

例如，某一份测试计划、某一组测试数据、某一个源程序文件、某一个数据文件、某一个数据表等，由于具有单一元素特征，因此可看作基本配置项。

又如某一个测试方案、某一个组件包或某一个子系统由许多个元素组成，因此被看作复合配置项。

无论是基本配置项，还是复合配置项，都需要进行配置标识，以使其有唯一标记。配置项一般还需要通过一组信息加以细节说明,如名称、描述、资源、实现途径等。为使诸多配置项能够得到有效管理,通常还有必要建立分层目录组织它们,以便于表现复合配置项中的更小的软件配置项。

3. 建立配置库

软件配置管理需要建立 3 个配置库,即开发库、基线库与产品库。

(1) 开发库(Development Library)。开发库是一个面向开发人员的成果库,里面的成果一般是临时的,大多是有待进一步完善的半成品。

每个开发人员都应该有属于自己的开发库,以防止出现成果混乱。

当开发人员进入开发环境时,可以从开发库提取(Check Out)开发资源进行系统创建;而当开发人员退出开发环境时,则可以把新建资源或经过更新的资源保存(Check In)到开发库中。

可通过开发库动态追踪开发人员的工作轨迹,或还原其以前的工作状态。实际上,由于有了开发库,开发过程中的软件变更会变得相对便利管理一些。

(2) 基线库(Baseline Library)。基线库是一个面向项目组的成果库,用来保存被确认的基线成果。通常情况下,如果开发库中的软件半成品经过评审而确认达到了基线标准,就可从开发库移入基线库。

基线库的操作方式类似开发库,但这是一个受到严格变更控制的配置库,里面的配置项处于半冻结状态,只有项目组配置管理员或项目负责人具有操作权限,并需要经过严格评审才能发生变更。这也就是说,除非有充足的变更理由,否则基线库中的内容是不允许改变的。

(3) 产品库(Product Library)。产品库是一个面向软件开发机构的成果库,用来保存最终产品。产品库的管理权一般属于软件机构中的配置管理部,只有该部门的工作人员才具有操作权限。

当软件开发任务全部完成之后,最终产品中的一切成果,如程序、数据、文档,都需要由基线库移入产品库。产品库要求处于完全冻结状态,里面的配置项原则上不允许变更。通常情况下,只有当软件需要进行错误修正或进行版本更新时,才允许进行变更。

2.6.3 软件变更控制

软件开发时可能会有变更发生,然而需要配置管理进行严格控制。如果不能有效地控制好变更,则势必会造成项目混乱,可能会给软件带来严重错误。

当软件成果还只是驻留在开发库时,开发者对软件中的错误修正可看作开发库授权者的自主行为,无须专门的变更审查。但是,当软件成果被移入基线库后,任何有关软件成果的变更,都已不能是无约束的自主行为,而是必须受到专门的变更审查。

基线是用来体现阶段任务的。实际上,随着软件成果由开发库向基线库的一次完整移交的完成,开发中的某个阶段的任务也随之全部完成。基于基线的项目管理所要求的是,项目能够按照基线实现成果的追踪,进行成果一致性控制。例如,在实现软件时发现了一个设计错误,然而对这个错误的修正不能只考虑程序,必须遵守变更规则,并依照变更规则将与这个修正有关联的所有成果(如规格说明、设计说明)都考虑进来,以确保成果的一致性。

软件变更控制一般会涉及以下两方面的问题:一是设置变更控制点;二是确定变更步

骤。其中的变更步骤是一种管理制度,主要有以下几个步骤。

（1）提交书面的变更请求,详细说明变更的理由、变更方案、变更的影响范围等。

（2）变更控制机构对变更请求做出较全面的评价,如变更的合理性、方案的技术价值与副作用、对其他配置项及整个系统的影响等。

（3）评价结果以变更报告形式提交给变更控制负责人确认。

（4）变更控制负责人执行变更。

上述步骤中,对变更的评价是最重要的一个环节。例如,来自用户的需求变更。如果经评价确认变更代价较小,并且不会影响系统其他部分,则通常批准这个变更。但如果变更的代价比较高,或影响了系统整体结构,则必须认真进行利弊分析,以确定是否同意进行这种变更。

2.6.4 软件版本控制

软件开发过程中会产生出许多版本。每个版本都可看成是有关程序、文档、数据的一次完整收集。

软件的多种版本的用途首先体现在软件的适应性上。通常,不同的操作系统或不同的用户类别对软件会有不同的要求,因此需要有不同的软件版本适应。

软件版本还可用来控制软件进化。开发机构往往通过发布新的软件版本而使软件逐步完善——从测试版本到正式版本,再到升级版本。

当然,软件版本也需要进行配置管理,否则也可能会给软件带来混乱。通常,软件版本可通过版本号进行标识,并可利用版本控制工具进行管理。为了对软件版本进行有效控制,其版本号要求按照一定的规则逐步升级,图 2-10 即反映了软件版本的有规则的升级,图中的每一个节点即代表着一个版本。

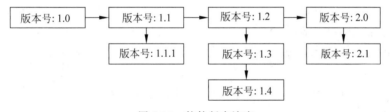

图 2-10　软件版本演变

2.7　软件质量管理

所谓软件质量,就是对软件品质的优劣评价。很显然,软件开发者应该开发出高质量的软件产品,以更好地满足用户应用。然而,高质量的软件产品并不容易获得。

来自经验的结论是:严格有效的软件质量管理,可带来高质量的软件产品。

软件质量管理涉及的问题有质量标准、质量计划、质量保证与质量指标。下面即从这 4 方面介绍软件质量管理。

2.7.1 质量标准

1. 质量标准分类

软件质量标准是有关软件质量的纲领性规定,是建立有效的质量保证体系的基础,是评价软件质量好坏的基本依据。

根据制定质量标准机构的不同,可分为国际标准、国家标准、地区标准、行业标准,分别由国际机构、国家行政部门、地区行政部门或行业组织制定。例如:ISO 9000 质量管理与质量保证标准,是由国际标准化组织(ISO)制定,为国际标准;而 GB/T 10300 质量管理与质量保证标准,则由国家技术监督局参照 ISO 9000 制定,为国家标准。

有人认为国际质量标准一定高于国家质量标准,国家质量标准又一定高于地方质量标准,而实际情形可能刚好相反。国家质量标准基于国际质量标准建立,并且还根据自己国家的特定需要加进了一些特别限制,因此,国家质量标准往往要高于国际质量标准。实际上,一些较大的软件开发机构也可根据自身特点,并参照国际标准、国家标准,制定出有自己企业特征的质量标准,这样的质量标准有更高的质量要求。

软件质量标准涉及产品标准与过程标准两方面的内容。

(1)产品标准:用于定义被开发的软件成果需要遵守的标准,如文档标准、编码标准、接口标准。

(2)过程标准:用于定义软件开发时必须遵循的工作流程与活动规则。

需要注意的是,软件产品必然需要基于一定的过程形成,因此,软件的产品标准将依赖于过程标准。通常,产品标准用于规定过程结果,而过程标准则用于规定获取产品的步骤与活动。

2. ISO 9000 质量标准

国际标准化组织于 1987 年发布了 ISO 9000《质量管理和质量保证》系列标准。这是一套具有较强的指导性和实用性的针对产品生产过程做出质量保证的国际标准。在国际标准化组织的强力推动下,目前已有 50 多个国家和地区采用了这套标准,并制定了对应于该系列标准的国家标准。如欧洲共同体的 EN 2900 标准,美国的 ANSI/ASQOQ 90 标准,英国的 BS 5750 标准,我国的 GB/T 19000 系列标准。

ISO 9000 系列标准共分为 5 个组成部分,即 ISO 9000、ISO 9001、ISO 9002、ISO 9003、ISO 9004。

ISO 9000 是该系列标准的选用指南,并为 ISO 9001、ISO 9002、ISO 9003、ISO 9004 的应用建立了准则。它主要阐述了质量概念、质量体系环境特点、质量体系国际标准分类,并对合同环境中质量体系国际标准的应用做出了说明。

ISO 9001 是有关开发、设计、生产、安装和服务的质量保证标准。

ISO 9002 是有关生产和安装的质量保证标准。

ISO 9003 是有关最终检验和试验的质量保证标准。

ISO 9004 是质量管理和质量体系要素的指南,是非合同环境中用于指导企业管理的标准,可为企业内部质量管理提供操作指南。

2.7.2 质量计划

为了使所采用的质量标准能在项目中得到有效贯彻,需要编制质量计划。

质量计划中需要说明将采用什么质量标准,明确规定什么样的软件产品才是符合质量要求的软件产品,并考虑将通过什么途径、措施、步骤使软件产品达到规定的质量要求。

通常情况下,可从以下 3 方面考虑质量计划的编制。

（1）过程质量，涉及的内容有制造过程质量规范、维护服务质量规范。

（2）产品质量，涉及的内容有产品质量标准、产品质量属性（如系统最大出错概率、系统交互最大响应时限、系统最小内存要求）。

（3）质量风险，涉及的内容有潜在的质量风险、风险应对措施。

2.7.3　质量保证

1. SQA 小组

为了保证软件质量，许多软件开发机构设立有 SQA（Software Quality Assurance，软件质量保证）小组。这是一个专门负责软件质量保证任务的工作小组。

SQA 小组要求由技术专家、领域专家、用户代表等诸多方面的成员组成，他们将共同承担软件质量保证。

SQA 小组一般从以下 5 方面进行质量保证。

（1）制订软件质量保证计划。

（2）按照质量计划中的过程质量标准对软件过程进行质量评审。

（3）按照质量计划中的产品质量标准对软件产品进行质量评审。

（4）记录软件过程与软件产品中存在的质量缺陷。

（5）编写软件质量报告，并向负责软件质量的上级汇报软件质量。

2. 质量评审

质量评审是一种很传统的但却非常有效的质量控制手段，能够实现对软件质量的全面监督、检查与控制。实际上，尽管已经有了许多用于质量评价的软件工具，但这些工具大多只起辅助作用，一般只能针对某个局部问题进行质量评估，而对软件质量的整体评价则仍依赖于质量评审。

质量评审有质量走查和质量审查两种形式。

（1）质量走查。质量走查是一种非正式的有较大随意性的质量评审，可在软件开发的任何时候进行。因此，质量走查往往被看作是项目小组内部的不定期自审。

质量走查一般是由项目负责人召集项目相关人员进行，内容涉及项目进展、文档规范化程度、源程序清晰度等。

（2）质量审查。质量审查则是一种比较正式的质量评审，要求与里程碑过程管理结合，以方便进行质量控制。

质量审查一般由 SQA 小组负责实施。为使质量审查能够在较短时间里完成，SQA 小组可要求项目小组在进行正式的质量审查前先进行走查式自审。

质量审查可按以下步骤进行。

① 综述：由需要评审的阶段成果责任人向评审小组对该成果做概要说明，并在综述会议结束后把该成果详细报告分发给评审人员。

② 准备：评审人员仔细阅读需要评审的阶段成果的详细报告，然后列出在准备性审查中发现的错误，并按照错误发生频率对错误进行分级，以利于最常发生错误的区域能得到更多的注意力。

③ 审查：评审小组按照阶段成果产生的路线和步骤，仔细检查成果的每个细节，并尽力找出成果中的所有错误。

④ 返工：由阶段成果责任人负责改正在评审报告中列出的所有错误。

⑤ 跟踪：检查每个错误的返工修正，并确保没有引入新的错误。

2.7.4 质量指标

1. 软件可靠性

软件可靠性是很重要的软件质量指标，是指在给定时间段内，程序按照规格要求无故障运行的概率。

显然，软件可靠性与软件运行时间长短有密切关系。一般地，软件运行时间越长，软件发生故障的概率也就越大，其可靠性也就越低。

软件可靠性是可进行测量的统计指标。例如，对某程序进行100次24小时无间断运行质量测评，若其中有3次在运行中途发生了故障，则由该检测可得出该程序24小时无间断运行的可靠性是97%。

2. 软件可用性

软件质量还可通过可用性进行评估。

软件可用性的定义是：在给定时间点上，程序按照规格要求无故障运行的概率。

软件可用性涉及平均无故障时间与平均故障修复时间两个可测量参数，并且一般使用稳态可用性进行评价计算，算式如下：

稳态可用性＝平均无故障时间/(平均无故障时间＋平均故障修复时间)×100%

显然，软件平均无故障时间越长，软件平均故障修复时间越短，则软件可用性也就越高。例如，对某程序进行质量测评，其在运行100小时后出现故障，经1小时修复后继续运行，并在运行120小时后又出现故障，并又经过2小时修复再次进入正常运行。

平均无故障时间＝(100＋120)/2＝110(小时)

平均故障修复时间＝(1＋2)/2＝1.5(小时)

稳态可用性＝110/(110＋1.5)×100%－98.7%

2.8 软件企业能力成熟度模型

1987年，美国卡内基-梅隆大学软件工程研究所推出了软件能力成熟度模型(Capability Maturity Model，CMM)。CMM对软件组织在定义、实施、度量、控制和改善其软件过程的实践中各个发展阶段进行了说明，其成为了软件企业生产过程成熟度评估标准，并成为了改进软件企业软件工程过程与提高软件企业生产率及质量的依据。

2.8.1 能力成熟度等级

CMM将软件过程的成熟度分为5个等级：初始级、可重复级、已定义级、已管理级、优化级，下面是对这5个等级的特征说明。

(1) 初始级(Initial)。工作无序，项目进行过程中常放弃当初的计划。管理无章法，缺乏健全的管理制度。开发项目成效不稳定，项目成功主要依靠项目负责人的经验和能力，一旦项目负责人变更，工作秩序就面目全非。

(2) 可重复级(Repeatable)。管理制度化，建立了基本的管理制度和规程，管理工作有章可循。初步实现标准化,开发工作比较好地按标准实施。有了配置管理,变更依法进行,做到了基线化,稳定可跟踪,新项目的计划和管理基于过去的实践经验,具有重复以前成功项目的环境和条件。

（3）已定义级（Defined）。开发过程,包括技术工作和管理工作,均已实现标准化、文档化。建立了完善的培训制度和专家评审制度,全部技术活动和管理活动均可控制,对项目进行中的过程、岗位和职责均有共同的理解。

（4）已管理级（Managed）。产品和过程已建立了定量的质量目标。开发活动中的生产率和质量是可量度的。已建立过程数据库。已实现项目产品和过程的控制。可预测过程和产品质量趋势,如预测偏差,实现及时纠正。

（5）优化级（Optimizing）。可集中精力改进过程,采用新技术、新方法。拥有防止出现缺陷、识别薄弱环节以及加以改进的手段。可取得过程有效性的统计数据,并可以此为依据进行分析,从而得出最佳方法。

2.8.2　软件过程进化

CMM 认为,软件工程过程是可进化的,任何软件企业只要能够持续努力地去建立有效的软件工程过程,不断地进行软件过程管理的实践与改进,则其软件工程过程就可不断地走向成熟、趋于完善。

CMM 为软件企业的过程能力的提高提供了一个基于成熟度等级的阶梯式改进框架,其中初始级是混沌的软件过程,可重复级是经过训练的软件过程,定义级是标准一致的软件过程,管理级是可预测的软件过程,优化级是能持续改善的软件过程。

任何软件组织所实施的软件过程,都可能在某一方面比较成熟,在另一方面不够成熟,但总体上必然属于这 5 个层次中的某一个层次。而在某个层次内部,也有成熟程度的区别。在 CMM 框架的不同层次中,需要解决带有不同层次特征的软件过程问题。因此,一个软件开发组织首先需要了解自己正处于哪一个层次,然后才能够对症下药,针对该层次的特殊要求解决相关问题,这样才能收到事半功倍的软件过程改善效果。

任何软件开发组织在致力于软件过程改善时,只能由所处的层次向紧邻的上一层次进化。而且在由某一成熟层次向上一更成熟层次进化时,在原有层次中的那些已经具备的能力还必须得到保持与发扬。

CMM 过程改进框架是一个行动指南,它指明了一个软件组织在软件开发方面需要管理哪些主要工作、这些工作之间的关系,以及以怎样的先后次序一步一步地做好这些工作,由此而使得软件组织逐步地从无定规的混沌过程向训练有素的成熟过程演进。

2.8.3　个人软件过程

CMM 提供了软件过程改进框架,使软件过程改进有了依据。但 CMM 没能提供过程改进的行为机制。为了弥补这个欠缺,卡内基-梅隆大学软件工程研究所于 1995 年推出了个人软件过程（Personal Software Process,PSP）。

CMM 面向整个软件组织,侧重的是软件企业中有关软件过程的宏观管理。PSP 面向软件开发人员,侧重的是软件企业中有关软件过程的微观优化。因此,CMM、PSP 二者互相支持,互相补充。因此,为提升个人能力而进行的基于 PSP 的软件工程师培训,是提升软件企业的软件能力成熟度的重要内容之一。

PSP提供了针对软件工程师个体的软件过程原则,被用来控制、管理和改进软件工程师的个人工程行为,以带来软件工程师个人工程行为的持续改进。

PSP不受具体软件技术(如程序设计语言、软件工具或软件设计方法)局限,其原则能够应用到几乎任何的软件工程任务之中。

作为个人软件过程工程框架,PSP涉及软件工程师个体软件工程活动的各个方面,其内容包括:①帮助软件工程师制定准确的个人过程计划;②确定软件工程师为改善产品质量要采取的步骤;③建立度量个体软件过程改善的基准;④确定过程的改变对软件工程师能力的影响。

2.8.4 团队软件过程

CMM应用还涉及团队行为。因此,卡内基-梅隆大学软件工程研究所在PSP基础上,又于1998年推出了团队软件过程(Team Software Process,TSP),用以对软件开发团队提供行为指导,帮助软件开发团队改善其质量和生产率,使其更好地满足成本及进度目标。

1. TSP自主团队

TSP应用的首要问题是建立能够自我管理、自我完善的自主团队。基于TSP组建自主团队的原则是:

(1) 遵循确定的、可重复的与迅速反馈的过程,使团队培训达到最有成效;

(2) 团队目标、团队工作环境、技术指导人、行政领导人这4方面的因素的综合决定了团队品质,因此应在这4方面同时努力,而不能偏废其中任何一个方面;

(3) 及时总结经验教训,当受训者在项目中面临到实际问题并寻求有效的解决方案时,就会更深刻地体会到TSP的价值;

(4) 借鉴前人经验进行团队过程改进,包括工程经验、科学原则、培训方法等,都可借鉴应用。

2. TSP过程规则

可基于以下规则设定TSP过程。

(1) 循序渐进。首先在PSP的基础上提出一个简单的过程框架,然后逐步完善。

(2) 迭代开发。选用增量式迭代开发方法,通过几个循环开发一个产品。

(3) 质量优先。对按TSP开发的软件产品,建立质量和性能的度量标准。

(4) 目标明确。对实施TSP的群组及其成员的工作效果提供准确的度量。

(5) 定期评审。在TSP的实施过程中,对角色和群组进行定期的评价。

(6) 过程规范。对每一个项目的TSP规定明确的过程规范。

(7) 指令明确。对实施TSP中可能遇到的问题提供解决问题的指南。

3. TSP项目特征

TSP项目由一系列阶段组成,各阶段均由计划会议发起。

(1) 在首次计划中,TSP组将制订项目整体规划和下阶段详细计划。TSP组员在详细计划的指导下跟踪计划中各种活动的执行情况。

(2) 首次计划后,原定的下阶段计划会在周期性的计划制订中不断得到更新。通常无法制订超过4个月的详细计划。所以,TSP根据项目情况,每三四个月为一阶段,并在各阶段进行重建。

（3）无论何时，只要计划不再适应工作，就进行更新。当工作中发生重大变故或成员关系调整时，计划也将得到更新。在计划的制订和修正中，将定义项目的生命周期和开发策略，这有助于更好地把握整个项目开发的阶段、活动及产品情况。每项活动都用一系列明确的步骤、精确的测量方法及开始、结束标志加以定义。

（4）在设计时将制订完成活动所需的计划，估计产品的规模、各项活动的耗时、可能的缺陷率及去除率，并通过活动的完成情况重新修正进度数据。

（5）开发策略用于确保 TSP 的规则得到自始至终的维护。TSP 由诸多构成循环的阶段组成，并遵循交互性原则，以便每一阶段和循环都能在上一循环所获信息的基础上得以重新规划。

4. TSP 实施原则

在实施团队软件过程 TSP 的过程中，应该自始至终贯彻集体管理与自我管理相结合的原则。具体地说，应该遵循以下 6 项原则。

（1）计划工作的原则。在每一阶段开始时要制订工作计划，规定明确的目标。

（2）实事求是的原则。目标不应过高也不应过低而应实事求是，在检查计划时如果发现未能完成或者已经超越规定的目标，应分析原因，并根据实际情况对原有计划做必要的修改。

（3）动态监控的原则。一方面应定期追踪项目进展状态并向有关人员汇报；另一方面应经常评审自己是否按 PSP 原理进行工作。

（4）自我管理的原则。开发小组成员如发现过程不合适，应主动、及时地进行改进，以保证始终用高质量的过程来生产高质量的软件，任何消极埋怨或坐视等待的态度都是不对的。

（5）集体管理的原则。项目开发小组的全体成员都要积极参加和关心小组的工作规划、进展追踪和决策制订等项工作。

（6）独立负责的原则。按 TSP 原理进行管理，每个成员都要担任一个角色。

小   结

1. 软件研发团队

需要组建优秀的软件研发团队，以生产出高质量的软件产品。

软件研发机构应该有健康的、能很好地适应软件研发任务的组织机体。项目小组则是最小的因项目任务组建的研发团队，要求小而精，成员大多限制在 8 人以内。主要成员有项目负责人、开发人员、资料管理员和软件测试员。

项目小组有多种管理机制，如民主分权制、主程序员负责制、职业项目经理负责制和层级负责制。

2. 软件项目计划

为使软件开发各项工作有秩序进行，项目管理者必须事先制订项目开发计划。

（1）任务分配：进行任务分解，然后合理、适度地给每个成员分配任务。

（2）进度安排：对项目任务及其资源按时序进行合理部署。可基于里程碑制订项目进度计划,一些关键性成果,如需求规格说明书,可作为项目进度里程碑标志。

有许多工具可用来帮助建立项目进度计划,如甘特图、任务网络图。项目计划书则是项目计划的具体体现,可作为软件开发的工作指南。

3. 软件项目成本估算

软件项目有来自多方面的成本,如工资开支、场地费、差旅费、设备费、资料费。但项目最主要成本是人员工资成本。软件成本估算主要就是对人力成本的估算。

常用的人力成本估算方法有程序代码行成本估算、软件功能点成本估算、软件过程成本估算。

4. 软件项目风险

软件开发涉及诸多不确定性,如用户需求的不确定性、技术策略的不确定性等。这些不确定因素的存在,使得软件开发有了这样那样的风险,如计划风险、管理风险、需求风险、技术风险、人员风险、产品风险、用户风险、商业风险等。

值得注意的是,风险所影响的是项目的未来结果,我们只能判断其今后的发生概率,而不能百分之百地确定其影响。因此,需要对风险实施有效的管理,以降低风险事件的发生概率。风险管理主要任务如下。

(1)风险识别:调查是识别项目风险的有效途径。可以依据风险类别进行风险调查,以便对项目风险有较全面的把握。

(2)风险评估:风险有多大的发生概率?风险有多大的影响力?

(3)风险防范:可以从风险规避、风险监控与风险应急这3方面进行风险防范。

5. 软件文档管理

软件文档是工程模式软件开发的成果体现。然而,软件文档要能产生很好的工程效应,还必须要有管理规范的支持。

开发时必须建立的技术资料、管理资料为正式文档,通常需要专门归档;而根据需要随时创建的且无须归档的模型或工作表格则为非正式文档。

按照文档使用范围,则又可分为技术文档、管理文档与用户文档。

6. 软件配置管理

所谓软件配置,也就是基于软件生产轨迹进行过程控制与产品追踪。其贯穿于整个软件生命周期,因此可使软件开发中产生的各种成果具有一致性。

软件配置的主要任务有软件配置规划、软件变更控制和软件版本控制。

7. 软件质量管理

所谓软件质量,也就是对软件品质的优劣评价。

软件开发者应该开发出高质量的软件产品,以更好地满足用户应用。来自经验的结论是:严格有效的软件质量管理,可带来高质量的软件产品。

软件质量管理涉及问题有质量标准、质量计划与质量控制。

8. 软件企业能力成熟度模型

能力成熟度等级(CMM):将软件过程的成熟度分为5个等级,即初始级、可重复级、已定义级、已管理级、优化级。

软件工程过程是可进化的,任何软件企业只要能够持续努力地去建立有效的软件工程过程,不断地进行软件过程管理的实践与改进,软件工程过程就可不断地走向成熟、趋于完善。

个人软件过程(PSP)提供了针对软件工程师个体的软件过程原则,用来控制、管理和改进软件工程师的个人工程行为,为软件工程师个人工程行为带来持续改进。

团队软件过程(TSP)对软件开发团队提供行为指导,以帮助软件开发团队改善其质量和生产率,更好地满足成本及进度目标。

习　　题

1. 软件研发机构内一般都设有质量控制部,并置于产品开发部、服务部之上。对此,你有什么看法?

2. 通常认为,项目负责人不一定是技术专家,但必须是管理专家。对此,你有什么看法?

3. 工作热情将直接影响工作效率。假如你需要组建一个项目小组,以承担某项软件开发任务。那么,你将如何管理这个项目小组,以使其有较高的工作热情?

4. 试比较民主分权制与主程序员负责制的优劣。如果由你邀集几个要好的同学一起承接某个软件项目,你将采用哪种管理机制?为什么?

5. 现需要开发一个学生管理系统,其涉及以下功能:学籍管理、成绩管理、考绩管理、评优管理,并由一个5人小组承担这项开发任务,限期两个月内完成开发。对此,请你使用任务树、甘特图、任务网络图等对该项目做出较合理的任务及进度安排。

6. 用C语言开发一个矩阵运算程序,涉及矩阵的加、减、乘等各种运算,估计有30个程序函数,每个函数平均约80行代码。如果该程序安排3人合作创建,每人每天平均完成100行代码,假如每人的月平均工资是3000元,每月按20个工作日计算,则完成该程序需要多长工期?需要多少人力成本?

7. 需要使用VC++开发一个设备监控程序,对它的初步估计是一个监控参数设置窗(一般复杂度)、一个设备监控输出窗(高复杂度)、两个数据查询(中等复杂度)、一个外部设备接口(中等复杂度),并有如表2-10所示的问题关联度判断。

表2-10　问题关联度判断

序　　号	问　　题	关联程度/F_i
1	备份与恢复	0
2	数据通信	5
3	分布式处理	0
4	高性能要求	5
5	高负荷操作环境	3
6	联机输入输出数据	4
7	多窗口切换	3
8	主数据文件联机更新	3
9	数据输入、输出、查询、存储复杂度	3
10	数据内部处理复杂度	3
11	代码要求高复用	3
12	系统需考虑平台转换	0
13	系统需考虑多次安装	4
14	系统需考虑灵活性与易用性	4

假如开发该软件的人员月平均工资是 3125 元,每月 20 个工作日,且每人每天平均完成 100 行 C++程序代码,而一个功能点大约需要编 64 行 VC++代码,则开发该软件需要多少人力成本?

8. 软件项目为什么存在风险? 有哪些方面的风险? 如何管理项目风险?

9. 软件项目中主要有哪些技术文档? 有哪些管理文档? 有哪些用户文档?

10. 为什么软件开发需要有配置管理? 其主要有哪些方面的管理?

11. 为什么配置管理中需要有开发库、基线库与产品库这 3 个配置库?

12. 什么是质量标准? 国际质量标准是否一定高于国家质量标准? 软件企业是否可制定自己的质量标准?

第3章　软件工程过程模式

软件工程过程是软件产品开发的时间轨迹,沿着这个时间轨迹,基于项目的工程任务可以不断展开,并不断深入,与工程有关的各种工程方法、工具、标准、规程等诸多工程要素则能基于这个时间轨迹,逐渐结合到工程项目中来。既然是基于工程模式实施软件开发,其过程就必然需要有一定的时序结构,因此也就需要制定过程模式,以使得有关软件的工程开发的路线、步骤能够易于被所有的项目参与者理解与遵循。

本章要点:
- 软件生命周期。
- 瀑布模式、原型进化模式、增量模式。
- 螺旋模式、迭代模式、组件复用模式。

3.1　软件生存周期

生命的一般过程是胚胎、萌芽、生长、成熟,然后逐渐衰老并走向消亡,体现在软件上则是规划、定义、开发、运行、维护,直到最终失去应用价值而退役。

软件生存周期是对软件生命过程的工程标准说明,可作为软件开发、运行、维护的基本的工程化过程框架。软件生存周期的国际标准是 ISO/IEC 12207—1995,基于该国际标准而建立的最新国家标准是 GB/T 8566—2007。

GB/T 8566—2007 从多个不同立场对软件生存周期进行了细节说明,涉及产品需求方的行为过程、产品供应方的行为过程、产品开发方的行为过程、产品运作方的行为过程、产品维护方的行为过程。

通常情况下,基于软件产品开发方的立场,软件生存周期可体现为 3 个生命段:定义期、开发期、运行与维护期。

3.1.1　软件定义期

软件定义期是软件项目初期时段,涉及确立软件项目、制订项目计划、分析用户需求等几项任务,下面是对这几项任务的说明。

1. 确立软件项目

软件产业开发涉及供需双方。能够提供产品的是供应方,需要获得产品的则是需求方。当产品开发是根据需求方委托进行定制时,产品供需双方大多是通过招投标方式形成产品供需合同,由此确立产品规格,并以此为依据进行产品开发。

委托定制软件产品的一般立项过程是:

(1) 软件需求方编制软件产品项目招标书,以明确表达对软件产品的应用需求;

(2) 软件供应方研究需求方项目招标书,并确定承接该项目的可行性,如果确认项目具备可行性,则编制软件产品投标书,以响应需求方的产品招标书;

(3) 如果软件供应方投标书能够被需求方接受,则双方可签订产品合同,以明确供需双方责权关系。

当软件产品开发是基于一般市场需求进行研制时,也需要进行软件项目立项。不同于委托定制的是,这时的需求方通常是开发机构的较高决策层,而供应方则是开发机构的较低开发层,相互之间不对等,并不能建立对等合同,而是通过产品需求报告、产品开发立项通知、产品开发任务通知等形式确立软件项目。

通用产品研制的一般立项过程是:

(1) 开发机构中的市场研究部门,根据市场需求情况编制产品需求报告;

(2) 开发机构较高决策层审核产品需求报告,如确认则进行立项可行性研究;

(3) 如果该产品经研究确认具备开发可行性,则发文确立开发项目,并通知对口开发部门或项目组承接该项目任务。

立项过程中最重要的工作是进行项目可行性分析,以对软件项目可否实施做出可行性评估。开发软件是有风险的,项目可行性分析有利于事先确知风险的高低。可行性分析时需要建立软件系统高层分析模型,其用作可行性分析对象,可行性分析内容则有技术可行性、经济可行性和应用可行性。

2. 制订项目计划

一旦软件供应方承接了软件需求方的软件开发任务,接下来的首要工作就是制订项目计划,以使软件项目后续工作能够有序开展。

软件项目计划是对项目的全局性规划,需要基于项目合同或任务书编制。

软件项目管理机构需要审核确认项目计划,并以此为依据监督项目实施。

3. 分析用户需求

分析用户需求,就是搞清楚用户对软件有什么要求,以使得开发出来的软件能够满足用户的实际需要。

这项工作原则上应由软件需求方完成,然而,如果是完全的产品委托开发,则作为最终用户的软件需求方,一般只会提供有关用户需求的框架说明,因此,更多的需求细节还需要软件供应方给予完善。

通常情况下,软件开发者可按照以下步骤分析用户需求。

(1) 研究用户需求框架;

(2) 调查用户,获取用户需求细节;

(3) 完善用户需求,建立需求模型,涉及功能模型、数据模型;

(4) 基于软件需求模型进行全面的软件规格定义;

(5) 编制"软件需求规格说明书",作为今后软件开发与验证的依据。

3.1.2 软件开发期

软件开发者的核心任务是制造软件产品。当通过需求分析确定软件规格之后,就要按规格要求开发软件,包括软件设计、编码、测试,直到最终交付软件产品。

1. 软件概要设计

软件设计的第一步是概要设计。这是针对软件系统的结构设计,用于从总体上对软件的构造、接口、全局数据等给出设计说明。

程序模块是构造软件的基本元素。概要设计中的软件结构即建立于程序模块基础上。

实际上,不同的设计方法、软件系统有不同的模块元素。在结构化设计中,程序函数、过程等是基本模块元素。在面向对象设计中,程序类、对象等就是基本模块元素。概要设计时并不需要搞清楚这些程序模块的内部细节,但模块的功能、数据特征以及模块之间的调用和引用关系则需要在概要设计中确定下来。

概要设计需要提交"概要设计说明书"作为概要设计任务标志性成果,也是后续详细设计与系统集成的依据。

2. 软件详细设计

软件设计的第二步是详细设计,以概要设计为依据,需要解决的问题是程序模块内部的执行流程与数据构造。

设计出优良的、高效率的程序算法是详细设计的核心任务。

算法设计者可通过专门的算法描述工具(如流程图、PAD图、伪码等)说明程序算法,设计结果则通过提交"详细设计说明书",作为程序编码的依据。

3. 编码和单元测试

在软件详细设计完成之后,接着需要按照详细设计说明书的要求进行程序编码。

如果详细设计说明书中程序的算法描述详细周全,则程序编码就成了一件比较简单的语言转译工作,甚至可以利用软件工具自动生成程序代码。

程序编码的同时还需要进行程序调试。

针对单元模块的单元程序测试往往和编码结合在一起进行,需要以详细设计说明书为依据,对单元模块在功能、算法与数据结构上是否符合设计要求进行确认。

4. 系统集成

系统集成也称为系统组装。系统集成的任务是按照概要设计中的软件结构,并基于某种集成策略(如渐增集成策略),将诸多创建出的程序模块装配成一个系统。

在系统集成过程中,还需要对系统进行集成测试,以确保系统结构符合设计要求。

5. 系统验收

系统验收是用户对系统的确认验证。系统验收将以需求规格说明书为依据,需要验证软件产品与规格定义的一致性,包括第一步的 Alpha 测试与第二步的 Beta 测试。

Alpha 测试是在开发环境下进行的系统验证,测试过程由开发者操控,但需要用户参与。

Beta 测试则是在用户实际应用环境中由用户独立进行的系统验证,开发者将不做操控。

3.1.3 软件运行与维护期

开发出来的软件产品在验收通过之后就可以交付用户使用了。对于已交用户使用的软件,开发机构仍需要承担一定的后期维护,以确保软件系统的正常运行。

软件系统的维护主要有:

（1）改正性维护。改正性维护是对程序中出现的错误的修正。

（2）适应性维护。适应性维护是对运行环境的改变而做的适应性修改。

（3）完善性维护。完善性维护是对已建系统的功能补充或完善。

3.2　瀑布模式

瀑布模式是传统的软件开发过程模式,其中"瀑布"形象地表达了该模式自顶向下、逐级细化的过程特征。

瀑布模式任务流程如图 3-1 所示,立项论证是软件项目起步时的顶,通常是对软件问题初步的模糊认识,后续阶段可对模糊软件问题逐步求解,直至获得可运行软件产品。

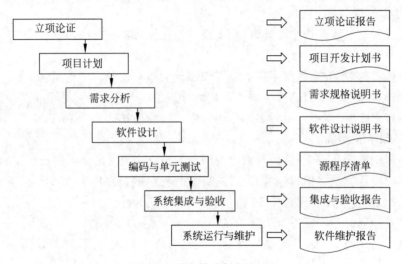

图 3-1　瀑布模式任务流程

3.2.1　瀑布模式的特点

1. 线性化过程

瀑布模式开发过程是一个无支路的线性化过程,涉及分析、设计、编码、集成等几个阶段。瀑布模式要求各阶段任务之间严格按衔接次序逐级推进,不允许跨越阶段任务,必须等到上一阶段任务完成之后,下一阶段任务才能开始。

2. 里程碑管理

瀑布模式中的每个阶段都有确定的与任务相关联的成果,如分析阶段的分析报告、设计阶段的设计说明书、编程阶段的源程序,它们可作为各阶段里程碑标志,用于标识阶段任务的结束。

基于里程碑的管理可带来项目进程量化。实际上,项目管理者可事先估算出每个阶段的任务量,并以此为依据规定每个阶段的任务时限,由此而达到对项目进程的量化管理。

3. 阶段评审

瀑布模式中的各阶段成果都需要进行严格的质量评审,以确保每个阶段都能达到预期的任务目标。

4. 文档驱动

瀑布模式中前一阶段产生的软件文档将成为后一阶段的工作基础与约束条件。这也就是说,可依靠文档使项目由前一阶段推进到后一阶段。

3.2.2 瀑布模式中的信息反馈

图 3-1 所示的瀑布模式是理想化的过程模式,其建立在各阶段任务无差错的基础上,要求每个阶段都能达到预期目标,都能取得预期结果,因此无须回头再做以前阶段的工作,而只需考虑项目往前推进。然而,实际项目则并不可能绝对完美,用户的需求变更、开发者自身的工作遗漏等都会使项目不得不返回到以前阶段。

显然,为了方便重做以前阶段的工作,后期对前期的问题发现需要能够反馈到前期工作中去。因此,过程模式中需要有合适的信息反馈通道。

图 3-2 所示即为带有信息反馈通道的瀑布模式,当前一阶段的软件问题在后续阶段被发现时,能够沿着信息反馈通道逐级返回,并在问题解决之后再将修正结果逐级下传。

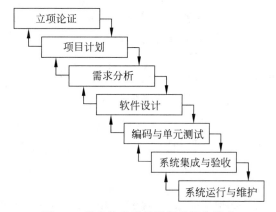

图 3-2　带有信息反馈通道的瀑布模式

应该说,增加的信息反馈通道使理想化的线性瀑布模式有了非线性化的改变,但其非线性化过程只是局部的,仅限于相互衔接阶段之间。实际上,为了确保产品的可追踪性,任何变更行为都被限制于相邻阶段之间逐级进行。例如,在编程实现阶段发现了需求遗漏,则该问题需先返回给设计师,然后通过设计师再返回给分析师。若该问题有了新的需求解决方案,则新的方案需先通知设计师,然后再由设计师通知到编程人员。

3.2.3 瀑布模式的作用

1. 应用价值

瀑布模式是获得广泛应用的软件开发过程模式,具有简洁的便于工程应用的线性化过程步骤,并可通过里程碑管理机制使项目进程量化。

瀑布模式的作用还体现在基于里程碑而建立起来的质量保证体系上。每个阶段结束前都要对所完成的阶段成果进行评审,这使得软件错误能够在各阶段内尽早被发现和解决。在涉及工程目标的诸多因素中,质量总是第一因素,因此,具有良好质量保证机制的瀑布模型也就有了很强的生命力。

瀑布模式是经典过程模型,为其他过程模型的产生提供了一个较好的模式标本,如 3.4

节将要介绍的增量模式就吸收了瀑布模式的优点。

2. 局限性

瀑布模式是线性化过程,只能按规程推进,并且必须等到所有开发任务完成以后才能获得可以交付使用的软件产品。因此,瀑布模式并不能快速创建软件系统,对于一些急于交付的软件系统,瀑布模式有操作上的不便。

瀑布模式可较好地适应需求明确的软件系统开发,但瀑布模式的灵活性不是很好,如果已经开始设计,则来自于用户的一个很小的需求变更请求就可能会给软件项目带来大难题,导致项目延期。实际上,大多数的应用系统在开发初期,用户的需求并不清晰,因此,对于那些面向用户的应用系统的开发,瀑布模式有较大的不适应性。

3.3 原型进化模式

3.3.1 软件原型

软件原型就是对软件问题的直观模拟或仿真。软件分析或设计时都可能用到软件原型。根据生命周期的长短,软件原型可分为抛弃型原型和进化型原型。

1. 抛弃型原型

抛弃型原型大多用来获取需求评价或对设计做试探,之后就失去了使用价值。因此,抛弃型原型一般使用软件工具快速生成,以降低制作成本。

由于抛弃型原型是一个无须投入实际应用的实验品,因此可针对某个专门问题建立局部原型,而无须考虑其完整性,如针对人机交互建立界面原型、针对业务步骤建立工作流原型、针对数据汇总建立 SQL 查询原型。

2. 进化型原型

进化型原型是可改进并能最终演变为可交付产品的原型,一般要求在最终产品开发平台上创建。

开发者通常选择可视化开发工具(如 Microsoft Visual Basic、Visual Studio . NET、C++ Builder、JBuilder 和 Dreamweaver)创建进化原型,原因是这些可视化开发工具不仅能快速创建软件原型,而且还能使软件原型投入实际应用,并逐步演变为最终目标系统。

界面原型是用得最多的进化型原型。通常情况下,开发者先建立界面原型供用户做应用操作评价,并在获得用户的原型确认后,接着设计和实现与该应用操作有关的内部功能执行模块。

3.3.2 原型进化过程

进化型原型可贯穿整个开发过程,因此也就可考虑与其相适应的过程模式,以达到更有效的工程应用。

一种合理的过程是,开发者建立可供用户使用的原型系统,然后收集用户对原型的使用评价,并以此为依据逐步对原型系统进行修正,逐步使其接近并最终达到目标系统的要求。

1. 原型进化的特点

图 3-3 所示是原型进化开发过程,由该图可发现原型进化过程具有以下一些特点。

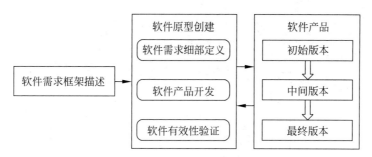

图 3-3 原型进化开发过程

（1）在对软件问题做初步分析并获得有关软件的需求框架之后，即可进行原型创建。其中的需求框架一般来自用户需求的收集与整理，它是直接面向用户的，如业务组织、业务域、业务流程、基本功能点等。

（2）软件开发就是原型创建，其包括需求细化、产品开发和产品验证等多项任务。这些任务是在同一个工作进程内并行或交替进行的。实际上，软件的分析者、设计者、编码者处在同一个工作空间，并且一个人可扮演分析、设计、编码等多重角色。用户也可加入原型创建中来，因此，开发者与用户之间可以有非常便利的意见交流。

（3）通过发布新版本而使原型系统逐步修正与完善。实际上，一个并不完整的初始版本即可投入使用，以方便软件急用之需，然后通过版本更新而逐步地满足用户对于软件的多方面需要。

2. 原型进化的缺陷

（1）不能建立里程碑管理，以致项目进度难以量化，并使软件质量难以得到有效控制。虽然可通过原型初始版本使软件尽早投入使用，但什么时候能够获得可满足全面需求的最终版本则难以确定下来。

（2）虽然可通过发布新版而适应用户需求变更，但版本的快速更替也使软件配置管理变得复杂起来。版本的快速变更还可能会给软件结构带来损伤，使软件结构缺乏整体性。

（3）对于面向用户的中小型软件开发，原型进化模式有一定优势。然而也有管理规程上的不足，并不能有效保证软件质量，因此不能很好地适应大型软件系统的开发。

3.4 增量模式

3.4.1 增量开发过程

图 3-4 所示是增量开发过程，分为设计结构、开发增量构件、集成系统 3 个任务域。

（1）设计结构：对系统进行全局分析与设计，通常以增量构件为单位定义需求框架，并以此为依据确定软件系统体系结构。

（2）开发增量构件：对软件体系结构中的增量构件进行需求细化，并以此为依据实现与验证增量构件。

（3）集成系统：基于软件体系结构进行构件集成与系统级验证。重复第（2）步，继续下一个构件的开发与集成，直到完成全部构件的创建与集成。

64

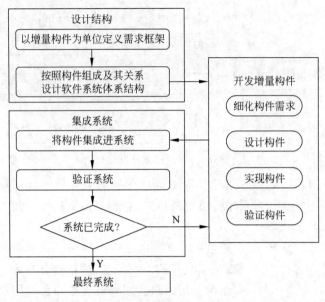

图 3-4　增量开发过程

3.4.2　增量模式的优越性

3.2节和3.3节介绍了瀑布模式与原型进化模式。瀑布模式的优点是有较完善的工程管理机制,可有效保证软件质量,不足则是较难应付用户需求变更,并必须等到项目任务全部完成之后才能交付软件产品;原型进化模式则刚好相反,优点是可适应用户需求变更,并可较快创建应用系统,不足是缺乏有效的里程碑流程管理,不能适应大型系统开发。

显然,更有效的过程模式应具有两者的长处,既有较完善的工程管理机制,又能适应用户需求变更。增量模式即有这样的优越性,整体上具有里程碑管理特性,有利于质量监控;局部则基于构件构造,有利于逐步构建与完善,并可适应用户需求变更。

更具体地看,增量模式体现出了以下优越性。

(1)项目前期工作容易开展,仅依靠需求框架,如业务域、业务流程、基本功能点等,即可设计系统构架。

(2)基于任务域实现里程碑流程控制,能较好地保证软件质量,并可适应大型应用软件系统的开发。

(3)直到开发构件时才需考虑需求细节,有利于用户需求的逐步明朗,并对构件级需求变更有较好的适应。

(4)可按照构件的功能价值安排开发顺序,并逐个实现与交付。因此,一些用户急需的功能可优先开发,并尽早投入应用。

(5)系统基于构件逐渐扩充,利于开发者经验的逐步积累,并利于技术有效复用。实际上,已使用的算法、技术策略、源码等都可更有成效地应用到构件创建中去。

(6)可利于降低项目的技术风险。通常,最先交付的最具优先权的核心构件会受到最多次数的集成测试,并带来核心构件最高的可靠性。

3.5 螺 旋 模 式

螺旋模式是一种可较好规避开发风险的过程模式。

软件开发有来自各个方面的风险,如用户需求风险、技术经验风险、产品质量风险等。显然,如果能够很好地识别风险,并能事先制定应对风险的措施,则风险的危害性就会显著降低。

螺旋模式的特点是项目基于任务域螺旋式递进。图 3-5 所示即为螺旋模式,其中的螺旋线用来表示项目进程,每一个螺旋回路对应一个过程任务域,从内至外分别是需求分析、软件设计、系统集成、验证与交付。

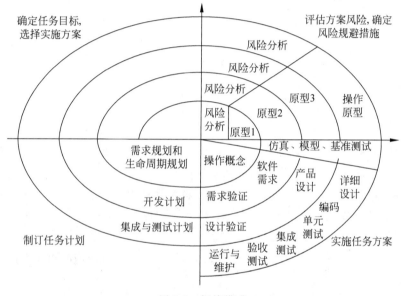

图 3-5　螺旋模式

螺旋模式中的每一个任务域都需要进行风险评估,并需要根据评估结论制定风险规避措施。

通常情况中,每个任务域涉及以下几个步骤。

(1) 制订任务计划。

(2) 确定任务目标,选择实施方案。

(3) 评估方案风险,确定风险规避措施。

(4) 实施任务方案。

值得考虑的是,对软件项目进行风险分析也是需要费用的,若软件项目风险分析费用过高,甚至超过了软件开发费用,则软件项目风险分析在经济上就不合算了。一般只有大规模并有较高风险的软件项目,才有采用螺旋模式的必要。例如,需要开发一个核反应堆控制程序,则这个程序就不能出现任何差错,否则后果不堪设想。因此,这个程序开发过程就必须有严格的对于技术质量的风险识别与应对措施。

3.6　迭代模式

迭代模式如图 3-6 所示。这是一种任务可叠交的过程模式。所谓迭代,也就是软件的分析、设计与实现可交替反复进行。因此,传统瀑布模式中的清晰任务边界在迭代模式中变得模糊起来。

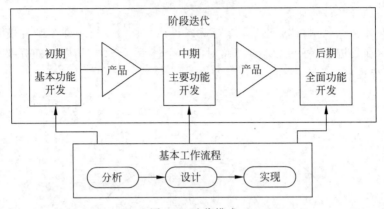

图 3-6　迭代模式

迭代模式将项目任务分为初期、中期、后期等多个阶段。通常,初期阶段只需要创建具有必备功能的软件系统;中期阶段则是在初期结果基础上做进一步完善,以获得更好的软件应用;后期阶段则是在中期结果基础上进行更全面的开发,并以实现软件全部功能为建设目标。显然,迭代模式更有利于兼顾近期目标与远期规划。初期阶段体现为实现近期目标,后期阶段则体现为实现远期规划。

一般看来,迭代模式对面向对象方法有更好的过程支持,可使面向对象方法获得更有成效的工程应用。

面向对象的技术特点是基于类体构造对象系统,并且软件分析或设计时都需要定义类体。因此,面向对象方法可基于类体使分析、设计顺畅交替。类体还可派生出下级子类体,并可依靠子类体进行系统扩充。

经验表明,面向对象方法基于类的分析与设计的交替,以及由类体派生子类而进行的系统扩充,为实现迭代开发提供了便利。

3.7　组件复用模式

所谓软件复用,就是利用已有软件要素构造新的软件系统。传统结构化方法采用的是功能函数复用。这是一种直接建立在程序代码基础上的小粒度复用技术,方法是建立能够广泛用于各种程序的标准函数。然而,大多数的标准函数只能提供一些简单功能,并且缺乏必要的柔性,因此适应范围受到限制。

面向对象方法采用的是类继承复用。一般看来,类继承复用有比函数复用更好的适应性,子类不仅可继承父类方法,而且可重新定义方法。但类继承复用受程序语言限制,子类必须与父类有相同的程序语言。

基于组件的集成则带来了组件复用,并反映出了更好的复用效果。

(1)组件经过编译,能够跨语言应用;

(2)组件是大粒度复用,更具工程复用价值;

(3)显著提高了软件生产率。

实际上,组件复用带来了流水线软件装配,系统所需组件大多无须专门开发,可通过专业制作机构提供。例如,要开发一个商业数据汇总系统,其界面可由 A 公司提供组件,业务流程配置可由 B 公司提供组件,报表生成则由 C 公司提供组件,而项目组只需将这些组件集成起来,就可实现系统开发。

图 3-7 所示是基于组件复用的过程支持,其涉及以下6 个步骤的工作任务。

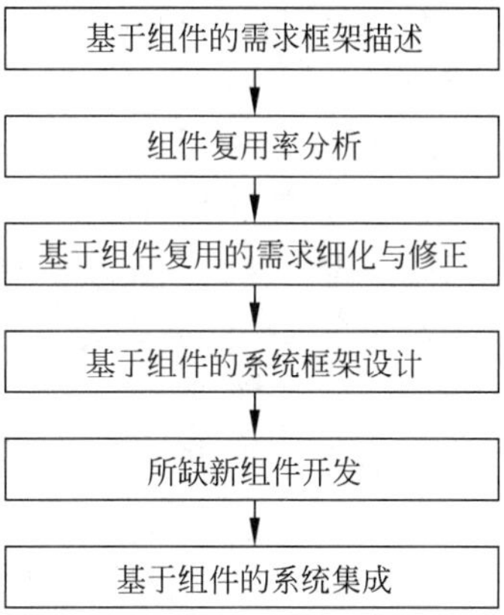

(1)基于组件的需求框架描述:系统有哪些功能?系统可划分为哪几个组件域?系统由哪些组件构成?

(2)组件复用率分析:已有哪些组件?需要购买哪些组件?需要开发哪些组件?

(3)基于组件复用的需求细化与修正:通过对需求框架的细化而获得对软件系统的基于组件的详细需求定义。

(4)基于组件的系统框架设计:确定基于组件的系统构架。

(5)所缺新组件开发:开发那些需由项目组自己创建的新组件。

```
┌─────────────────────────┐
│   基于组件的需求框架描述      │
└─────────────────────────┘
            ↓
┌─────────────────────────┐
│      组件复用率分析          │
└─────────────────────────┘
            ↓
┌─────────────────────────┐
│  基于组件复用的需求细化与修正   │
└─────────────────────────┘
            ↓
┌─────────────────────────┐
│    基于组件的系统框架设计      │
└─────────────────────────┘
            ↓
┌─────────────────────────┐
│      所缺新组件开发          │
└─────────────────────────┘
            ↓
┌─────────────────────────┐
│     基于组件的系统集成        │
└─────────────────────────┘
```

图 3-7 基于组件复用的过程支持

(6)基于组件的系统集成:基于组件进行系统集成,以建立软件系统。

小　　结

1. 软件生命周期

软件生存周期是软件由提出到开发再到投入应用的全过程,基于开发者立场一般划分为 3 个生命段:定义期、开发期、运行与维护期,每个生命段又包含若干阶段任务。

2. 瀑布模式

瀑布模式是最传统的过程模式,"瀑布"形象地表达了自顶向下、逐级细化的过程特征。

瀑布模式的特点是:线性化过程;里程碑管理;阶段评审;文档驱动。对于需求明确的软件项目,瀑布模式有较好的适应性。然而,如果需求不明确或需求易变更,则瀑布模式就显现出了不适应性。

3. 原型进化模式

原型进化模式的开发流程是开发者先建立原型系统供用户评价或使用,然后根据用户的意见反馈对原型系统不断修正,由此使它逐步接近并最终达到目标系统的要求。

原型进化模式可较好地适应用户的需求变更,但却因缺乏里程碑管理机制而不能很好地支持大型项目。

4. 增量模式

增量模式是瀑布模式与原型进化模式优点的结合,其将系统分解为多个增量构件,然后

软件工程过程模式

以增量构件为原型部件,逐步创建、集成与完善。

增量模式在整体上具有瀑布模式的里程碑特点,可适应大型项目。但在系统的局部构建上,则体现为基于增量构件的原型进化,可适应用户的需求变更。

5. 螺旋模式

螺旋模式是一种可较好地规避开发风险的过程模式。螺旋模式的特点是项目基于任务域螺旋式递进,每个任务域都需要进行风险评估,并需要根据评估结论制定有效的风险规避措施。

6. 迭代模式

迭代模式是软件的分析、设计与实现可交替反复进行的过程模式。迭代模式对面向对象方法有更好的过程支持,可使面向对象方法获得更有成效的工程应用。

7. 组件复用模式

组件复用模式是对基于组件的系统集成的过程支持。组件复用可带来流水线软件装配,系统所需组件大多无须专门开发,而可通过专业制作机构提供,由此可提高软件开发效率,并可提高软件产品质量。

习　　题

1. 软件开发期的目标任务是什么?概要设计需要完成什么任务?

2. 瀑布模型的一大特点是里程碑管理机制。对此,请谈谈你的认识。

3. 为什么瀑布模型不能很好地适应用户需求变更?原型进化模式为什么又能很好地适应用户需求变更?

4. 试说明抛弃型原型与进化型原型的异同。

5. 一般认为,原型进化模型不能适应较大型软件项目的开发,其原因是什么?

6. 增量模式结合了瀑布模型与原型进化模型的优点。请具体说出增量模式体现出哪些方面的优越性?

7. 螺旋模式的优越性是什么?采用螺旋模式的代价是什么?

8. 为什么迭代模式能够较好地适应面向对象开发?

9. 组件复用模式有什么特点?

10. 某大型企业计划开发一个"综合信息管理系统",涉及销售、供应、财务、生产、人力资源等多个部门的信息管理。该企业的想法是按部门优先级别逐个实现,边应用边开发。对此,需要一种比较合适的过程模型。请对这个过程模型做出符合应用需要的选择,并说明选择理由。

第 4 章 基于计算机的系统工程

软件是计算机系统中的逻辑成分,不能孤立生存,须置身于整个计算机系统环境中才能实现构建。因此,有关软件的研发,必然是基于计算机的系统工程,不仅需要设计编制软件,而还需要全盘考虑整个计算机系统中的诸多其他因素,如用户业务、硬件设备、数据资源、网络环境、其他协作软件等,并在软件系统创建之前就对这些因素有清晰的认识。只有这样,研发软件才会有正确的方向,不会成为空中楼阁。

本章要点:
- 计算机系统的特征。
- 计算机体系结构。
- 系统前期分析。
- 项目可行性分析。

4.1 计算机系统的特征

系统是元素的集合,元素之间存在关联与协作。系统的基本特征是具有整体性,因此,尽管系统可分解为诸多元素成分,但表现出来的却是一个统一体。

计算机系统具有一般系统的共性,由硬件系统、软件系统、网络系统、人工系统等诸多元素组成(见图 4-1),这些元素之间存在关联,能够相互支持,可进行数据通信,协作完成任务,由此形成一个统一体。

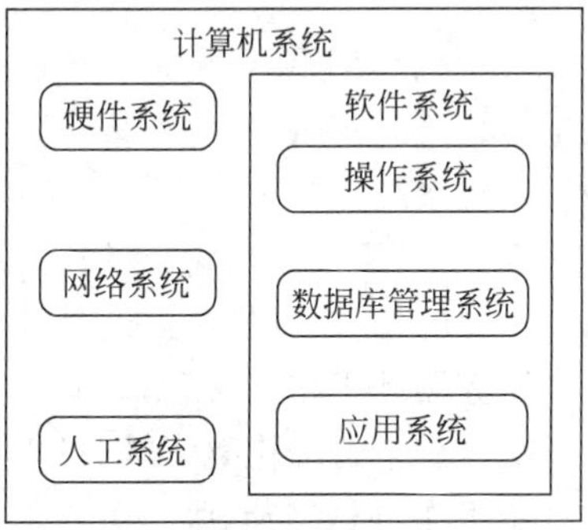

显然,计算机系统是非常复杂的系统。对于复杂系统,通常需要分层解剖,其内部元素可看作子系统。计算机系统可分为硬件系统、软件系统、网络系统、人工系统,然后还可再做更进一步的分解细化。例如,软件系统可进一步细分为操作系统、数据库管理系统和应用系统。

图 4-1 计算机系统组成

不同于一般系统,计算机系统是一个以智能为核心的系统。计算机系统中的软件元素使计算机具有了智能。实际上,开发软件就是为计算机系统添加智能,使计算机系统有更多的智能用途。

4.2 计算机体系结构

计算机系统是如何将诸多元素组合成为一个整体的呢?要搞清楚这个问题,就必须先搞清楚计算机系统的体系结构。

软件研发必然需要考虑计算机体系结构。一些有代表性的计算机体系结构是中央主机结构、客户机/服务器结构、浏览器/服务器结构。大多数的软件系统即建立于这些有代表性的计算机体系结构基础上。

4.2.1　中央主机结构

中央主机结构是一种比较早期的计算机体系结构,其由核心主机设备和外围终端设备两部分组成。图 4-2 说明了这种主机结构。

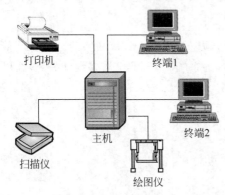

图 4-2　中央主机结构

中央主机结构中的智能一般集中在计算机的主机设备上,如操作系统、数据库管理系统与应用系统等,都被安装在了主机设备上。因此,中央主机结构中的主机是计算机系统的大脑,具有控制与计算功能。

主机设备上带有许多终端接口,可用来连接各种终端设备,如键盘、显示器、打印机、扫描仪、绘图仪等,都可通过终端接口与主机连接。

用户可通过终端设备访问主机。终端设备通常是没有智能的,它们犹如计算机系统的眼、耳、手,用于实现系统与环境的交互。

由于所有的计算任务都需要通过主机设备完成,因此,主机设备要求有很高的计算性能。由于智能都集中到了主机上,因此,系统中元素之间有非常紧密的联系。

中央主机结构的优点是内部协调性好,性能稳定;不足则是扩充性较差,有较高的初期建设成本,由于内部构造复杂,运行与维护成本往往很高。

4.2.2　客户机/服务器结构

客户机/服务器结构是一种能将智能分布到多台机器的结构。应该说,网络的应用催生出了客户机/服务器结构。多台具有智能的计算机依靠网络连接起来,成为一个可协同作业的计算机系统。

客户机/服务器结构中的计算机被划分成服务器(Server)和客户机(Client)两部分,它们有不同的地位,承担不同的计算任务。

服务器处于核心位置,如同是中央主机结构中的主机设备,提供需要集中的核心服务。客户机则处于边缘位置,如同是中央主机结构中的终端设备,但有智能,安装有客户端程序,可自主工作,但要访问服务器寻求服务支持。

客户机通常主动工作,它主动地向服务器提出服务请求。服务器则被动工作,它被动地接受来自客户机的请求,并根据客户机的请求提供服务。

图 4-3 所示是一个多媒体应用客户机/服务器系统,能够提供视频与图片多媒体信息服务。该系统有 3 台服务器,可分别提供视频数据服务、图片数据服务与目录查询服务。客户机可访问这些服务器,从中获得视频信息、图片信息、目录查询等服务支持。

客户机/服务器结构的优点是系统扩充性好,系统可逐步创建与完善,因此,客户机/服务器结构有较低的初期建设成本。例如,图 4-3 中的多媒体应用系统,或许初期应用只需要提供图片信息服务,因此初期系统只需要建立图片服务器。然而,该系统扩充性好,虽然初

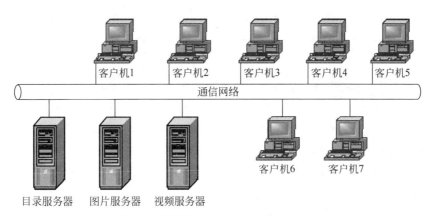

图 4-3　多媒体应用客户机/服务器系统

期系统中没有视频服务、目录服务,但可以在系统后续完善建设中添加进来,以提供更加全面的多媒体应用服务。

4.2.3　浏览器/服务器结构

浏览器/服务器结构是一种基于 Web 应用的特殊的客户机/服务器结构,其中的浏览器是指 Web 浏览器(Browse),服务器是 Web 服务器(Server)。

这种结构的核心是 Web 服务器,其用于建立基于 Web 的互联网信息服务,通过 HTTP(Hypertext Transport Protocol,超文本传送协议)实现客户机与服务器的信息交互,并通过ASP(Active Server Page,活动服务器页面)、JSP(Java Server Page,Java 服务器页面)等实现 Web 动态服务。

浏览器/服务器结构可最大限度地减轻客户端的计算负担。实际上,系统中的界面元素都被集中到了 Web 服务器上,因此客户端计算机已无须安装专门的界面程序,只要一个通用的 Web 浏览器(如 Internet Explorer),即可实现由客户机到服务器的访问。

浏览器/服务器结构有安装部署与前端访问的便利,然而在获得便利的同时,访问的快捷性与操控的灵活性下降了。由于客户端与 Web 服务器是通过 HTML 间接地进行交互,并且客户端与 Web 服务器之间是间断性连接,因此,这种结构的性能、稳定性或操控灵活性都不如传统的客户机/服务器。实际应用中经常是传统的客户机/服务器结构与基于 Web 的浏览器/服务器结构的结合,以满足多方面的应用需求。例如,内部业务处理,采用传统客户机/服务器结构,而外部客户访问,则采用浏览器/服务器结构,如图 4-4 所示。

图 4-4　客户机/服务器与浏览器/服务器结构的结合

基于计算机的系统工程

4.3 系统前期分析

系统前期分析,即软件研发项目正式启动之前需要进行的分析。

开发者在编制项目投标书或对项目做可行性评估时,需要进行系统前期分析,并且分析结论意义重大,可作为软件研发项目投标的依据,或用作软件研发可行性评估的依据。

系统前期分析是对系统的高层分析,需要考虑的是基于计算机系统的高层框架,不仅涉及有待研发的软件问题,并且涉及软件系统的外部环境,如硬件环境、支撑软件环境、网络环境、数据环境。

这是一个有关软件问题的高层分析,因此要考虑的是全局结构,而不是局部细节。

通常情况下,可从以下方面对系统进行前期分析。

(1) 软件系统的业务领域、业务边界与业务流程。

(2) 软件系统对硬件设施、网络环境、数据环境的依赖。

(3) 软件系统的安全层级、措施与防范机制。

(4) 软件系统与其他相关系统之间的协作关系。

(5) 软件系统与用户组织及其工作任务的协调性与适应性。

4.3.1 分析过程

可通过图形建模进行系统前期分析。通过画图说明软件系统结构、工作机制和行为特征,这就是建模。分析过程涉及逻辑建模与物理建模。如果模型元素是无特定物理意义的抽象符号,则为逻辑模型;如果模型元素是有特定物理意义的符号,则为物理模型。

通常情况下,可以按照以下步骤建立系统前期分析模型。

1. 研究当前系统物理模型

系统前期分析中需要研究当前现有系统。待开发的新系统大都对当前系统有一定的依赖,如需要保留当前系统的功能,需要面对当前系统中的用户组织,需要继续使用当前系统中的数据等。因此,系统前期分析时需要建立当前系统模型。

当前系统是现实中正在运行的系统,因此可建立其物理模型,反映当前现实工作状况。

2. 抽取当前系统逻辑模型

研究当前系统是为构建新系统提供依据。从逻辑关系上看,可基于当前系统对新系统进行推演。然而,当前系统物理模型受当前物理因素(如机器设备、运行机制)的制约,并不适宜进行新系统逻辑推演。因此,需要对当前系统物理模型进行逻辑抽象,以超越当前物理因素对模型逻辑推演的制约。

3. 推演新系统逻辑模型

基于当前系统逻辑结构,并根据新系统对功能与数据的新要求,可对新系统进行逻辑推演。例如,图 4-5 所示的由当前的人事管理系统到新的人力资源系统的逻辑推演。当前的人事管理系统含人事档案管理、工作异动管理、工资管理等功能,新的人力资源系统则在此基础上增加了工作异动管理、人员招聘管理、员工培训管理、员工业绩管理、工资成本评估等新功能。

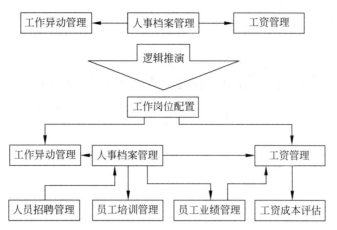

图 4-5　由当前的人事管理系统到新的人力资源系统的逻辑推演

4. 提出新系统的物理模型

前期分析还有必要建立新系统的物理模型,以使分析有足够的可信度与说服力。必须注意的是,一个逻辑模型往往对应着多种可能的物理方案,如可基于客户机/服务器结构构建,也可基于 Web 应用的浏览器/服务器结构构建。对此,一般是基于现实合理性进行物理模型选择。例如人力资源系统,如果用户组织地理区域集中,可选择客户机/服务器结构;但如果用户组织分布于世界各地,则需要选择浏览器/服务器结构。

4.3.2　系统结构建模

系统前期分析需要说明系统基本结构。系统框架图可描述系统基本结构,它是静态的,并且往往是逻辑的表示,只有矩形、连线这两种逻辑图形元素。

矩形一般用来表示系统中的实体元素,如程序、数据、设备等,连线则用于表示实体之间的关联或依赖。图 4-6 所示是某"自动阅卷系统"的基本结构,该图中的实体元素有成绩数据库、读卡程序、阅卷程序、成绩查询程序、成绩分析程序、成绩单打印程序和成绩备份程序。很显然,成绩数据库处于核心位置,需要优先考虑。

系统框架图的特点是简单、灵活、实用,容易使用。实际上,只需一支笔、一张纸就可快速勾画出系统的高层框架,并且无论是技术人员或是普通用户,大都能较好地理解,不会出现交流障碍。

系统前期分析中,还可能需要考虑系统边界,并需要将系统从环境中分离出来,以便知道要开发的新系统有多大。因此,系统内外元素应该有所区别。例如,图 4-7 所示的框架图,其中使用直角矩形表示的自动取款系统是待建系统,而使用圆角矩形表示的数据维护系统、信息安全控制系统、储户数据库、进出账数据库则为已建系统,是构建自动取款系统时需要考虑的环境因素。

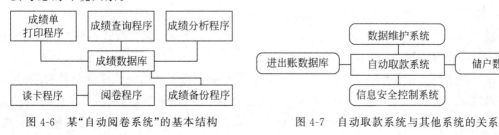

图 4-6　某"自动阅卷系统"的基本结构　　　　图 4-7　自动取款系统与其他系统的关系

基于计算机的系统工程

4.3.3 系统工作流建模

系统前期分析还需要说明系统基本工作流程。系统流程图可用于描述系统工作流程。它是动态的,可以是逻辑的(图标不体现元素的物理特性),也可以是物理的(图标有一定的物理象征性)。

表 4-1 所列是一些常用的系统流程图符号,其中的数据流用于反映任务步骤。

表 4-1 常用的系统流程图符号

图形符号	说　　明
	一般处理,如程序处理、机器处理、人工处理
	人工处理,如会计在银行支票上的签名
	一般输入,如人工输入、程序输入
	卡片输入
	手工输入
	一般存储
	内部存储
	直接存储,如磁盘存储
	顺序存储,如磁带存储
	纸带存储
	文档输出。例如,打印数据报表
	显示终端
	页内连接
	换页连接
⟶	数据流

图 4-8 所示的"自动阅卷系统"工作流模型即通过流程图建立,可反映任务过程,并且图标有一定的物理象征性,如文档、程序、数据、备份磁带、终端显示器。

系统流程图可用来描述系统业务流程,一般涉及系统与环境的交互,往往贯穿内外,因此任务元素可能是系统内的,也可能是系统外的。

系统研发更需要关注的是系统的内部元素,因此有必要将系统内外元素区分开来,以利于更清晰地识别内部元素。图 4-9 所示是某"设备采购系统"的业务过程建模,图中的设备采购系统用圆角矩形框标识,即用于划分系统内外元素,能带来业务边界更高的清晰度。

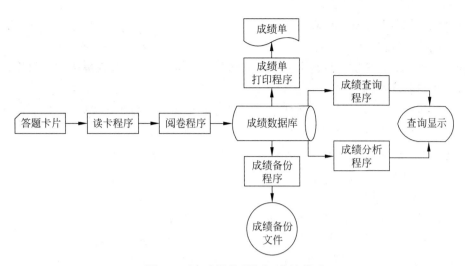

图 4-8　"自动阅卷系统"工作流模型

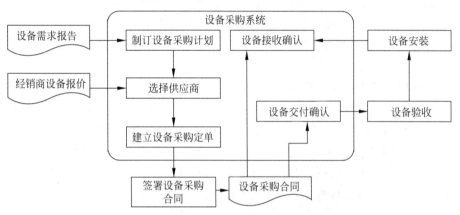

图 4-9　某"设备采购系统"的业务过程建模

4.4　项目可行性分析

　　软件研发项目启动之前通常需要做可行性分析,用少量的时间与人力成本对项目是否可实施做出有依据的判断,避免因项目实施条件不具备而造成大量的人力、物力与时间的浪费。

　　可行性分析所涉及的问题是项目实施条件是否具备,问题解决方案是否合理。

　　软件研发必然会有风险。由于技术与应用环境复杂,项目预期目标必然会有一定的不确定性。可行性分析需要合理判断这些不确定性因素的影响到底有多大,以降低风险。

　　可行性分析必然需要评价有待创建的新系统,其一般基于系统前期分析模型,对有待创建的新系统做有依据的评价。可行性分析还能带来对新的软件系统的高层定义,其一般基于项目基本目标与用户直观需求产生,可作为高层需求框架用于后期需求分析。

4.4.1　可行性分析内容

　　软件研发首先受技术因素制约,而当软件问题成为工程问题时,它还将会受到如研发成本、研发周期、应用环境等其他方面因素的制约。因此,对软件项目的可行性分析也就包含技术、经济、应用等几方面的分析。

1. 技术可行性分析

技术可行性分析是关于软件研发技术问题的高层分析,需要对有待研发的软件系统的高层构架进行技术推断。

技术可行性需要确认的是项目所准备采用的技术是否先进并且成熟,是否能够充分满足用户系统在应用上的需要,是否足以从技术上支持系统成功实现。

对技术可行性的判断是基于软件研发可能采用的技术而提出的,需要从技术本身与技术资源这两方面做出可行性评估。

1)技术本身的限制

软件研发对技术的一般性要求是既具有先进性,又有较好的工程检验和一定的成熟度,可以保证研发出来的软件系统在功能、性能、安全等诸多方面都能达到预期的技术指标。

显然,技术的先进性与成熟度是两个需要平衡考虑的技术因素。例如,开发者可能希望使用一种刚刚诞生不久的新技术,以使所研发的软件系统能够获得先进技术带来的研发上的便利,并使软件系统具有更好的应用前景。但是,新技术却有不够成熟,缺乏比较充分的工程验证等问题,因此有可能会给项目带来比较高的技术风险。

2)技术资源的限制

技术资源限制是指开发者对所采用技术在把握程度上的限制,如熟练程度、资源丰富程度、技术支持等。毫无疑问,尽管研发者准备采用的技术是既先进又成熟,但如果研发者对该技术缺乏经验,并且难以获得外部技术支持,则从工程角度考虑,该技术仍不具备可行性。

2. 经济可行性分析

软件研发项目还须考虑经济上的合理性,它应该是有经济支撑力的,并且是有经济效益的。因此,针对软件项目,需要从研发成本与经济效益这两方面做出经济可行性评估。

1)研发成本估算

项目研发成本指的是软件项目资金的投入。显然,实际工程项目总是会受到一定的资金限制,需要考虑这有限的资金是否能够保证项目顺利进行,是否会因资金短缺导致项目中途瘫痪,是否会出现严重超预算的现象。因此,针对软件项目必须要进行尽量准确的成本估算,并需要以此为依据进行成本控制,防止项目研发成本超出预算。

2)经济效益分析

项目经济效益所指的是项目的投资回报。对项目效益的一般要求是,项目的经济收益能够超过项目的成本投入,也就是讲经济上要盈利。

应该说,软件开发机构与使用软件的用户都会关心经济效益,然而开发机构与用户会有不同的效益来源。一般认为,开发机构的效益是直接的,其来自软件产品,而用户的效益则是间接的,其来自软件应用,因此效益分析时要区别对待。

3. 应用可行性分析

应用可行性所涉及的是软件的适用性,需要考虑软件应用中可能受到的限制,如法律条款对软件应用的限制、使用授权对软件应用的限制、业务规则对软件应用的限制。

显然,一个现行法律法规不允许使用的软件,一个超越了使用授权范围的软件或一个与所处领域业务规则有冲突的软件,将不具备应用可行性。

4.4.2 可行性分析报告

可行性分析需要产生项目是否可实施的评估建议。

下面是一些可供参考的可行性评估建议。

（1）如果软件项目各方面条件都已经具备，并且软件项目能够获取有效的成果，那么可建议立即着手实施项目。

（2）如果软件项目已具备一定的实施条件，但准备工作不是很充分，如质量控制不够完善，技术资源准备不足，可建议在相关条件得到进一步完善之后，再着手实施项目。

（3）如果项目实施基本条件还有缺陷，如项目资金缺口太大、技术障碍估计难以在限定时期内突破，可建议暂停或中止项目。

软件项目可行性分析是一项非常重要的工作，直接决定项目命运。可行性分析中的一系列结论需要以正式文本表达出来，通常要撰写成可行性分析报告提交有关部门确认。

可行性分析报告的基本格式如下：

---

1. 引言

　1.1　编写目的（说明可行性分析报告的编写目的、组成要素与阅读对象）

　1.2　项目背景（列出拟开发系统名称、项目委托者、开发者和预期用户，该系统与其他系统之间的关系）

　1.3　定义（说明报告中专门术语的定义与缩写词的原意）

　1.4　参考资料（说明报告中引用的资料，包括项目任务书、合同或上级机关批文，与项目有关的已经公开发表的论文、著作，需要采用的标准或规范）

2. 可行性研究的前提

　2.1　基本要求（如功能、性能、数据、安全、完成期限等）

　2.2　基本目标（如人力与设备费用的减少，工作环境的改善，工作效率的提高，处理速度、控制精度或生产力的提高，管理与决策的改进）

　2.3　条件、假定和限制（如拟开发系统的完成期限，拟开发系统的运行寿命，项目经费来源与限制，政策和法规方面的限制，硬件、软件、开发环境和运行环境的条件限制）

3. 对现有系统的分析

　3.1　系统模型（可使用系统框架图、流程图说明现有系统的基本构造与业务流程）

　3.2　工作负荷（逐项列出现有系统需要承担的工作任务与工作量）

　3.3　费用支出（列出现有系统运行时的人力、设备、支持性服务和材料等各项支出）

　3.4　局限性（指出现有系统存在的问题，并说明开发新系统或改造现有系统的必要性）

4. 对拟开发系统的分析

　4.1　拟开发系统的体系结构（可使用系统框架图概要说明拟开发系统的体系结构）

　4.2　拟开发系统的工作模型（可使用系统流程图概要说明拟开发系统的基本业务流程）

　4.3　拟开发系统的优越性（将拟开发系统与现有系统进行对比，并在诸如提高处理能力、减轻工作负荷、增强系统灵活性和保证数据安全等方面，说明拟开发系统所具有的优越性）

　4.4　拟开发系统可能带来的影响（说明拟开发系统对硬件设备、软件配置和用户操作等方面可能带来的影响）

5. 对拟开发系统的可行性分析

　5.1　技术可行性分析（说明拟开发系统在技术方面具备的可行性）

　5.2　经济可行性分析（说明拟开发系统所需的开发费用和可以预期的经济收益）

　5.3　应用可行性分析（从法律法规、操作规程、处理流程等方面进行可行性评价）

6. 其他可供选择的方案（扼要说明其他可供选择的方案，并说明未被选取的理由）

7. 可行性分析结论（可能结论是：立即实施；待条件完善后实施；中止项目）

基于计算机的系统工程

小　　结

1. 计算机体系结构

几种典型的计算机体系结构如下。

（1）中央主机结构：主机集中了全部智能，并依靠终端接口与外部设备连接。

（2）客户机/服务器结构：智能分布于服务器与客户机，并依靠网络连接成系统。其中，服务器处于核心位置，提供被动核心服务；客户机处于边缘位置，可主动访问服务器，寻求服务支持。

（3）浏览器/服务器结构：一种更适合互联网远程交互的基于 Web 应用的特殊的客户机/服务器结构。

2. 系统前期分析

可从以下方面进行软件高层分析。

（1）软件系统的业务领域、业务边界与业务流程。

（2）软件系统对硬件设施、网络环境、数据环境的依赖。

（3）软件系统的安全层级、措施与防范机制。

（4）软件系统与其他相关系统之间的协作关系。

（5）软件系统与用户组织及其工作任务的协调性与适应性。

3. 项目可行性分析

以少量的时间及人力成本，对项目是否可实施做出有依据的判断，以避免因项目实施条件不具备而造成的大量的人力、物力与时间的浪费。可从技术、经济、应用等几方面进行可行性分析，分析结论则需要撰写成可行性分析报告，并提交有关部门确认。

习　　题

1. 计算机系统的基本特征是什么？

2. 举例说明客户机/服务器结构的系统扩充性。

3. 浏览器/服务器结构有哪些特点？与客户机/服务器结构比较，其有哪些优缺点？

4. 对于网络商务软件，你将如何考虑其体系结构？请说明理由。

5. 对于网络游戏软件，你将如何考虑其体系结构？请说明理由。

6. 软件开发为什么要做前期分析？需要做哪些方面的前期分析？

7. 需要开发一个网上商品订购系统，所需功能有客户登录、客户商品订购、商店接收订单、商店商品配送，并由数据库提供数据支持。请使用框架图描述其基本结构，使用系统流程图描述其业务过程。

8. 软件项目实施前为什么要进行可行性分析？涉及哪些方面的可行性分析？

9. 软件开发所采用的技术如果既先进又成熟，则该技术是否一定具备可行性？

第2部分
工程任务

本部分要点:

- 软件需求分析。
- 软件概要设计。
- 程序算法设计与编码。
- 软件测试。
- 软件维护与再工程。

工程任务是指软件开发时基于工程模式并采用工程方法完成的任务,涉及软件分析、软件设计、程序编码、软件测试、软件维护等诸多工程任务。

工程任务是严谨的计划约束下的任务,要求按照设定的工程过程有计划、有步骤地实施。第3章中已经说明了软件生命过程,介绍了几种常用的软件工程过程模式,工程过程通常基于这些过程模式设定,使软件开发有一个比较确定的生命轨迹,使软件开发中的诸多工程任务可以沿着这个设定的轨迹不断地展开,并不断地深入。

本部分将按照一般的软件生命过程说明诸多工程任务。显然,这种与工程实际进程基本一致的学习顺序,必然有利于读者的软件工程实践。

本部分内容如下。

第5章,软件需求分析。软件是为使用者开发的,必须要考虑用户需求,需要做需求分析,涉及调查用户需求、建立需求模型、进行需求验证等诸多分析活动,分析结果则要形成分析报告,以作为软件开发需求的依据。

第6章,软件概要设计。软件系统的总体结构设计,要求先总体后局部完成设计。首先要确定的是软件系统构架,然后是建立在系统构架基础上的数据结构和程序框架。概要设计结果也要形成设计报告,以作为软件开发设计的依据。

第7章,程序算法设计与编码。最重要的软件详细设计,可通过算法设计工具进行算法设计。一些影响执行效率的关键程序无疑要进行算法设计。应该基于设计进行程序编码,并按照编程规范进行程序编码。

第8章,软件测试。测试是为发现软件错误。应有计划、分阶段地进行软件测试,涉及单元测试、集成测试、确认测试。测试方法有白盒测试和黑盒测试。

第9章,软件维护与再工程。为使软件能长期正常运行而需要进行的工作,涉及改正性维护、完善性维护、适应性维护和预防性维护。需按规程有计划地进行软件维护。可通过再工程使软件优化。

第5章 软件需求分析

软件必然涉及应用,而且必须考虑与使用者有关的应用需求。软件需求分析即用来发现这种需求,由此挖掘用户价值。这是一项非常关键的、必须先于软件设计完成的工程任务,必须要收集用户需求意愿,面向用户建立软件需求分析模型,并依据需求模型确定软件产品技术规格,以此解答"软件能够用来做什么?"的用户提问。

本章要点:

- 需求分析任务。
- 获取用户需求。
- 建立需求模型。
- 软件需求验证。

5.1 需求分析任务

5.1.1 分析内容

软件需求指用户对软件的要求。用户通常会根据自身业务需要对软件提出要求,如要求财务软件系统能够按时自动生成财务分析报表,要求人力资源软件系统能够进行人力成本核算。

软件研发者需要根据用户需求研制软件。然而,软件研发者要能够研制出完全满足用户需求的软件并不是一件容易的事情。许多时候,研发者或许认为已经做到了用户所需,然而并不能得到用户认同。例如,研发者研制了一个功能看似全面、性能良好、交互界面也吸引人的软件,但用户却认为软件的业务处理流程与实际作业流程不一致。因此,面对一个研发者自认为很不错的软件,用户却是牢骚满腹,要求返工重做。

毫无疑问,软件需求问题影响了软件质量,降低了用户对软件的满意度,损害了软件开发机构的声誉。因此,在研制软件之前,必须先对软件做细致的需求分析,搞清楚用户有哪些方面的需求。

软件有来自用户诸多方面的需求,如功能需求、数据需求、性能需求、接口需求等。需求分析中需要清晰明辨并分类收集这些需求。

(1) 功能需求:软件在服务上需要满足的要求,如定时发送通知、登录验证身份、年终汇总打印等。功能需求是保证软件可用的基本要求,需要优先考虑。

(2) 数据需求:软件在数据上需要满足的要求,如数据表现格式、数据存储结构等。数据需求也是保证软件可用的基本要求,需要优先考虑。

（3）性能需求：软件在时间与空间约束上需要满足的要求，如操作响应最大时间限制、数据传输最小速率限制、系统安装最小外存要求、系统运行最小内存要求等。

（4）接口需求：软件在通信或交互上需要满足的要求，包括硬件接口需求、软件接口需求、应用接口需求。其中，基于交互界面的应用接口需求最被用户关注，直接影响用户对软件质量的评价。

5.1.2 分析过程

需求问题贯穿软件研发全过程。通常，系统前期分析时需要考虑有关软件的全局性需求框架。例如，来自前期分析的某系统全局性需求框架，①需要采用 B/S 结构以适应基于互联网的远程访问；②需要建立分级权限控制以满足用户的多层级分组应用；③需要建立数据中心以满足分布环境下的数据共享。

全局性需求框架将决定整个软件系统的体系结构。然而，要研制出符合用户应用需要的软件，不仅需要确定符合其需要的软件体系结构，还必须确定符合其应用需要的功能细节和数据细节。需求分析的目的就是全面获取这些需求细节。

前期分析中已确定的全局性需求框架是需求分析的工作基础。

以需求框架为线索进行更全面的用户需求分析，涉及获取用户需求、建立需求模型、定义软件规格等多项任务步骤，分析过程如图 5-1 所示。

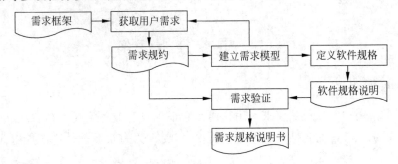

图 5-1　需求分析过程

5.1.3 任务承担者

需求分析需要软件开发者与用户共同参与，一般由开发者主导，但活动核心则是用户。开发者与用户都应该积极地扮演好自己的角色，因为只有这样，开发者与用户之间才能形成共识，产生出双方认同的需求约定。

需求分析需要对需求问题有较完整的求解，因此，不仅开发者与用户要达成需求约定，还需要考虑如何实现需求，这涉及软件规格，如功能规格、数据规格、性能规格，以使软件开发者在实现需求以及用户在确认需求时，能够有可信赖的技术与质量依据。

需求分析中开发者需要与用户交流、沟通、协商。然而，开发软件的技术专家习惯于从专业技术角度看待软件问题，更愿意使用技术性术语说明软件问题，可是用户并不能很好理解这些技术性术语。因此，开发者与用户之间可能出现沟通障碍。

需求分析需要既熟悉软件技术又熟悉用户业务的专业人员完成。系统分析师就是这样的需求分析专家，他们熟悉开发者与用户双方的术语，并有良好的需求分析技能，能够很好地理解双方意图,协调双方意见。

实际上,系统分析师承担了将用户需求意愿转述为可用于约束软件设计实现的技术规格的职责,如图 5-2 所示。

图 5-2 系统分析师的职责

5.2 获取用户需求

软件需求源于用户,需求分析的首要任务就是获取用户需求。

系统工程中建立的全局性需求框架可为详细需求分析提供方向导航。实际上,一方面可基于高层需求框架逐项地获取用户的需求细节;另一方面诸多需求细节又在确认并充实需求框架。

用户需求细节应该越具体越明确越好。例如,需要打印工资与需要按职位分类打印工资,显然后一种需求描述更具体,更能反映需求细节。

分析者可直接从用户身上获取需求细节。需要注意的是,这些直接来自用户的需求往往是零散的,并可能存在歧义,或在技术上存在不合理性。因此,分析者还需要对收集到的需求进行筛选与分类。

此外,由于受软件认识的限制,用户需求意识大多非常模糊。一些表层需求,如报表格式、界面样式,或许能够直接形成意识;一些深度需求,如软件运行模式、数据存储方式、信息保密机制,则很难直接表达,而必须依靠分析人员的诱导才能挖掘出来。

5.2.1 识别用户

1. 用户特点

通常情况下,用户就是软件的使用人。然而,当用户作为一个与软件相关的抽象概念出现时,它就有着范围更广的外延,泛指系统以外一切可从软件获得服务的对象,包括软件使用机构、软件直接操作者、软件间接受益者,以及需要从软件获得服务支持的其他系统或设备,如图 5-3 所示。

软件需求源自用户。显然,如果用户是一个具体的人,如管理员、绘图员、打字员,开发者可以很直接地从这个可主动诉求的人的身上获取需求意愿。然而,如果用户是一个非具体的人,如机构、部门、其他系统、电子设备,开发者一般不能直接从它们身上获取需求,而是需要寻找用户代表(可代表用户的具有诉求能力的人),并从用户代表那里获取用户需求。

(1) 当用户是一个机构或一个部门时,该机构或部门的负责人可看成是用户代表。

(2) 当用户是一个有待集成的其他系统时,这个其他系统的创建者、使用者或销售者可看成是用户代表。

(3) 当用户是一个有待连接的外部设备时,这个设备的制造方代表或设备使用者可看成是用户代表。

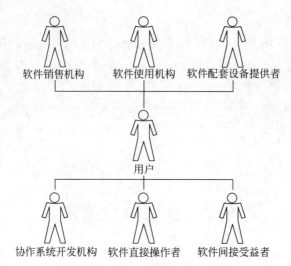

图 5-3　来自不同领域的用户

2. 用户分类

　　用户的业务环境及其需求大都是复杂的。现实情况往往是,开发者或许只是在开发一个规模并不算很大的软件系统,然而却不得不面对一个来自诸多领域的用户群,并需要面对来自于用户的各种各样的、复杂的需求愿望。显然,为方便分析用户需求,开发者有必要对用户进行分类。

　　对于业务管理系统,开发者通常可根据用户在业务组织中的位置将用户分为高层用户、中层用户与低层用户。

　　(1) 高层用户是与系统相关的决策层用户。

　　(2) 中层用户是与系统相关的部门层用户。

　　(3) 低层用户是系统的最终操作者。

　　显然,不同层级的用户会有不同的软件需求。

　　高层用户所关注的可能是基于系统的业务发展,如新系统是否有利于提高工作效率,是否有利于拓宽业务面,是否有利于改善客户关系。

　　中层用户所关注的可能是基于系统的业务运作,如新系统是否能确保现有业务模式的正常运转,是否能更方便有效地提供所需要的业务数据。

　　低层用户所关注的则往往是实际操作,如新系统是否能提供更加人性化且更加方便、快捷的操作界面,是否能很快学会新系统的使用。

　　开发者也可根据用户与软件系统的亲密关系对用户进行分类,如核心用户、直接用户和间接用户。

　　(1) 核心用户。软件系统管理员即为核心用户,有比较专业的软件使用能力,能够配置系统,能够对其他用户进行有效的授权控制。

　　(2) 直接用户。软件系统一般操作员即为直接用户,能够比较熟练地操控系统。

　　(3) 间接用户。与软件系统相关的部门负责人可看成是间接用户,他并不直接操控系统,但他需要从软件中获取如年度报表之类的数据。

5.2.2　从调查中收集用户需求

　　迄今为止,调查仍是收集用户需求的最基本途径。不同的软件系统将涉及不同的需求问题,有不同的调查内容,并且需要采用不同的调查方法。

1. 调查提问

在需求调查中,分析人员需要依据有待开发软件的特点精心设计需求提问。

需求提问的一般顺序是:从软件系统的外部环境到软件系统的具体应用,然后逐步深入到软件系统的功能、性能、安全、人机交互等内部特征,从而比较全面地了解用户的需求意图。

需求提问还应考虑对用户的需求诱导,以启发用户的需求愿望。

例 5-1:针对某制造厂生产管理系统的需求提问。

制造厂生产管理系统是一个与业务环境密切相关的系统,所涉及的业务因素有业务组织、业务范围、业务流程、业务数据,以下的需求提问即围绕这些因素展开。

(1)哪些活动将会影响产品生产?

(2)希望系统对哪些生产活动实施管理?

(3)谁将参与系统范围内的生产管理? 如部门、人员。

(4)是否可以画图说明生产管理流程?

(5)是否有使用软件系统管理产品生产的经验?

(6)原系统中的结果是否需要被新开发的生产管理系统保留下来? 如原系统的界面风格、原系统中的重要数据。

(7)生产管理系统是否需要导入其他系统中的数据? 如人力资源系统。

(8)生产管理系统产生的数据是否需要导出到其他系统? 如财务系统。

例 5-2:针对某大厦智能监控系统的需求提问。

大厦智能监控系统与大厦需要提供的监控服务密切相关,所涉及的因素有大厦布局、服务设施、监控点、监控设备、监控目的等,以下问题即围绕这些内容展开。

(1)是否可以大致描述大厦布局?

(2)是否有比较全面的大厦布局图、结构图?

(3)大厦是否有监控中心?

(4)大厦将用到哪些监控设备?

(5)由谁提供这些监控设备?

(6)这些监控设备是否有配套驱动程序?

(7)这些监控设备是否有配套使用说明书?

(8)这些监控设备是否都需要连接到监控中心?

(9)希望如何进行防盗监控?

(10)希望如何进行防火监控?

2. 调查方法

不同的软件系统将需要用到不同的调查方法。一些常用的调查方法有访谈、座谈、问卷、跟班作业、收集资料等。

1)访谈

访谈就是与个别用户面对面的交流沟通。

访谈可带来良好的沟通氛围,用户可比较自由地表达想法和愿望,访问者可从这种良好氛围中直接捕获到用户的需求意愿。

访谈还有利于消除用户因技术隔阂造成的需求疑惑,一些容易被用户误解的专门术语,可通过访谈向用户做直接细致的需求解释。

然而访谈只能获取小范围调查,调查人数受限制,调查效率也比较低。因此,访谈形式一般只是用于调查对系统需要有全面把握的核心用户,或是用于调查将决定项目命运的高层用户。

2)座谈

座谈就是开发者以会议形式邀集多方用户代表对需求问题进行商讨。

当所面临的需求问题需要考虑多部门业务协调时,座谈是一种很好的需求协商机制,可使各部门代表通过讨论来明确各自的业务边界。

有非正式与正式两种座谈形式。

非正式座谈一般用来建立人际交流,获取工作中所需要的情感沟通,使开发者与用户相互熟悉对方领域。非正式座谈中,参加人可比较自由地发表意见。

正式座谈则是一个比较规范的需求协商活动,有较严格的时间、议题限制,并需要产生比较正式的协商结论。正式座谈要求参加人严格按照议程顺序与议题发言,因此要有很好的准备,需要事先确定好会议地点、时间、参加人员、核心主题、相关问题,以及会议议程、目标等。

3)问卷

问卷就是给用户分发需求调查问卷,一些主要的问卷形式是纸质问卷、网络问卷、电话问卷。

调查问卷有利于从数量众多的个体用户身上获取需求意愿。例如,开发者需要开发一个商业通用软件,为了使软件有一个较好的市场定位,就必须广泛地获取用户对软件的看法,这时可采取调查问卷方式进行需求调查。

4)跟班作业

跟班作业为分析人员对用户业务活动的亲身体验。由于可获得最直接的需求体验,因此有利于对需求细节的把握。一些业务过程,如制造企业的生产过程,若仅凭来自用户的间接描述,则难免有细节遗漏,因此必须要有分析人员的跟班作业进行需求补充。

5)收集资料

收集资料就是收集各种与待开发软件有关的文字和图片材料。例如,用户机构的组织结构图、业务流程图、业务规则、工作制度以及与业务有关的打印报表、数据资料等。

3. 整理调查结果

从调查中获得的用户需求往往是模糊和零散的。因此,分析人员还需要对调查到的用户需求进行整理,以使来自用户的需求结果能够清晰明了、便于理解。

如果用户需求中出现了需求歧义、需求冲突,或需求超越了现有技术条件,分析人员还须与用户讨论、协商、谈判,以使不科学、不合理的需求变为科学合理的需求。

实际上,经过整理的用户需求已不仅是原始用户需求,它还含有分析者的智慧,并体现为开发者与用户关于需求问题的共识。

5.2.3 建立需求规约

需求规约是开发者与用户就需求问题达成的约定。

开发者在投标软件项目时,就需要考虑与用户达成初步的需求约定。然而,这只是一个框架性规约,不涉及细则,只大致约定需要构建哪些子系统,需要具备什么功能,需要基于什么环境运行。

需求分析则需考虑规约细则。通过调查获取到的用户需求,应编入需求规约细则。

需求规约的特点如下。

(1) 面向用户:实现与用户的沟通、交流,反映用户需求价值,使用易被用户理解的自然语言编制。

(2) 完整性:应该全面反映用户需求,不仅需要说明有待开发的系统,还应该对有待开发系统的环境因素,如业务组织、设备、其他相关系统等给予必要说明。

(3) 逐步完善:不可能一步到位,其中的诸多需求细节必然需要在以后的需求分析过程中逐步地验证、修正与补充。

需求规约是重要的需求分析成果,是需求建模与软件规格定义的基础。需求规约经需求验证后,将作为正式文档内容写进需求规格说明书,以反映用户需求价值。

例 5-3:"产品计划与生产管理系统"需求规约。

为减少产品积压,某制造厂决定基于产品市场订购实施产品生产,并决定委托某软件公司开发一个与该生产模式相适应的管理系统。

该生产管理系统要求具有以下功能:

(1) 查询产品存量。

(2) 签订产品合同。

(3) 制订产品计划。

(4) 制订材料计划。

(5) 制订生产计划。

(6) 监督生产进度。

(7) 验收产品计划。

系统将应用于该制造厂的市场部、生产部、材料部。

(1) 市场部。

- 负责签订产品合同。

- 依据产品合同、产品存量状况,制订产品计划。

- 验收产品计划。

(2) 生产部。

- 依据产品计划,制订材料计划、生产计划。

- 依据生产计划,监督生产进度。

(3) 材料部。

- 依据材料计划,进行原材料配置。

例 5-4:"大厦智能监控系统"需求规约。

某大厦需进行智能防火、防盗监控,大厦已在需要监控的位置安装了红外线感应器,并且这些红外线感应器都已与监控中心计算机连线。现需要开发一个运行于监控中心计算机的安全监控系统,以实现当红外线感应器捕获到安全事件时,系统能够自动报警的功能。

该安全监控系统要求具有以下方面的功能。

(1) 系统配置功能。

系统管理员有权配置系统。

- 可开启或关闭整个系统。

- 可开启或关闭某些监控点。
- 可开启或关闭某些监控事件。
- 有 1、2、3 共 3 个报警级别,每级报警电话号码可分别设置。
- 可对监控点或监控事件设置报警级别。

(2) 系统报警功能。

- 当红外线感应器监控到安全事件时,安全监控系统会记录这个事件,事件现场会响铃报警,并且系统会逐级拨打报警电话。
- 报警电话会通知安全事件发生的地点和事因。
- 事件现场的响铃报警必须现场关闭才会终止。
- 设置的报警电话在响铃报警之后,将逐级地(每隔 20 秒上升一级)拨打报警电话,直到有其中的某一级报警电话被接听为止。如某监控点设置了三级报警,则在响铃报警之后,首先拨打一级报警电话;若一级报警电话 20 秒无人接听,将拨打二级报警电话;若二级报警电话 20 秒无人接听,将继续拨打三级报警电话;若这个过程中有一个报警电话被接听,则终止拨打报警电话。

5.3　建立需求模型

建立需求模型,也就是使用图形方式描述需求问题。通常,图形方式直观,有利于与用户进行需求探讨,有利于对用户需求进行抽象,有利于从用户需求到软件规格的过渡。

从获取用户需求到建立需求模型需要交替进行。这也就是说,抽象模型的创建往往不能一次完成,而是需要多次反复,因为只有这样,才能使用户需求获得最接近于现实的模型抽象。

需求分析通常需要从业务、功能、实体、行为等几个方面建立模型。

(1) 业务模型。业务模型是对用户业务的抽象,用来说明系统所面临的业务环境,如业务边界、业务流程、业务关系。常用建模工具有业务流程图、用例图、活动图。

(2) 功能模型。功能模型是对软件功能的抽象。建模内容有功能组成、功能过程。常用建模工具有功能树图、数据流图。

(3) 实体模型。实体模型是对与系统有关的现实实体及其关系的模型抽象。常用建模工具有实体关系图、类关系图。

(4) 行为模型。行为模型是对系统与环境之间交互的模型抽象。常用建模工具有活动图、状态图、时序图。

需求分析中首先需要考虑的是用户的业务需求。

一个系统尽管功能全面、性能优良,但如果与用户业务冲突,就没有使用价值,而要搞清楚用户业务,就需要建立业务模型。

5.3.1　业务域模型

业务域模型用于划分业务及其归属。来自 UML 的用例图能够用来划分业务域,并说明业务归属。每个椭圆用例图符用来表示一项业务,人形参与者图符用于表示用户,连线则用于表示业务归属于某个用户。图 5-4 所示是某"产品计划与生产管理系统"业务用例图,用于表达系统有哪些业务,谁将关联这些业务。

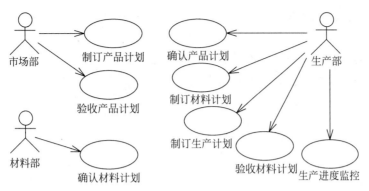

图 5-4　某"产品计划与生产管理系统"业务用例图

　　显然,业务域模型中的业务应有清晰的边界。因此,如果某两项业务中有共同的并可分离的业务单元,则两项业务的共同部分有必要作为专项业务抽取出来,并进行专门描述。

5.3.2　业务流模型

　　业务流模型用于表达业务活动步骤。传统流程图可说明业务流程,来自 UML 的活动图也可用来说明业务流程。图 5-5 所示是某"产品计划与生产管理系统"业务活动图。

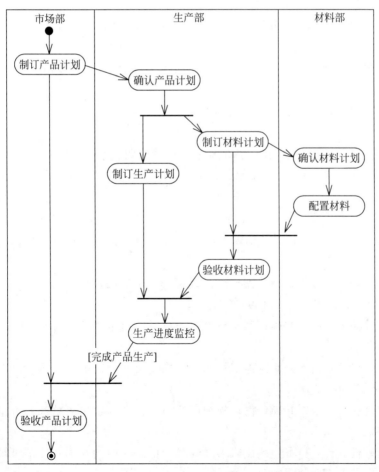

图 5-5　某"产品计划与生产管理系统"业务活动图

软件需求分析

活动图有较强的建模能力,不仅说明活动顺序,还说明由一项活动到另一项活动的逻辑跳转。

业务层面的活动模型一般不涉及业务的局部逻辑控制,只反映业务的基本流程,其中的活动通常代表一个业务子项。

业务活动图还需考虑的是执行者,以反映业务归属。通常情况下,一个将经历多个业务子项的全局业务过程会涉及多个执行者(承担任务的部门或个人)之间的任务协助,因此也就需要考虑各业务子项的具体执行者是谁。

这些活动执行者通常可与用例图中的参与者对应,在活动图中一般使用泳道表示,如图 5-5 中的市场部、生产部和材料部。

5.4　定义与验证软件规格

5.4.1　软件规格定义

在完成软件需求建模后,可根据需求模型定义软件规格。

为使软件创建时有比较完整的规格依据,软件中的各项需求,如功能、数据、性能、接口等,都需要进行规格定义。

(1) 功能定义。功能定义是系统中功能成分的规格说明,主要规格要素有功能特征、功能边界、数据输入输出、异常处理等。

(2) 数据定义。数据定义是系统中数据成分的规格说明,主要规格要素有数据名称、别名、组成元素、出现位置、出现频率等。

(3) 性能定义。性能定义是系统中的性能指标的规格说明,如响应时间、传输速率、存储容量等。

(4) 接口定义。接口定义是系统中接口的规格说明,包括硬件接口、软件接口和应用接口。

5.4.2　软件需求验证

需求验证是对需求分析成果(如需求规约、软件规格定义)的检查与确认。通常可从以下几方面进行需求验证。

(1) 有效性验证:检查并确认需求规约或规格定义中的每项条款都是为满足用户应用而建立的,其中没有无用的多余条款。

(2) 一致性验证:检查并确认需求规约或规格定义中的每项条款都是相容的,相互之间没有内容冲突。

(3) 完整性验证:检查并确认需求规约或规格定义所给出的需求集合已对用户目前应用有了较完整的需求表述。

(4) 现实性验证:检查并确认需求规约或规格定义中的每项条款都是可最终实现的软件需求。

(5) 可检验性验证:检查并确认需求规约或规格定义中的每项条款都可被用户体验或检测。

5.4.3　通过原型验证用户需求

用户需求首先体现在需求规约上,它是直接面向用户的。通常情况下,为了使需求规约能更加准确地表达用户的需求意愿,其中的各项需求说明有必要让用户做更进一步的验证确认。然而,有很多因素在干扰用户的需求验证确认,如用户需求的不稳定、用户对软件认识的局限。现实情况往往是,分析者已向用户多次解释需求规约,然而用户并不能很好地理解规约。需要引起重视的是,用户需求验证的艰难必将影响软件开发进程。实际上,需求分析后续工作不得不因验证的艰难而停顿下来,导致软件的设计、编码工作无法启动。

许多成功的软件项目经验告诉我们,需求原型有利于改善需求分析工作环境。需求原型可给用户带来直观的需求感受。一些可被用户直接看到的需求可通过原型验证,如界面、报表、数据查询的需求验证。

需求原型大多是抛弃型原型,无须考虑正常使用,因此可考虑通过软件快速生成工具创建需求原型。基于原型的需求验证过程如图 5-6 所示。

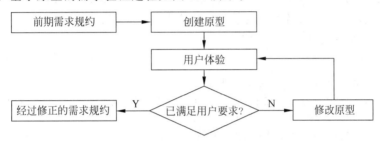

图 5-6　基于原型的需求验证过程

需要指出的是,发挥需求原型的价值还依赖于分析者的有效把握。通常情况下,分析者应该主动、有针对性地向用户演示原型,并在演示原型的同时逐项说明需求规约。

分析者还有必要指导用户与原型进行交互,以使用户能从原型中获得更真切的需求体验,并认真记录用户由原型体验而诱发出来的新的需求认识。

5.4.4　通过评审验证产品规格

需求评审则是一种传统的正式的需求验证机制。

通常需要有一个专门的评审小组进行需求评审。这应该是一个由各方面专家或代表(如软件分析师、软件工程师、领域专家、用户代表)组成的评审小组,他们将一同检查需求规约和软件规格中的各项需求说明。

可从以下 8 方面对需求进行评审。

(1) 一致性:检查是否有需求冲突,如功能之间是否有相互矛盾的规约说明。

(2) 有效性:检查每一项需求是否都符合用户的实际需要。

(3) 完整性:检查是否有需求遗漏,需求规约是否已很完整地反映了用户的需求意愿。

(4) 现实性:检查各项需求是否都能通过现有技术给予实现、用户是否可在开发出来的软件中看到需求结果。

(5) 可检验性:检查各项需求是否都有适合于用户的检测方法;当软件交付用户使用时,用户是否可自行进行需求检验。

(6) 可读性:检查需求规约是否具有可读性,是否能够被用户轻松理解。

(7) 可跟踪性:检查是否清楚记录了各项需求的出处。

(8) 可调节性:检查是否能够应对可能出现的需求变更。

5.5 需求规格说明书

需求分析以建立需求规格说明为任务目标,它是需求分析的成果体现,是需求分析阶段需要交付的文档。

几乎所有与软件有关的人员,如用户、项目管理人员、系统开发人员、系统测试人员,都需要阅读这份文档。

(1) 用户:按照需求规格说明书对软件系统进行验收。

(2) 项目管理人员:根据需求规格说明书制订项目详细开发计划,安排项目进程。

(3) 系统开发人员:以需求规格说明书为依据进行系统设计与实现。

(4) 系统测试人员:以需求规格说明书为依据进行系统有效性测试。

下面是需求规格说明书的参考格式。

---

1. 引言

   1.1 编写目的(阐明编写本需求规格说明书的目的,指出读者对象)

   1.2 项目背景(列出本项目委托单位、开发单位和主管部门,说明该软件系统与其他系统的关系)

   1.3 定义(列出本文档中所用到的专门术语的定义和缩写词的原意)

   1.4 参考资料(说明报告中引用的资料,包括本项目经核准的计划任务书、合同或上级机关的批文,项目开发计划,本文档需要引用的论文、著作,需要采用的标准、规范)

2. 系统概述

   2.1 系统定义(说明系统目标,定义系统边界,描述系统业务规则。可使用顶层数据流图或用例图进行描述)

   2.2 处理流程(说明系统数据或业务处理流程,可使用数据流图或活动图描述)

   2.3 运行环境(如硬件设备、操作系统、支撑软件、数据环境、网络环境)

   2.4 条件与限制(如软件平台限制、硬件设备限制、开发规范或标准的限制)

3. 功能需求

   3.1 功能划分(可使用功能层次图说明系统功能组织结构)

   3.2 功能描述(对功能层次图的每一个功能点进行细节说明)

4. 性能需求

   4.1 数据精确度(输出数据的精确位数)

   4.2 时间特性(如操作响应限时、数据更新限时、数据转换与传输限时等)

   4.3 适应性(当操作方式、运行环境等发生变化时,系统应具有的适应能力)

5. 运行需求

   5.1 用户界面(如屏幕格式、报表格式、菜单格式等)

   5.2 硬件接口(如串行接口、并行接口、USB接口,以及其他能支持的设备接口)

   5.3 软件接口(与其他需要协调工作的软件的接口)

   5.4 通信接口(如网络连接器件、网络通信协议)

   5.5 故障处理(说明当出现软件、硬件故障时的应急处理)

6. 其他需求(可使用性、安全性、可维护性、可移植性等)

7. 数据描述

   7.1 静态数据(建立实体关系模型说明静态数据结构)

   7.2 动态数据(输入、处理、输出中的数据)

小　　结

1. 分析任务与过程

需求分析是为有效解决用户需求问题而需要进行的一项工程活动,所需考虑的需求问题有功能需求、数据需求、性能需求和接口需求。

开发者与用户都将参与需求分析活动。开发者承担分析任务,但活动核心则是用户。

需求分析任务需要由熟悉用户业务的系统分析师承担。

需求分析的步骤是获取用户需求、建立需求模型、定义软件规格、进行需求验证。

2. 获取用户需求

用户泛指一切可从软件获得服务的对象。可以是某个人,也可以是人以外的机构、部门、其他系统或设备。

可通过调查而获取用户需求。然而,有效的需求收集则依赖于有效的调查提问,并依赖于合适的调查方法。一些常用调查方法是访谈、座谈、问卷、跟班作业、收集资料。

来自用户的需求将体现为需求规约,用于表达用户的软件价值。

3. 建立需求模型

需求模型是用户需求问题图解,一些常用模型有业务树、用例图、活动图。其中业务树是结构化需求建模,用例图是系统业务举例,活动图则反映系统工作流程。

4. 软件需求验证

需求验证是指对需求分析成果的检查与确认。主要的需求验证内容有有效性验证、一致性验证、完整性验证、现实性验证和可检验性验证。

可通过需求原型确认或需求评审实现需求验证。

习　　题

1. 什么是软件需求? 有哪些方面的软件需求?

2. 软件往往因不能满足应用需求而遭遇用户抱怨。对此,如果你是软件开发者,你有何看法? 并有何解决措施?

3. 通常认为,系统分析师是需求分析专家。作为专家,应该具备哪些素质?

4. 请对需求分析基本过程做出说明。

5. 什么是软件用户? 有哪些方面的软件用户?

6. 调查仍是收集用户需求的最主要途径。常用的调查手段有哪些?

7. 需求分析中可建立哪些方面的需求模型? 分别有什么用途?

8. 业务活动建模中,泳道代表什么?

9. 需求分析中涉及哪些方面的需求验证?

10. 如何通过原型进行需求验证? 如何通过评审进行需求验证?

第6章 软件概要设计

在软件产品规格确定以后,即可设计软件。软件设计一般按照概要设计、详细设计两步进行。首先需要完成的是概要设计,它将产生软件总体设计蓝图,确定影响软件全局的系统构架、数据结构、程序结构,以提供实现软件必须要有的基本框架。

本章要点:

- 概要设计任务。
- 系统构架设计。
- 数据结构设计。
- 程序结构设计。

6.1 概要设计任务

6.1.1 基本任务

概要设计也称为总体设计,其以需求分析中确定的软件规格为依据,涉及系统构架、数据结构、程序结构、安全防范、故障处理等诸多方面的设计,以对软件系统做出总的设计规划,形成构建软件的总的设计蓝图。

1. 系统构架设计

系统构架设计用于确定系统的基础框架。对此,设计者可从以下方面进行设计说明。

(1) 系统支持环境,如硬件环境、软件环境、网络环境。

(2) 系统体系结构,如系统基本成分、系统各成分之间的关系。

2. 数据结构设计

概要设计中需要对公共的或影响全局的数据进行设计。

(1) 动态数据,如全局数据变量。

(2) 静态数据,如数据库、数据文件。

(3) 数据规则,如数据完整性规则、数据触发条件。

(4) 数据应用,如数据视图、存储过程、数据索引。

3. 程序结构设计

程序结构指的是程序基于模块的构造。程序结构设计涉及的问题有模块及其关系、结构的合理性及其优化。通常,可从以下方面进行程序结构设计。

(1) 定义模块,如功能模块、对象模块、组件模块。

(2) 确定模块关系,如功能调用、对象引用、组件集成。

（3）评估程序结构，进行结构优化。

4. 安全防范设计

系统安全防范需要考虑的问题有权限管理、日志管理、数据加密处理、特定功能的操作校验等。

概要设计中，须对上述安全防范问题有专门考虑。例如，操作权限，假如系统需要采用权限分级管理，则设计中就必须对权限分级管理时所将涉及的分级层数、权限范围、授权步骤等，从技术角度给出专门说明。

5. 故障处理设计

软件系统工作过程中难免出现故障，概要设计时需要对各种可能出现的故障，如软件故障、硬件故障、通信故障等，有专门的容错考虑。

一些常用的容错措施有双机运行、异常监控、数据备份。

6. 设计评审

在某项设计任务完成之后，须组织设计评审。

主要评审内容如下。

（1）需求确认：确认所设计的软件是否已覆盖了所有已确定的用户需求。

（2）接口确认：确认该软件的内部接口与外部接口是否已经明确定义。

（3）模块确认：确认所设计的模块是否满足高内聚、低耦合的要求。

（4）风险性评估：该设计在现有技术条件下和预算范围内是否能按时实现。

（5）实用性评估：该设计对于需求的解决是否实用。

（6）可维护性评估：该设计是否考虑了今后的维护。

（7）质量评估：该设计是否表现出了良好的质量特征。

6.1.2 设计过程

上面介绍了软件概要设计中的一些主要任务，然而，这些任务还需要安排得当、合理有序。图 6-1 所示为概要设计的基本过程。

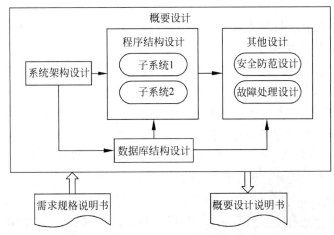

图 6-1 概要设计的基本过程

下面是对该设计过程的一些补充说明。

（1）系统概要设计须建立于软件需求分析结论基础上，并以实现用户需求、满足应用为基本设计目标。因此,用户需求分析成果应作为概要设计的入口,并作为概要设计中诸多任务的执行依据。

(2)系统构架设计是确定系统基本框架,该项设计任务应该首先启动,并必须在其他设计启动之前完成,以使系统其他方面的设计可基于系统基本框架有效展开。

(3)许多软件系统是依靠数据库提供具有规范的数据支持。在信息系统中,数据库的作用更是显得重要,大多体现为基于数据库的工程驱动。这意味着数据库设计有必要优先进行,以使得在设计系统程序结构时,能够有可依赖的数据环境的支持。

(4)概要设计中最繁重的任务是设计程序结构。由于系统构架设计中已确定好了软件系统体系结构,并已将系统划分为若干具有独立特征的子系统,因此,程序结构设计可按照划分好的子系统逐项完成。

(5)其他设计,如安全防范设计、故障处理设计,是为完善系统功能而考虑,它们可在系统基本功能设计完成之后进行。

(6)最后,来自诸多方面的概要设计成果,都应作为重要技术资料列入概要设计说明书。其可以直接写入概要设计说明书,也可以作为文献列入,但无论形式如何,诸多设计成果都将成为今后软件系统的创建依据。

6.2　系统构架设计

高楼大厦需要有稳固的基础,如地基结构、梁柱结构等。庞大的软件系统也需要有稳固的基础,系统构架即要考虑这样的基础。

6.2.1　软件系统支持环境

软件系统支持环境是构建系统时必须事先考虑的基础条件,其如同软件大厦的地基,涉及硬件环境、软件环境、网络环境等几方面的问题。

1. 硬件环境

软件系统需要硬件支持才能运行,并对硬件设备有一定要求,如计算机的 CPU 性能指标、内存容量、外部存储方式与容量等。

通常,设计者可依据需求中的软件性能指标,对硬件配置做出设计约定。

2. 软件环境

软件系统的正常工作还需要一定的基础软件的支持,如操作系统、数据库管理系统、中间层构件、开发平台,它们即是基础软件。

通常,设计者可依据需求中有关软件的功能与数据的技术性要求,依据软件的应用领域、技术特征,对软件支持环境做出设计约定。

3. 网络环境

软件系统的工作还可能依赖于网络,并对网络环境有一定要求,如网络带宽、网络布局、网络通信协议、网络安全措施等。

通常,设计者可依据需求中有关软件的网络通信要求与数据传输指标,对网络环境做出设计约定。

6.2.2 软件系统体系结构

软件系统体系结构是建立在系统支持环境基础上的系统基本框架,是软件系统成长必须要有的骨骼,可作为构建、扩充与完善系统的基础。

那么,如何设计软件系统体系结构呢? 如果只需要创建由少数几个程序模块构成的单一程序系统,则软件系统体系结构,也就是程序结构,早期的小规模软件系统即以此为体系构架。但是,如果需要创建的是更大规模的软件系统,包含多个子系统,涉及数据库、资源文件的支持,则软件系统体系结构就不只是程序结构了,而必然涉及更高层次的总体结构。

1. 软件系统分层结构

软件系统分层结构是一种具有代表性的软件系统结构,如图 6-2 所示,其特点是系统从上至下被划分为界面交互层、业务处理层、数据处理层和数据存储层,各层面内部由协作元素(如子系统、组件、数据库)聚集,层面之间则依靠接口实现通信。

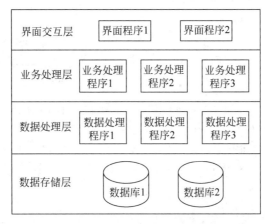

图 6-2 软件系统分层结构

分层结构的优势是系统可分层构建,各个层面有比较确定的功能目标,并有特征明确的构造元素与构造规则。

- 界面交互层:功能目标是实现系统与环境的交互,需要面向用户确定操作规则,构造元素主要是界面控件,如按钮、文本框。
- 业务处理层:功能目标是实现业务流程控制与业务数据计算,构造元素是业务子系统,它们通常基于特定业务定义,构造元素是一些功能构件,如 DLL(动态链接库)、EXE(可执行程序)。
- 数据处理层:功能目标是实现数据读写处理,构造元素主要基于 SQL 的函数包,如数据视图、数据存储过程、数据触发器。
- 数据存储层:功能目标是实现数据有效存储,构造元素是数据集合体,如数据表、数据文件。

2. 以数据为中心的软件系统构架

对于以数据处理、统计、汇总为业务特征的信息系统,软件可以以数据为中心构建。图 6-3 所示为其系统构架。

数据驱动是以数据为中心的软件系统的最通常的设计路线,即先规划好数据环境,如数据库、数据文件,然后按照系统对数据的业务应用划分规划子系统。

3. 客户机/服务器软件系统构架

客户机/服务器系统构架基于网络构建,从最初的两层结构,到三层结构,再到基于 Web 的浏览器/服务器(B/S)结构,它们反映了客户机/服务器系统构架在应用上的逐步发展。

1) 两层客户机/服务器构架

初期的客户机/服务器构架将软件系统分为前端程序与后台数据两部分,其中前端程序,如界面程序、业务处理程序,被安置在客户机上,而后台数据则被安置在数据库服务器上,这就是两层客户机/服务器系统构架(见图 6-4)。

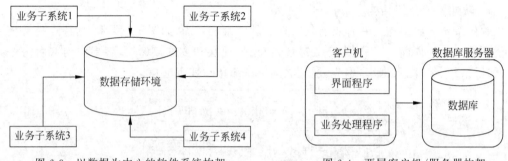

图 6-3 以数据为中心的软件系统构架   图 6-4 两层客户机/服务器构架

两层客户机/服务器构架的优点是结构简单、容易实现,而且交互与业务处理程序是运行在客户端的,因此有较好的操作性能,可方便客户端对数据的计算与表现。

但两层结构有管理与维护的不便。客户端程序需要承担信息表示与业务处理双重任务,并且被分散在许多不同的客户机上,当界面风格或业务规则改变时,需要较大的客户机程序变更开销。

2) 三层客户机/服务器软件系统构架

三层构架是鉴于两层构架在管理与维护上的不便而提出的,这即是将原来安置在客户机上的业务处理程序提取出来,并把它放到一个专门的"应用服务器"上。图 6-5 所示为三层客户机/服务器构架。

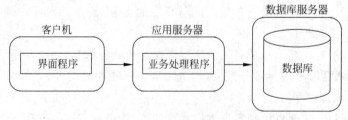

图 6-5 三层客户机/服务器构架

三层构架的作用是使软件系统中容易改变的业务处理部分被集中到应用服务器上,使得当系统业务规则改变时,需要更新的不是数目庞大的客户机,而只是应用服务器,因此有利于系统今后的维护。但是,三层构架的软件实现技术难度加大,并对计算机硬件设备有比两层结构更高的性能要求。

还需要指出的是,三层客户机/服务器构架是逻辑结构,因此,某台计算机可以既是应用服务器,又是数据库服务器。实际应用中,为了使系统有更好的性能指标,大都分别设置有专门的应用服务器和数据库服务器。

3)浏览器/服务器系统构架

浏览器/服务器系统构架也被称为 B/S 系统构架。这是一种互联网环境下特殊的客户机/服务器结构。在 B/S 系统构架中,原来客户机上的界面程序被 Web 服务器上的 Web 页替代,因此,B/S 系统构架中已不需要专门的客户端程序,而只需要有一个通用的 Web 浏览器(例如,Microsoft Internet Explorer)就可以实现客户端对服务器的访问。图 6-6 所示即为浏览器/服务器系统构架。

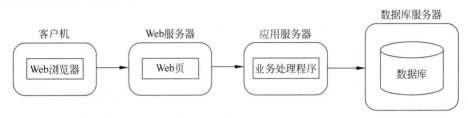

图 6-6　浏览器/服务器系统构架

浏览器/服务器系统构架的优越性是无须对客户机做专门维护,并能够较好地支持基于互联网的远程信息服务。

浏览器/服务器系统构架的不足是用户信息需要通过 Web 服务器间接获取,因此,系统中数据的传输速度、数据安全性稳定性都不如传统客户机/服务器构架。

4. 组件分布系统构架

组件是程序实体,形态多样,可以是执行程序,或是需要嵌入其他程序才能工作的动态链接库,甚至可以是一个具有一定综合处理功能的子系统。

组件由对象类集成。设计中通常将一些有较高依赖度的对象类加入一个组件中,如需要协同作业的对象类、需要共享数据的对象类。实际开发中,往往会按照一定的抽象原则定义组件与设定组件边界,以确定组件中需要包含哪些类体。

可通过组件集成软件,并可通过组件建立分布式软件体系——诸多组件被部署在网络上的多台计算机节点上,而不同机器上的组件可以相互通信、协同作业。

值得重视的是,组件分布系统构架可突破传统客户机/服务器系统构架对分布的限制。基于传统客户机/服务器构架的系统分布是不对称的,客户机与服务器具有不同的地位,而组件分布则可使分布对称,某个组件既可以是服务器,也可以是客户机,其角色只决定于它是在向其他组件提供服务,还是在请求获得其他组件提供的服务。

组件分布需要有组件分布中间层构件提供基础服务。组件分布中间层构件如同软件总线,可支持组件插拔,并可支持组件之间的通信与任务协作。图 6-7 所示为组件分布系统构架,图中组件即基于中间层构件集成。

目前应用中的一些主要组件分布中间层构件有 CORBA、DCOM、EJB。

(1) CORBA(通用对象请求代理模型):

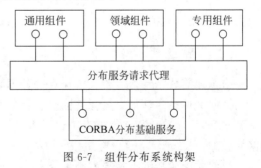

图 6-7　组件分布系统构架

由对象管理组织(OMG)定义的通用的并与机器无关的分布式对象计算准则。OMG 是一个由诸多有影响的软件开发机构,如 IBM 等组成的集团组织,因此 CORBA 得到了非常广泛的应用支持,目前已在 UNIX、Linux 或 Windows 等诸多操作系统上得以有效应用。

(2) DCOM(分布式组件对象模型):由微软公司定义的组件分布中间件标准,主要用在微软公司的 Windows 操作系统上。DCOM 的通用性不如 CORBA,但结构简洁、便于应用。

(3) EJB(基于 Java 的分布式组件对象模型):由 Sun 公司(现已被甲骨文公司收购)定义的组件分布中间件标准,主要用在基于 Java 的组件网络分布计算中。

6.3　数据结构设计

数据结构是指数据元素之间的逻辑关系。概要设计中需要设计全局数据结构。很显然,不同的数据结构会有不同的数据组织与访问形态,并会有不同的数据关联与程序协作。通常,设计中可从数据的动态加工与数据的静态存储两方面考虑数据结构。

6.3.1　动态程序数据

动态程序数据是程序运行中需要操作的数据。动态程序数据一般以程序服务功能为设计目标。概要设计中,需要考虑的是影响诸多功能、跨越多个模块的全局性程序数据。

通常,可以基于数据字典进行数据抽象,并考虑程序数据与程序功能相关性,定义元素级数据结构,如数据结构体、数据抽象类。

在确定元素级数据结构之后,接着需要考虑基于元素而产生的复合结构,如顺序表、链表、栈、队列、树、图等,它们可作为构造复杂数据的通用模板。

设计者可从数据表示与数据操作这两方面考虑数据结构。例如,数据记录集,若记录集合只用于对信息的检索,可选择基于数组的顺序表产生。然而,如果还需要在检索中进行记录的插入、删除操作,则需要选择基于指针的链表结构提供数据支持。

当程序涉及逐级临时存储时,则需要用到数据栈结构。这是一种线性数据结构,其特点是"先存后取",可对有嵌套关系的程序结构提供有效的嵌套数据存储支持。

数据队列结构也是一种线性数据结构,其特点则是"先存先取",可支持程序中基于事务的排队等待。如果事务队列严格按照排队顺序逐项处理,可采用顺序队列。但如果事务队列涉及优先插队操作,则需要使用链表队列。

数据树结构则是基于父子关系的非线性数据结构。树结构一般使用指针使诸多节点组织成树,当需要模拟具有层次关系的组织结构时,即可采用树结构表现数据。

6.3.2　静态存储数据

静态存储数据是指需要长久保存的数据,如数据文件、数据库。

数据文件是一种很具灵活性的静态存储结构。许多数据,如系统配置数据、系统运行日志数据,即可通过数据文件保存。设计者可能需要设计数据文件结构,以方便程序对静态数据的处理。

数据库中的数据也是静态数据,数据库结构涉及的元素有数据表、数据视图、数据索引,并需要考虑对数据的完整性制约,如数据关联、数据约束。通常,需求分析中已经基于用户业务建立了数据库分析模型,数据库结构即建立于该分析模型基础上。数据库以数据表为数据存储结构。可以从数据库分析模型中提取数据表。分析模型中的实体、关联等可映射为设计模型中的数据表。

6.4 程序结构设计

概要设计还需要确定程序结构。通常可基于程序模块设计程序结构,涉及定义程序模块(包括功能定义、数据定义、接口定义)、确定模块之间的任务协作和确定如何由一个模块的运行有控制地转移到另一个模块的运行。

概要设计需要确定的是程序的总体结构,因此该阶段无须过多考虑模块实现,其内部涉及的算法的具体细节,通常需要等到详细设计时才会得到关注。

6.4.1 程序模块

程序模块是结构化程序设计的产物,是程序中的功能单元,是构造程序的零件。

结构化程序中最基本的模块元素是程序函数。实际上,结构化程序的创建就是建立具有各种功能的程序函数,然后将它们按照一定的程序框架集成起来。

面向对象程序则基于类体构造模块,函数只是类体的某个内部成员,需要通过类所生成的对象才能起到消息通道作用。

在基于组件的系统集成中,组件被看作程序模块。通常,组件是一个比程序函数或程序类体更大的且形态多样的模块,它可以是一个能独立运行的可执行程序,或是一个可供其他程序引用的动态链接库,也可以是一个需要嵌入"窗体""Web 页"等界面程序中才能工作的程序部件。

1. 模块化

所谓模块化,也就是程序基于模块构造。模块化有利于分解、简化复杂软件系统。一个庞大的程序系统,如果能分解为诸多小的程序模块,则程序系统将变得更加容易理解,并且更加容易实现。

对于上述结论,可以进行以下论证。

设 $C(X)$ 用于度量问题 X 的复杂度,$E(X)$ 用于度量为解决问题 X 所需要的工作量,则对于两个问题 X 和 Y,如果有 $C(X) < C(Y)$,则必有 $E(X) < E(Y)$。

上述结论是显而易见的经验性结论,其表明问题越简单,则解决这个问题所需要的工作量就越少。

另一个经验性结论是

$$C(X_1) + C(X_2) < C(X_1 + X_2)$$

其表明,如果能把两个结合在一起的问题隔离开来单独解决,则可以使这原本结合在一起的问题的复杂度下降。

根据上面的经验性结论,可以得出以下推论:

$$E(X_1) + E(X_2) < E(X_1 + X_2)$$

其表明,如果能够把两个结合在一起的问题隔离开来单独解决,则可以使解决问题的工作量减少。这也就是说,复杂软件系统可通过模块分解而使问题"各个击破"。

模块化对软件问题简化的前提是,被分解出来的模块具有很好的独立性,相互之间没有过于复杂的联系。然而,必然需要考虑的是模块之间不可能完全独立。

实际上,模块分解在简化其内部构造的同时却增加了模块数量,并增加了模块之间关系的复杂度。因此,从开发成本角度看,模块分解有一个最小成本模块数范围。如图 6-8 所示,若分解程度低于这个最小成本模块数范围,则可通过分解而降低开发成本,但若分解程度达到或超过这个最小成本模块数范围,则通过分解将反而增加开发成本。

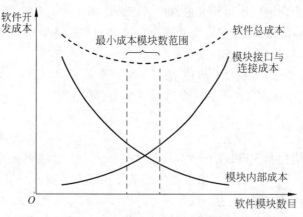

图 6-8　模块化与软件成本的关系

2. 模块对问题的抽象

抽象方法是人类特有的高级思维活动,是人类解决复杂问题时的强有力工具,可用来发现事物本质。抽象方法已被广泛应用于软件开发。实际上,无论是软件分析,还是软件设计,都需要用到抽象方法。

然而,在软件开发的不同阶段,由于抽象层次与对象的不同,需要用到不同的抽象手段。例如,在分析软件时,需要进行的是业务抽象,需要获取的是与用户业务相关联的领域概念,所采用的是面向用户的领域术语。但在设计软件时,需要进行的则是功能抽象、数据抽象、接口抽象,需要获取的是程序模块,所采用的是面向设计者的形式化专业术语。

程序模块是概要设计的核心要素,其需要基于软件问题进行概念抽象,以利于模块获得清晰的、明确的功能定义、数据定义、接口定义。但概要设计中无须考虑如何实现程序模块,因此程序模块会被抽象为一个黑盒子,尽管其有清晰的可与周围其他元素区分开来的功能特征、数据特征、接口特征,但是却没有内部算法的实现细节。

3. 模块内部信息隐蔽

模块内部信息隐蔽,也就是模块的内部数据不能被模块以外的程序元素直接访问。

信息隐蔽将有利于模块之间的相互隔离,可以限制模块之间的通信,使每个模块更具独立性。程序模块通常要求内部信息隐蔽,这样的程序往往更加健壮。例如,模块内部出现了某个计算错误,如果模块中的信息是隐蔽的,则这个错误将较难扩散到其他模块;但如果模块内部信息不是隐蔽的,则错误就容易扩散到其他模块,并可能因为扩散而不断放大,以致最初的一个小错误演变成为一个大错误,直至整个系统崩溃。

信息隐蔽还可方便程序错误定位。由于程序出错位置容易被发现,因此程序纠错工作的效率、质量也都会随之提高。

信息隐蔽还将使对程序系统的局部修改变得更加安全可靠。一些模块可能需要根据用户的需求变更进行适当改造。当需要对模块进行改造时,信息隐蔽会使对模块的改造所造成的影响被限制在被改造模块之内,不会影响到其他模块。

通过限制模块中数据或操作的影响范围,可以产生出模块内部信息隐蔽的效果,如在程序函数中使用局部变量,在类体中定义私有成员数据或私有成员函数。

6.4.2 模块独立性

功能抽象与信息隐蔽可带来模块独立。一般来说,如果模块有清晰的功能定义、数据定义与接口定义,并且模块内部数据被密封于模块之内,则模块就有较好的独立性。

高质量程序模块应该有很好的独立性,这样的模块通常更加安全、稳定、可靠,也更加便于维护和改造。

模块独立性还可通过内聚度与耦合度这两个技术指标进行度量。通常情况下,模块内聚度越高,模块之间的耦合度越低,模块的独立性越好。

1. 内聚度

内聚度指模块内部元素的结合程度。模块的高内聚可带来模块较高的独立性。很显然,模块的内聚度越高,模块内部元素结合得越紧密,模块的功能就越集中,其对外的依赖程度自然也就越低。

提高模块内聚度的一种非常有效的做法是对模块给出清晰、明确的功能定义。也就是说,如果某个模块有不够清晰的功能说明,就有必要对这个模块做进一步的内聚度判断,看其是否出现了功能混杂,并确定是否有必要做进一步的功能抽象。

对于结构化函数模块,研究者总结出了几种典型的内聚形式,从低内聚到高内聚分别是偶然内聚、逻辑内聚、时间内聚、过程内聚、通信内聚、顺序内聚和功能内聚,如图 6-9 所示。

图 6-9　模块内聚度与模块独立性之间的相关性

下面是对这几种典型内聚形式的说明。

1) 偶然内聚

偶然内聚是一种内聚度极低的模块内聚形式,大多由缺乏有效的程序模块定义或结构设计引起。例如,编程人员可能将一些在程序中多次重复出现的语句块抽出,并创建为程序函数,然而这个程序函数却没有任何明确的功能特征可体现。

通常,基于偶然内聚建立的模块具有很明显的拼凑痕迹,容易出错并缺乏可维护性。当需要对程序做功能改造时,偶然内聚会使这项工作变得非常艰难。

2) 逻辑内聚

当程序元素是基于功能相似而聚集时,由此形成的内聚即为逻辑内聚。

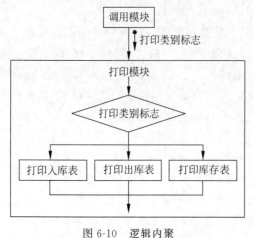

图 6-10 逻辑内聚

例如,图 6-10 中的打印模块,其涉及多项打印功能的聚集,因此可看成逻辑内聚。

逻辑内聚只能带来较低的内聚度,其中的功能元素只有外部特征的相似性,而缺乏更加密切的内部关联。因此,从根本上看,逻辑内聚并不能给模块带来好的内部构造。

3)时间内聚

当程序元素是基于时间因素而聚集时,由此形成的内聚即为时间内聚。

初始化模块是典型的时间内聚模块,由于各种初始化操作,如定义环境变量、初始环境变量、网络连接、数据源连接、打开数据文件等,都要求在程序启动时的最初时间段内被执行,因此,需要建立专门的初始化模块,以使这些操作集中。

时间内聚也仅有较低的内聚度,原因是模块内的各种操作并没有实质上的功能关联。

4)过程内聚

过程内聚是指模块中的元素有基于执行路径的聚集。

早期程序一般使用程序流程图设计算法,并往往是在确定程序算法之后,根据程序流程路线(如循环块、分支块)划分出程序模块,由此定义的模块即体现为过程内聚。

过程内聚有一定的设计依据,并且模块中的元素有基于执行过程的实质关联。因此,过程内聚有比逻辑内聚、时间内聚更高的内聚度。

然而,过程内聚只能提供中低程度的功能内聚度。实际上,虽然过程内聚可基于程序执行路线使程序元素聚集,但却不足以使模块有清晰的功能边界,并有可能使一个完整的功能被分解为多个功能过程片段,以致模块之间必须依靠紧密耦合才能结合为一个整体。

5)通信内聚

通信内聚反映了模块中元素基于数据的聚集。如果模块中的诸多功能有共同的数据来源或去向,则这个模块可设计为通信内聚。

基于数据关系定义的模块大多是通信内聚模块。

例如,图 6-11 所示的通信内聚中的工资核算模块,诸多功能都需要从工资数据库中获取数据,因此体现为通信内聚。

通信内聚模块大多符合从分析到设计的创建步骤,一般不会造成对完整功能的拆卸、分割。因此,通信内聚有比过程内聚更高的内聚度。

6)顺序内聚

顺序内聚反映了模块中诸多功能元素的基于任务的协作,并且是基于时间的功能有序聚集。显然,顺序内聚中功能元素基于时间的有序聚集,将必然会带来比通信内聚更高的内聚度。

通常,如果模块内的诸多功能元素都和某项特定任务密切相关,而且这些元素又有着基于任务的因果联系,则这些元素可被设计为顺序内聚。

比较典型的顺序内聚是前一项功能的输出是后一项功能的输入。图 6-12 所示的顺序内聚中的入库统计模块就是这样的顺序内聚模块。

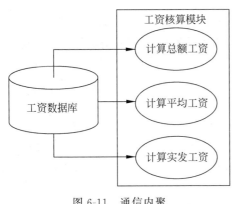

图 6-11　通信内聚

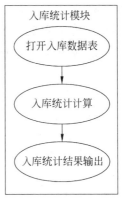

图 6-12　顺序内聚

程序结构设计中,如果设计者是依据数据流图中对数据的加工过程划分模块,则由此获得的模块通常为顺序内聚模块。

7）功能内聚

如果程序模块只需完成一项功能,则模块可表现出功能内聚。一些基本的程序函数,如用于实现数学计算的程序函数、用于计算字符串长度的程序函数、用于对数组元素排序的程序函数,它们只有一项功能,可看作功能内聚。

功能内聚有最高的功能内聚度,模块功能目标明确,功能边界清晰,可使模块获得最好的独立性。因此,设计者总是以功能内聚为程序结构设计中模块质量的追求目标。

2. 耦合度

耦合度指的是程序模块之间的相互连接程度。影响模块之间耦合强弱的因素是模块通信方式的复杂程度、通信数据对模块内部执行流程的影响程度。

模块独立要求模块之间是低耦合,相互之间有较少的通信,有较弱的影响。

模块耦合的主要形式有非直接耦合、数据耦合、控制耦合、公共耦合和内容耦合。其中,非直接耦合和数据耦合是弱耦合,控制耦合和公共耦合是中等程度的耦合,内容耦合则是强耦合。由于低耦合可带来模块较高的独立性,因此设计中一般要求尽量采用非直接耦合或数据耦合,少用或限制使用控制耦合和公共耦合,避免使用内容耦合。

下面是对各种耦合形式的说明。

1）非直接耦合

如果两个程序模块之间没有直接关系,相互之间的联系仅限于受到共同的主程序模块的控制,则称这种耦合为非直接耦合。

显然,非直接耦合是非常弱的耦合,能够给程序模块带来很好的独立性,但系统中模块之间不可能都是非直接耦合。

2）数据耦合

一个程序模块访问另一个程序模块时,如果彼此之间只是通过接口参数实现通信,并且参数所传递的数据仅用于计算,而不会影响传入参数模块的内部程序执行流程,则称这种耦合为数据耦合。

数据耦合是一种比较松散的耦合,依靠这种类型的耦合,模块既有比较强的独立性,相互之间又能实现通信。因此,程序结构设计中提倡使用数据耦合。

　　3)控制耦合

　　一个程序模块访问另一个程序模块,彼此之间只是通过接口参数实现通信,但参数传递了如开关标志这样的控制信息,可影响传入参数的模块内的程序执行流程,则这种耦合为控制耦合。

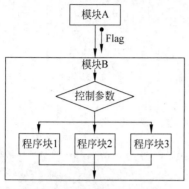

图 6-13　模块之间的控制耦合

图 6-13 所示为模块之间的控制耦合。

　　控制耦合比数据耦合要强,会使模块的独立性有所下降。例如,要对受控制模块进行变更维护,则变更将必然受到控制参数的限制。尽管如此,控制耦合仍经常使用。高层控制模块与下级受控模块之间主要为控制耦合。

　　4)公共耦合

　　公共耦合是一种通过访问公共数据环境而实现通信的模块耦合形式,一些可独立于程序模块而存在的数据,如全局变量、数据文件、数据库等,都可看作公共数据环境。

　　显然,公共耦合中的公共数据环境是提供给所有模块的,因此,当模块之间的耦合是公共耦合时,那些原本可以依靠接口带来的对数据的限制也就没有了。因此,与依靠接口参数的耦合形式比较,公共耦合会使模块的独立性下降。所以,实际应用中,只有当通过接口传递数据不方便或模块之间需要共享数据时,才会使用公共耦合。

　　需要注意的是,模块之间公共耦合的复杂程度将会随着耦合模块个数的增加而显著增大。因此,为了降低因公共耦合带来的复杂度,应用中往往会针对公共耦合设置一些专门限制,如规定不允许使用公共耦合数据传递控制信息。

　　图 6-14 中的两种公共耦合,也是因为加或不加规则限制,因此也就有了不同的耦合度结果。

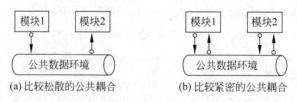

(a) 比较松散的公共耦合　　　　　(b) 比较紧密的公共耦合

图 6-14　模块之间的公共耦合

　　图 6-14(a)的特点是一个模块只向公共数据环境里写入数据,而另一个模块只从公共数据环境中读出数据。这是一种加有限制的公共耦合,通常可带来比较松散的耦合。

　　图 6-14(b)的特点是两个模块都可以往公共数据环境中写入数据,又都可以从公共数据环境中读出数据。这是一种缺少限制的公共耦合,会使耦合紧密,可导致模块关系混乱。

　　公共耦合还可能会带来以下方面的一些影响。

- 由于所有公共耦合模块都会与某一个公共数据环境有关联,因此,如果修改了公共数据环境中某个数据的结构,则这种看似局部的变动,可能会随公共耦合而影响到许多其他相关模块。

- 公共耦合大多会使程序模块的可靠性与适应性下降,除非能采取有效措施控制各模块对公共数据的存取。
- 由于公共数据需要被许多模块使用,因此不得不使用具有公共意义的数据名称。显然,这会使得程序的可读性有所下降。

5) 内容耦合

如果发生下列情形,则两个模块之间就可能发生内容耦合。

- 一个模块直接访问了另一个模块的内部数据。
- 一个模块通过了不正常入口进入另一模块内部。
- 两个模块之间有一部分程序代码重叠。
- 一个模块有多个入口。

内容耦合是一种非常强的耦合形式,严重影响了模块独立性。

当模块之间存在内容耦合时,模块的任何改动都将会变得非常困难,一旦程序有错则将很难修正。因此,设计程序结构时,也就要求不能出现内容耦合。所幸的是,大多数高级程序设计语言已经具有了对内容耦合较好的免疫力。尽管如此,程序结构设计中仍需要对可能出现的内容耦合有所防范。例如,面向对象技术中的友元类、友元函数,如果 A 类是 B 类的友元类,则意味着 A 类对 B 类的嵌入,A 类对象可直接访问 B 类对象的私有属性。因此,设计中应要求有限制地使用友元类、友元函数,以尽量避免出现内容耦合。

6.4.3 结构化程序结构

结构化程序以功能函数为模块单位。结构化程序结构即体现为基于功能函数的集成与控制。这种以功能函数为控制点的程序结构是自顶向下的。图 6-15 所示为某阅卷系统的结构化程序结构,其控制即从图中处于最高层位置的总控模块开始。

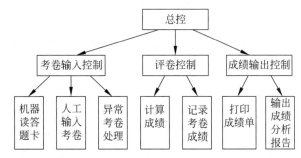

图 6-15 某阅卷系统的结构化程序结构

总控模块进行顶层整体控制,然后通过调用下级模块,实现对具体任务的逐级控制。显然,程序中的上级模块是程序任务的控制者,而且位置越往上,其对任务的控制特征越明显。程序的下级模块则是程序任务的具体承担者,而且位置越往下,其具体承担任务的角色特征也就越明显。

图 6-15 中的总控模块是处于最高层位置,因此其职责就是控制下级模块;而机器读答题卡、人工输入考卷、计算成绩、打印成绩等模块由于处于最低层位置,因此也就承担最具体的数据加工任务。

6.4.4 面向对象程序结构

1. 类图

面向对象程序以类体为模块单位,并依靠类体构造对象实例。

可通过类图描述面向对象程序中诸多类体之间的逻辑关系。通常,软件分析中已经建立类图,但分析类图是对现实世界的直接映射,所建模型只是有关现实世界的概念模型。

面向对象程序结构设计需要解决的问题是,把来自现实的概念符号转换为可被计算机系统识别的逻辑符号。因此,设计中需要对分析类图做进一步的完善。

图 6-16 所示是一个有待进一步完善的设计类图,其中的会员、商品、订单、订单细目是实体类,分析阶段可能就已经从现实问题中提取,但图中的商品订购、商品订购窗等类体则是在进行程序系统设计时才被补充进类图中来的。其中的商品订购是一个控制类,涉及业务流程控制,用于商品订购活动中的会员、商品、订单等对象之间的任务调度。商品订购窗则是一个边界类,用于建立实体类对象到外部环境的联系,被用作顾客与系统之间的交互通道。

2. 构件图

构件是类体的物理集成。一些常用的程序构件有可执行程序、动态链接库、ActiveX 控件。

程序构件可以基于一定的功能目标定义,并可按照这个目标进行类体分配,以使构件中诸多类体之间有功能行为上的相互支持。很显然,这样的构件是具有共同功能目标的类体的聚集,可具有很高的内聚度。

概要设计中还需要说明构件之间的关系,以反映系统物理构架。构件图即可描述系统基于构件的物理构架。

构件之间的关系一般为依赖关系。图 6-17 所示是一个"商品订购系统"的构件图,其构件有客户注册、客户管理、客户身份验证、商品信息检索、商品订购、订单管理、信息访问、数据库等,这些构件之间的关系即为依赖关系。

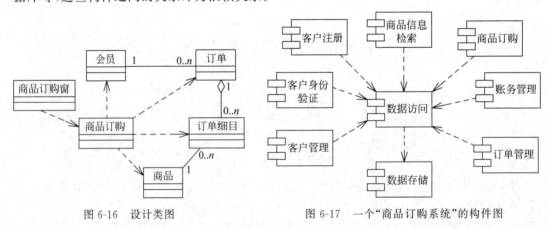

图 6-16 设计类图　　　　　　　　　　图 6-17 一个"商品订购系统"的构件图

6.5 概要设计说明书

概要设计完成后须提交概要设计说明书。有关软件系统的一系列概要设计结论应写入概要设计说明书,并作为以后的程序系统详细设计、编码与测试的依据。

下面是概要设计说明书的参考格式。

1. 引言

    1.1 编写目的(阐明编写本概要设计说明书的目的)

    1.2 项目背景(列出本项目的委托单位、开发单位和主管部门,说明该系统与其他系统的关系)

    1.3 定义(说明本文档中所用到的专门术语的定义和缩写词的原意)

    1.4 参考资料(说明报告中引用的资料,包括本项目经核准的计划任务书、合同或上级机关的批文,项目开发计划,需求规格说明书,需引用的论文、著作,需采用的标准、规范)

2. 需求概述

    2.1 功能要求(包括必须实现的功能,可以扩充的功能。可使用功能层次图描述)

    2.2 性能要求(说明系统须具备数据精度、时间特性、适应性等)

    2.3 运行环境(如硬件设备、操作系统、支撑软件、数据环境、网络环境)

    2.4 条件与限制(如软件平台限制、硬件设备限制、开发规范或标准的限制)

3. 系统设计目标(设计思路,需要达到的设计目标)

4. 系统设计原则(设计需要遵循的原则、规范)

5. 总体设计

    5.1 处理流程(可使用系统流程图或活动图描述)

    5.2 总体结构设计(说明系统中的模块组成及其关系。可使用程序结构图或类关系图描述)

6. 接口设计

    6.1 外部接口(如人机交互接口、软件接口、硬件接口)

    6.2 内部接口(如模块接口)

7. 数据结构设计

    7.1 逻辑结构设计(说明数据的逻辑特征,涉及数据标识、定义,以及数据之间的逻辑关系)

    7.2 物理结构设计(说明数据的物理特征,涉及数据存储结构、访问方式、存取单位等)

    7.3 数据结构与程序的关系(说明数据与程序模块之间的关联)

8. 运行控制设计

    8.1 运行模块的组合(说明系统运行时,模块之间的通信与组合关系)

    8.2 运行控制(说明系统运行时,模块之间的调用控制关系)

    8.3 运行时间(说明系统运行时,系统中的运行模块对时间的要求)

9. 出错处理设计

    9.1 出错输出信息(列出各自可能的出错或故障,说明出错信息的输出形式、含义及处理方法)

    9.2 出错处理对策(如提供后备服务、性能降级、恢复及再启动等)

10. 安全性设计

    10.1 操作权限控制(如身份验证、分级授权、操作范围控制等)

    10.2 特定功能的操作校验(如为了保证数据删除无误,先使用警告信息提示,经确认后才提交删除操作)

    10.3 文件与数据加密(说明如何对文件或数据进行加密处理)

    10.4 非法使用数据的记录和检查(如建立操作日志,对每一个操作点的操作内容进行全程自动记录。系统内保存半个月的操作日志记录以备查,并可采用光盘做长期备份)

11. 系统维护设计(说明系统维护策略,如建立用于系统检查与维护的专用模块)

小　　结

1. 概要设计

    概要设计也称为总体设计,需要确定软件系统总体构造,涉及系统构架、程序结构、数据结构、安全防范、故障处理等诸多方面的设计,以对软件系统做出总的设计规划。

概要设计以需求规格定义为依据,首先要确定的是系统构架,然后以系统构架为基础,确定系统全局数据结构、程序结构,考虑系统安全防范、故障处理措施。

2. 系统构架设计

系统构架是软件系统的基础框架,需要考虑问题有系统支持环境、系统体系结构。

系统支持环境是构建软件大厦的地基,涉及硬件环境、软件环境、网络环境。

系统体系结构则为软件系统总体结构。分层体系是具代表性的软件体系结构。

3. 数据结构设计

数据结构是指数据元素之间的逻辑关系。

程序设计中的数据结构一般是动态数据结构,以服务功能为设计目标。概要设计中需要考虑的是影响诸多功能、跨越多个模块的全局性程序数据。

数据库设计中的数据结构则一般是静态结构,以建立合理存储为设计目标,所涉及元素有数据表、数据视图、数据索引。

4. 程序结构设计

概要设计需要抽象模块,并从功能、数据、接口等诸多方面定义模块。

结构化程序中的模块是程序函数。面向对象程序中的模块是类体。在基于组件的系统集成中,组件则被看作模块。

高质量程序模块应该有很好的独立性,这样的模块通常更加安全、稳定、可靠,也更加便于维护改造。内聚度与耦合度这两个技术指标可用于判断模块是否有较好的独立性。

概要设计还需要确定模块之间的任务协作与控制,并设计一个合理的、可控制的、可扩充的程序结构,以使诸多模块能够集成为一个整体。

结构化程序的控制是自顶向下的。总控模块对程序进行顶层整体控制,下级模块则实现对具体任务的控制与操作。

面向对象程序由类图、构件图说明结构。类图用于描述面向对象程序逻辑结构,构件图用于描述面向对象程序物理结构。

习　　题

1. 软件系统构架涉及哪些因素?概要设计中为什么需要最先确定系统构架?

2. 软件分层体系结构有什么特点?其优势是什么?

3. 概要设计中要求对模块进行抽象,如功能抽象、数据抽象、接口抽象,其作用是什么?

4. 一般认为,模块抽象与信息隐蔽将有利于其独立性提高,并由此可带来模块质量的提升。为什么会有这样的结论?

5. 模块内聚度指的是什么?模块之间的耦合度又指的是什么?模块独立与内聚度与耦合度有什么关系?

6. 过程内聚与顺序内聚有什么不同?为什么顺序内聚能够带来更高的内聚度?

7. 数据耦合与控制耦合有什么不同?为什么数据耦合能带来更低的耦合度?

8. 结构化程序控制的特点是什么?

9. 反映面向对象程序结构的类图、构件图有什么用途?

第7章　程序算法设计与编码

在概要设计确定程序体系结构以后,接下来还需要进行详细设计。程序算法设计是一项最重要的详细设计。当然,简单程序问题或许无须考虑太多算法即可编程。然而,复杂程序问题或有特定性能指标限制的关键程序问题,则必然需要进行专门的程序算法设计。

本章要点:
- 程序结构化流程控制。
- 程序算法设计工具。
- 程序编码。

7.1　程序结构化流程控制

结构化流程控制是高清晰度的控制,可带来程序较高的可读性与可维护性。

那么,什么样的程序才是结构化流程控制呢? 如果程序中只有顺序、选择、循环这 3 种基本的控制结构(见图 7-1),则程序流程就是结构化控制。

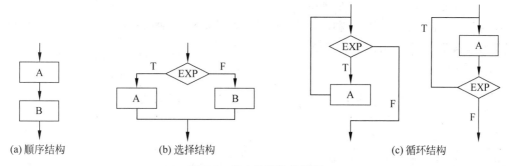

(a) 顺序结构　　　　　(b) 选择结构　　　　　(c) 循环结构

图 7-1　基本的结构化控制

更进一步,程序如果能满足单入口单出口的要求,则程序是结构化控制。以此为依据,不仅基本的顺序、选择、循环是结构化控制,其扩展结构,如 for 循环结构、case 分支结构,由于能满足单入口单出口要求,因此也是结构化控制。

结构化控制是非常完备的控制,足以支持任何复杂问题的求解。

结构化控制还被看作结构化方法在算法问题上的延伸。结构化方法的特点是自顶向下、逐步求精。对于程序算法,这个顶就是单元模块,而求精则是对单元模块功能的进一步分解细化为更细小的功能元素,如程序语句。

显然,如果一个有特定功能的单元模块能被进一步细化为一个有序的功能集,则程序就更加易于理解,自然也就更加易于构造。

早期编程中广泛使用的 GOTO 语句则是非结构化控制的代表。

GOTO 语句的特点是可不受程序结构限制进行跳转。GOTO 语句有很好的操控性，并可带来较高的执行效率。然而，GOTO 语句有可能破坏程序结构，可使一个程序块有多个出入口，降低程序的稳定性、可靠性与可维护性。

一般认为，现代程序系统更需具备稳定性、可靠性与可维护性，要求其能更较长久地平稳工作。因此，GOTO 语句被限制使用，甚至是禁用。

7.2　程序算法设计工具

复杂程序问题大多需要先使用与人接近的算法描述语言进行算法求解，然后考虑这个程序问题的代码编写。

结构化控制还需要有合适的算法设计工具的支持。本节介绍的程序流程图、N-S 图、PAD 图、PDL 即是与结构化控制相适应的算法设计工具。

7.2.1　程序流程图

程序流程图是最具历史特征的算法设计工具，并有非常广泛的用户群。

程序流程图的优点是可非常直观地反映程序的执行进程。然而，传统的程序流程图却是非结构化算法设计工具，并不适合表现结构化控制。

通常认为，传统流程图有以下 3 方面的结构化缺陷。

(1) 不便于表现结构化控制嵌套。

(2) 导向箭头具有太大的随意性，容易造成多个出入口。

(3) 不便于对程序进行逐步求精。

因此，很有必要对传统的程序流程图按结构化控制要求加以改进。图 7-2 所示的程序流程图基本符号，即是结构化改进结果。

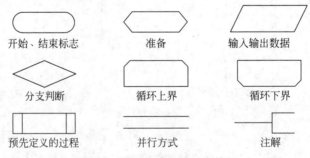

开始、结束标志　　　准备　　　输入输出数据

分支判断　　　循环上界　　　循环下界

预先定义的过程　　　并行方式　　　注解

图 7-2　程序流程图的基本符号

举例：使用程序流程图设计判断整数 x 是否为质数的算法。设计结果如图 7-3 所示。

7.2.2　N-S 图

N-S 图是非常典型的并且非常适宜于表现结构化控制的算法设计工具，特点是通过矩形盒表现程序构造，因此也称为盒图。

N-S 图基本控制符号如图 7-4 所示。

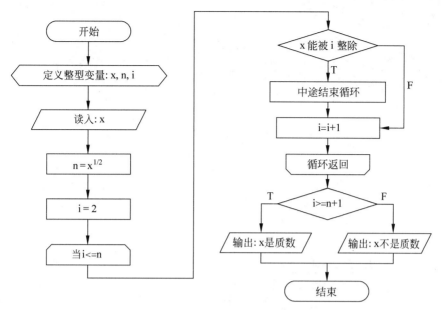

图 7-3　使用程序流程图设计程序算法

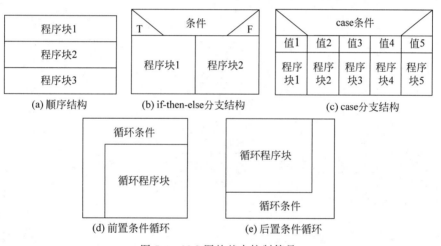

图 7-4　N-S 图的基本控制符号

图 7-5 是图 7-3 中程序算法的 N-S 图表示。应该说,N-S 图有很清晰的结构化控制表示,但 N-S 图的灵活性不够,因此不适宜用于算法优化。

7.2.3　PAD 图

PAD 图也是结构化算法设计工具。图 7-6 所示是 PAD 图的基本控制符号。

PAD 图也有很好的结构化控制表示。其使用二维树表示程序,从上至下是程序进程方向,从左至右则是程序的控制嵌套。

图 7-7 是图 7-3 中程序算法的 PAD 图表示。

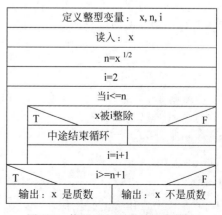

图 7-5　使用 N-S 图设计程序算法

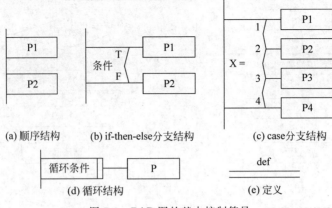

(a) 顺序结构　　　(b) if-then-else分支结构　　　(c) case分支结构

(d) 循环结构　　　　　(e) 定义

图 7-6　PAD 图的基本控制符号

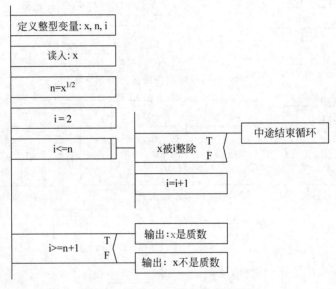

图 7-7　使用 PAD 图设计程序算法

7.2.4　PDL

PDL 是程序算法伪码,流程控制类似某种高级语言,可以是类 Pascal、类 C 或类 Java,但执行处理则一般使用自然语言描述。

下面内容是图 7-3 中程序算法的 PDL 表示。

```
PROCEDURE Verdict_Prime
    定义整型变量:x,n,i
    从键盘读入:x
    给变量赋值:n = x^{1/2}
    给变量赋值:i = 2

DO WHILE i <= n
    IF x 被 i 整除
    THEN
        中途结束循环
    ENDIF
```

```
            i = i + 1
        ENDDO

        IF i >= n + 1
        THEN
            输出:x 是质数
        ELSE
            输出:x 不是质数
        ENDIF
    END Verdict_Prime
```

7.3 程序算法复杂度评估

7.3.1 程序算法复杂度

一般地,程序算法如果复杂,则不仅编程工作量大,容易出差错,而且运行效率也低。因此,很有必要知道程序算法是否过于复杂,是否因设计不合理导致了复杂,是否可以简化算法,等等。然而,如果要很确切地回答这些问题,首先必须使程序算法复杂程度得到量化评估。

程序算法复杂度是程序算法是否复杂的量化指标。通常,可以从时间和空间两方面对程序算法进行复杂度评估。

时间复杂度可由算法执行时所耗费的时间决定。然而,这个时间很难从理论上做精确计算。实际上也确实无须对这个运行时间做精确计算,只要比较哪个算法更加省时,就可以对哪个算法更加复杂做出判断。一种来自常识的评价依据是,算法中语句的执行次数越多,其花费时间就越多,时间复杂度也就越高。

空间复杂度可由算法执行时所需存储空间决定。这个存储空间可做相对比较精确的理论计算。一般地,程序中定义的数据元素(变量、常量)越少,采用的数据类型越简单,空间复杂度也就越低。

7.3.2 McCabe 方法

McCabe 方法是一种广泛应用的程序算法复杂程度评估方法,由 Thomas McCabe 提出。这是一种基于控制流的评估方法,并通常依靠程序图进行程序算法复杂度评估。其中的程序图只涉及控制路线,而不涉及逻辑判断与数据处理的程序流程图。图 7-8 所示是程序流程图,如果将该流程图中的处理符号收缩为一个节点,则可获得图 7-9 所示的程序图。

可以看到,程序图中有多个有向环,McCabe 方法即依据程序的环形复杂度评估程序算法复杂度。实际上,程序的环形复杂度取决于程序控制流的复杂程度,当程序内分支数或循环数增加时,其环形复杂度也随之增加。

需要说明的是,McCabe 方法要求程序图是强连通图,其特点是从图中的任意节点出发,可以沿有向弧到达图中任何其他节点。然而,来自流程图的程序图却不是强连通图,其图中较低的节点(即较靠近结束点的节点)一般不能沿有向弧到达较高的节点。因此,还需要从结束点到开始点补画一条有向虚弧线,由此使程序图成为强连通图。

图 7-9 就从结束节点 m 到开始节点 a 之间补画了一条有向虚弧线,这样它就成为强连通图。

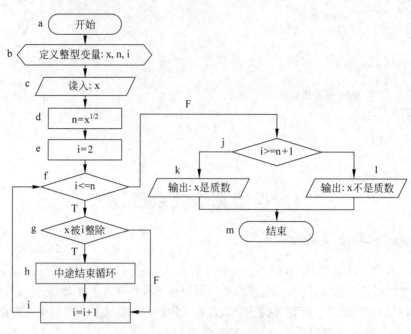

图 7-8　程序流程图

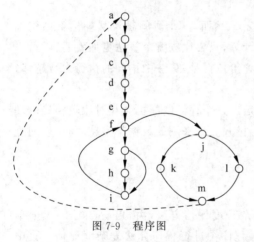

图 7-9　程序图

程序图补画有向虚弧线而成为强连通图是可经逻辑论证的,其论据是:其一,从开始点总能到达图中任意一点;其二,从任意一点总能到达结束点;其三,经过从结束点到开始点补画的有向弧线,可以从结束点到达开始点。这些论据的推论则是由图中任意一个节点出发,总是可以沿有向弧到达图中任何其他节点。

McCabe 方法的评估定义是程序算法复杂度等于强连通程序图中线性无关的有向环个数。对于一些有较复杂环路的强连通程序图,则可依据图中有向弧数、节点数编程计算有向环个数,其计算式是:$V = m - n + 1$,其中,V 是强连通程序图中的有向环数,m 是有向弧数,n 是节点数。例如,图 7-9 所示的强连通程序图,其有向弧数是 16,节点数是 13,因此该程序图有向环数,也即该程序算法复杂度是 $V = 16 - 13 + 1 = 4$。

程序算法复杂度可用来度量编程难度、估算编程工作量,或比较两个不同的算法设计的优劣。程序算法复杂度还可用来度量程序测试难度,或对程序可靠性给出某种预测。

无疑,我们希望程序有较低的复杂度,来自 McCabe 的建议是,一个单元模块的程序复杂度应该限制在 10 以内,如果模块内程序复杂度超过 10,则应该将模块分解,以方便程序创建。

7.4　程 序 编 码

在完成程序算法设计之后,接下来就需要进行程序编码了。一般地,如果程序已有很好的算法设计,则编码并不是一件太难的工作。然而,高质量的程序代码却并不容易获得,并且一般与编程者的良好素质密切相关，如较好的语言理解力、良好的编程习惯。

7.4.1　编程语言

1. 低级语言

机器语言是最低级的程序语言，由二进制机器指令构成，能够直接被机器理解。

实际上，自从有了计算机，也就有了机器语言。然而，机器语言很难被人理解，并且诸多低级操作，如地址分配、寄存器使用等，都需要程序员自己计划，因此使用机器语言编程很容易出错。

汇编语言也是低级语言，由符号指令构成，而且每一个符号指令都可与某个机器指令对应，因此有非常接近于机器语言的执行效率。由于是符号指令集，汇编语言自然比机器语言易于理解。然而，汇编语言可理解性仍然很差，并且仍然很容易出错。

实际上，我们很少有理由去选择机器语言或汇编语言编写应用程序，这不仅在于机器语言、汇编语言难以把握，还在于不同型号的计算机设备会有不同的机器指令集合，以致由这些低级语言构造的应用程序会缺乏良好的可移植性。

2. 早期的高级程序语言

为了使程序创建者能够从难以把握的汇编语言编程环境中解放出来，20 世纪 50 年代末期，诞生了高级程序语言，它们面向程序问题，并且执行过程与人的思维过程接近，因此便于理解、容易把控。

FORTRAN 语言是最早出现的高级语言，诞生于 1958 年。FORTRAN 语言主要用于解决科学与工程计算，因此具有较强的计算能力，但数据构造能力比较缺乏，因此不太适应商业方面的数据处理。

COBOL 语言诞生于 1959 年，它则有极强的数据构造能力，因此有比 FORTRAN 语言更好的商用适应性。COBOL 语言还有很好的接近于英语的可读性，并且可移植性好，能够适应多种计算机设备。实际上，由于诸多优点的集中，以致在一个比较长的时期里，COBOL 语言成为商用数据处理的标准编程语言。

BASIC 语言产生于 20 世纪 60 年代中期，它是一种解释型语言，早期主要用于编程教学。20 世纪 70 年代，经过进化的 Turbo BASIC 语言具有了类似 C 语言的结构化特征。20 世纪 80 年代以来，Microsoft 公司更是使 BASIC 具有了面向对象与可视开发特征，并改名为 Visual Basic，主要用于前端应用程序快速开发。

3. 结构化程序语言

20 世纪 70 年代初期诞生的 Pascal 语言、C 语言，则是结构化程序语言的代表，采用了结构化程序结构体系，可使程序基于功能单元构造，并具有很强的数据构造能力。

Borland 公司的 Turbo Pascal 是最有影响的 Pascal 语言，提供了集成开发环境，可支持鼠标操作，可进行多文件编辑，并有功能完备的调试工具与嵌入式汇编器。

C 语言则来自于开发 UNIX 操作系统，具有接近于汇编语言的执行性能，而且功能强大、编码灵活，能够支持复杂数据结构，并可通过指针对地址进行直接操控。

Borland 公司的 Turbo C 是比较流行的 C 语言集成开发环境，有功能完备的调试工具，并有内容丰富的函数库。

4. 面向对象程序语言

20 世纪 60 年代的 Smalltalk 语言是最早的面向对象程序语言，基于类体构造程序，并通过对象实现程序操控。

20 世纪 80 年代的 C++语言是最早具有实用价值的面向对象程序语言。通常,C++语言被看作 C 语言的超集,原因是其保留有 C 语言的结构化编程特性,并有接近于 C 语言的执行效率。但是,C++语言引入了面向对象的全部语言特性,可基于类、对象构造程序。主流的 C++语言开发环境有 Microsoft Visual C++、Borland C++。

20 世纪 90 年代由 Sun 公司推出的 Java 语言则是最具影响的面向对象程序语言,其完全面向对象,并支持分布式执行、多线程处理。Java 语言基本结构接近于 C++语言,但并不等同于 C++语言,主要差别是:不支持运算符重载、类的多继承,可进行内存空间自动垃圾收集,并且基于 Java 虚拟机解释运行,因此可跨操作平台工作。Java 语言执行效率不如 C++语言,但更具安全性、可靠性,并有更强的网络支持功能。

2000 年,由 Microsoft 公司推出的 C♯语言也是一种完全的面向对象程序语言,语言风格接近于 Java 语言,但基于 Microsoft.NET 框架工作,更多地保留有 C++语言的特性。

5. 第四代程序语言

第四代程序语言所代表的是一些面向问题的程序语言,例如,SQL(结构化查询语言)。第四代程序语言比一般高级语言有更高的抽象力,因此可不考虑程序执行流程,可不规定程序算法细节,而只需说明条件、目标,即可获取所需结果。

一些常用的第四代程序语言如下。

(1) 数据查询器:大多与数据库系统集成,以方便用户对数据库中的数据进行较复杂的查询操作,如对多个数据表的检索、更新、删除处理。

(2) 程序生成器:大多与专用系统自动生成工具集成,一般只需要按照规定格式输入需求条件,程序生成器即可生成出较完整的第三代程序代码。

7.4.2 编程规范

通常,为了方便项目组成员的合作,程序源码除了要求能够运行外,还要求便于阅读、容易理解。显然,具有可读性的程序将有利于程序今后的维护。

编程规范即是为提高程序可读性、可理解性而需要遵守的约定。一些常用的编码规范有程序注释、标识符命名、程序编排格式。

1. 程序注释

应该对程序进行有意义的注释。正确的注解将有助于对程序的理解。

通常,在每个模块开始处可进行概括性注解,如模块的功能、主要算法、接口特点、关键数据、变更记载等,可通过概括性注解说明。

在模块内部则可按程序段进行功能性注解,如该程序段的功能特点、算法特点等,可进行功能性注释说明。

2. 标识符命名

应该采用含义鲜明的标识符命名,以更好地反映其所代表的实体。显然,这对于帮助阅读者理解程序是很重要的。

如果使用缩写,那么缩写规则应该一致,并且应该给每个名字加注解。

当多个变量名在一个语句中说明时,应该按字母顺序排列这些变量。

3. 程序编排格式

应该采用统一的格式布局程序,以产生好的视觉效果。

可按照阶梯格式表现程序分层嵌套,以使程序结构清晰。

每个语句都应该简单而直接。不要为了节省代码编辑空间,而把多个语句写在同一行。
尽量避免使用复杂的条件组合表达式。

可通过括号使逻辑表达式或算术表达式的运算次序清晰直观。

下面是一段 Java 程序源码。

```java
//------------------------------------------------------------
// 模块名:DateBean   完成日期:2003 - 3 - 26
// 开发机构:ABC 软件公司   设计人:黎斌
// ------------------------------------------------------------
// 引用类库
import java.awt. * ;
import java.util.Calendar;
import javax.swing. * ;
// 定义类
public class DateBean extends JLabel{
    // 定义对象属性
    private Calendar c = Calendar.getInstance();
    private int m, d, y, e;
    private String month, day, year, era, month_str;
    private boolean useMonthString;
    private Color fontColor;
    private int style;
    // 定义类属性
    public static final int MONTH_DAY_YEAR = 1;
    public static final int YEAR_MONTH_DAY = 2;
    public static final String[] allMonths = {"Jan", "Feb", "Mar", "Apr", "May", "Jun",
                    "Jul", "Aug", "Sep", "Oct", "Nov", "Dec"};
    public DateBean() {
                m = c.get(Calendar.MONTH) + 1;
                d = c.get(Calendar.DATE);
                y = c.get(Calendar.YEAR);
                e = c.get(Calendar.ERA);
                if(m <= 9)
                        month = "0" + String.valueOf(m);
                else
                        month = String.valueOf(m);
                if(d <= 9)
                        day = "0" + String.valueOf(d);
                else
                        day = String.valueOf(d);
                year = String.valueOf(y);
                month_str = allMonths[m - 1];
    }
    // 设置字体颜色
    public void setFontColor(Color newFontColor) {
            super.setForeground(newFontColor);
    }
    // 获取字体颜色
    public Color getFontColor() {
```

```
                        return super.getForeground();
    }
    // 设置字体型号
    public void setFont(Font newFont) {
            super.setFont(newFont);
    }
    // 获取字体型号
    public Font getFont() {
                    return super.getFont();
    }

    // 设置背景颜色
    public void setBackground(Color newBackground) {
            super.setBackground(newBackground);
    }
    // 获取背景颜色
    public Color getBackground() {
                    return super.getBackground();
    }
    // 设置日期格式
    public void setStyle(int newStyle) {
            style = newStyle;
            switch(style){
              case MONTH_DAY_YEAR:
                        if(useMonthString)
                        this.setText(month_str + " " + day + ", " + year);
                        else
                        this.setText(month + " / " + day + " / " + year);
                        break;
                    case YEAR_MONTH_DAY:
                        if(useMonthString)
                        this.setText(year + " " + month_str + " " + day);
                        else
                        this.setText(year + " / " + month + " / " + day);
                        break;
                    default:
                        this.setText("invalid");
            }
    }
    // 获取日期格式
    public int getStyle() {
                    return style;
    }
```

7.4.3 程序运行效率

7.3.1节讨论了程序的算法时间复杂度,其影响程序的执行效率。然而,影响程序执行效率的不仅仅是时间复杂度,其他因素,如数据类型、编译程序等,也对程序执行效率有所影响。因此,需要有较全面的编程策略。对此,可做以下方面的考虑。

(1) 优化数学模型,以降低程序算法复杂度。

(2) 简化程序中的算术的和逻辑的表达式。

(3) 研究嵌套循环,以确定是否有语句可以从内层移到外层。

（4）尽量使用执行时间短的算术运算，如整数运算。

（5）避免使用多维数组或复杂数表。

（6）避免混合使用不同的数据类型。

（7）采用具有良好优化特性的编译器，以生成高效的目标代码。

（8）通过缓冲读写来自外部设备的数据，以减少程序频繁访问外设的额外开销。

小　　结

1. 程序结构化流程控制

程序结构化流程控制是高清晰度的控制。程序如果能满足单入口单出口的要求，则程序是结构化控制。顺序、选择、循环等控制结构是结构化控制。

GOTO 语句则是非结构化控制的代表。它可使一个程序块有多个出入口，可降低程序的稳定性、可靠性与可维护性。

2. 程序算法设计工具

程序流程图、N-S 图、PAD 图、PDL 是与结构化控制相适应的算法设计工具。

3. 算法复杂度评估

1）算法复杂度

算法复杂度是对程序算法是否复杂的量化说明。通常，可以从时间和空间两方面对程序算法进行复杂度评估。

- 时间复杂度：由算法执行所耗费时间决定。通常，算法中语句的执行次数越多，其花费时间就越多，则时间复杂度就越高。

- 空间复杂度：由算法所需存储空间决定。通常，程序中定义的数据元素越少，采用的数据类型越简单，则空间复杂度就越低。

2）McCabe 方法

这是一种基于控制流的广泛应用的程序算法复杂度评估方法。其定义程序算法复杂度为强连通程序图中线性无关的有向环的个数。计算公式是：$V=m-n+1$，其中，V 是强连通程序图中的环数，m 是弧数，n 是节点数。

4. 程序编码

编程语言可分为机器语言、汇编语言、传统高级语言、结构化语言、面向对象语言、第四代程序语言。有必要根据问题性质选择合适的程序语言，以提高编程质量。

编程规范是为提高程序可读性、可理解性而需要遵守的约定。一些常用的编码规范有程序注释、标识符命名、程序编排格式。

程序算法设计还必须考虑程序的运行效率，其由程序的算法复杂度、程序中数据的类型、程序编译的优化程度等诸多因素决定。

习　　题

1. 结构化流程控制有什么特点？为什么 GOTO 语句是非结构化的控制语句？

2. 图 7-10 为程序流程图，要求改用 N-S 图、PAD 图、PDL 伪码进行算法描述。

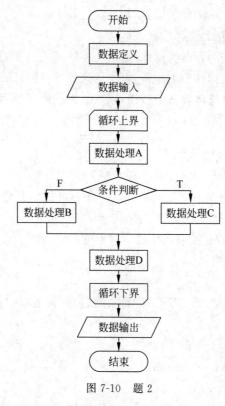

图 7-10　题 2

3. 需要将 1000 以内能够被 7 整除的数查询出来,并计算出这些数的和。要求使用程序流程图、N-S 图、PAD 图和 PDL 伪码进行算法描述。

4. 需要编写一个词频分析程序,其用于对读入的文本做单词出现频率分析。请设计该程序算法,并使用 McCabe 方法分析其算法复杂度。

第8章　软件测试

软件是逻辑体,其错误具有很大的隐蔽性,难以发现。然而,软件错误需要尽早发现,如果其遗留到投入使用之后才暴露出来,则不仅改错代价高,并且往往会造成恶劣后果。因此,软件在交付用户使用之前,需要有严格的、全面的测试,以确保软件质量。

本章要点:

- 测试方法。
- 测试用例。
- 面向对象程序测试。
- 程序调试。
- 测试工具。

8.1　测试目的、计划与方法

8.1.1　测试目的

软件测试的根本目的在于发现软件错误。对此,G. Myers 有以下几点说明:

(1) 软件测试过程是一个发现软件错误的过程。

(2) 一个好的软件测试方案应是有利于发现新的软件错误。

(3) 一次有成效的软件测试应是发现了新的软件错误。

然而,软件研发机构追求的商业利益或软件研制者急于求成的心态,可能使得软件测试的根本目的被忽视,以致研发机构或研制者所期望的并不是发现错误,而是能以此证明软件中不存在错误,导致设计的测试方案并不利于暴露软件错误,甚至可能在掩盖软件错误。显然,对软件错误的掩盖,绝对无益于软件质量的提高。

实际上,人难免都有掩盖自身缺陷的心理倾向。因此,软件测试往往要求由软件系统或程序创建者以外的其他人员承担。所以,大多数软件项目中都设有专职测试员,以利于对软件进行独立的、无干扰的专门测试。

8.1.2　测试计划

软件测试需要事先制订计划,如测试时间、测试任务、测试目标、责任人等,都需要通过测试计划提前确定下来。

软件一般需要进行以下方面的测试:程序单元测试、系统集成测试、用户确认测试,它们都需要有预先的计划安排。

通常情况下,需求分析时可制订用户确认测试计划,概要设计时可制订系统集成测试计划,详细设计时可制订程序单元测试计划。显然,这样的测试计划的制订是一个自顶向下的过程,其与开发过程同步。然而,测试计划的实施则是自底向上的,首先需要实施的是程序单元测试,然后是系统集成测试,最后才是用户确认测试。

图 8-1 是对软件测试计划的制订与实施的图示说明。

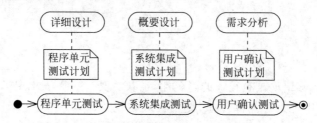

图 8-1 软件测试计划的制订与实施的图示说明

8.1.3 测试方法

1. 白盒测试

白盒测试是一种基本测试方法,以程序算法设计为测试依据,需要测试单元模块内的逻辑判断、执行过程,因此也被称为算法逻辑测试,主要用于程序单元测试。

白盒是指待测试的程序模块被一个高度透明的盒子装载,测试者能够很清楚地看到模块的内部细节,如图 8-2 所示。因此,白盒测试时测试者能够测试模块内部细节,如局部数据、程序语句、执行路径和循环次数。

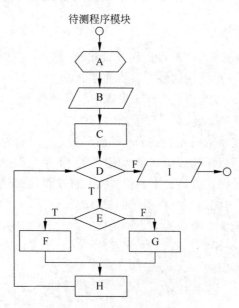

图 8-2 白盒测试中的模块

2. 黑盒测试

黑盒测试是另一种基本测试方法,以程序模块功能定义为测试依据,因此也被称为功能测试,主要用于系统确认测试和系统集成测试。

黑盒是指有待测试的程序模块被一个不透明的黑盒子装载。因此,测试中并不需要考虑模块内部细节,只要考虑模块接口处的输入数据与输出数据,如图 8-3 所示。

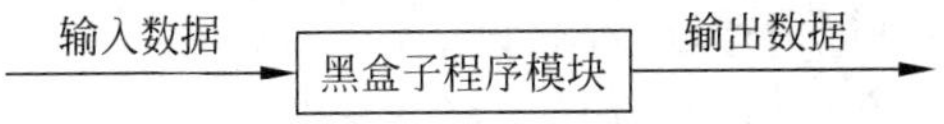

输入数据 → 黑盒子程序模块 → 输出数据

图 8-3　黑盒测试

黑盒测试涉及的内容有输入数据、预期输出数据和实际输出数据。

黑盒测试的依据是比较模块实际输出数据是否与预期输出数据一致,由此判断模块是否符合设计要求。

8.2　测　试　任　务

软件测试任务有单元测试、集成测试和确认测试。

8.2.1　单元测试

1. 测试内容

单元测试是以基本单元模块为测试对象,如程序函数、程序过程,并以详细设计说明书和源程序清单为测试依据。需要测试的内容有模块接口、局部数据结构、执行路径、出错处理、边界等。

1）模块接口测试

主要测试以下项目:

- 调用所测模块时的输入参数与模块的形式参数在个数、属性和顺序上是否匹配。
- 所测模块调用下级模块时,它输入给下级模块的参数与下级模块中的形式参数在个数、属性和顺序上是否匹配。
- 是否修改了输入用的形式参数。
- 输出给标准函数的参数在个数、属性和顺序上是否正确。

当模块需要通过外部设备进行输入输出操作时,还需要测试以下项目:

- 文件属性是否正确。
- OPEN 语句与 CLOSE 语句是否正确。
- 规定的输入输出格式说明与输入输出语句是否匹配。
- 缓冲区容量与记录长度是否匹配。
- 在进行读写操作之前是否打开了文件。
- 在结束文件处理时是否关闭了文件。
- 是否有输入输出检测。

2）局部数据结构测试

模块中的局部数据结构是最常见的错误来源,需要测试以下项目:

- 不正确或不一致的数据类型说明。
- 使用了尚未赋值或尚未初始化的变量。
- 错误的初始值或错误的默认值。
- 变量名拼写或书写错误。

- 出现了数据类型冲突。

3)执行路径测试

需要对模块中重要的执行路径进行测试。

需要设计测试用例,以查找由于错误的计算、不正确的比较或不正常的控制流而导致的执行路径错误。

常见的不正确计算有:

- 运算的优先次序不正确。
- 变量的初始化不正确。
- 运算精度不够。
- 表达式的符号表示不正确。

常见的比较和控制流错误有:

- 出现了不同数据类型之间的相互比较。
- 不正确地使用了逻辑运算符。
- 因浮点数运算精度问题,两值不会相等,但需要进行相等比较。
- "差1"错,即不正确地多循环了一次或少循环了一次。
- 错误的循环终止条件。

4)出错处理测试

程序设计需要有对出错故障的预见,并有合适的出错处理,以防范程序错误的发生。通常,程序中的出错处理部分应进行以下方面的测试:

- 对所出现的错误的描述难以理解。
- 出错的描述不足以确定出错位置或原因。
- 显示的错误与实际的错误不符。
- 对错误的处理不正确。

5)边界测试

循环或条件判断中,容易出现边界错误。常见的边界问题有:

- 循环操作中超过最大循环次数。
- 循环或条件判断操作中的＞、＞＝、＜、＜＝等比较运算符。

2. 测试方法

单元测试一般以白盒测试为主,以黑盒测试为辅。通常,在源代码编制完成之后,接着就可以进行单元测试。值得注意的是,单元模块一般不是一个可独立运行的程序,因此在进行单元测试时,需要考虑被测单元模块与其他相关模块的联系,并通常需要建立一些辅助模块,其用于模拟被测单元模块的外部环境。

单元测试中主要有以下两种辅助模块。

(1)驱动模块:其扮演被测单元模块的上级模块,以实现对被测单元模块的调用。

(2)桩模块:其扮演被测单元模块的下级模块,可供被测单元模块进行测试调用。一般地,桩模块应该足够简单,如仅显示一个提示,以表明自己已被调用。

单元测试时,测试模块将与驱动模块、桩模块进行集成,由此构成了一个"单元测试环境",如图 8-4 所示。

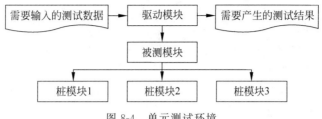

图 8-4　单元测试环境

8.2.2　集成测试

许多单元模块需要按照设计好的体系结构进行装配,由此集成出统一的系统。在此过程中需要集成测试,以发现模块之间是否有连接错误。

通常,系统集成时需要进行以下方面的测试:

- 在把各个单元模块连接起来时,穿越模块接口的数据是否会丢失。
- 一个模块的功能是否会对另一个模块的功能产生不利的影响。
- 各个子功能组合起来,能否达到预期要求的协作功能。
- 全局数据结构是否能够很好地适应所有需要的模块。
- 单个模块的计算误差是否会累积放大,从而达到不能接受的程度。

系统集成测试还需要有好的策略支持。比较常用的集成策略有非渐增集成测试和渐增集成测试。下面介绍这两种集成策略。

1. 非渐增集成测试

模块单元测试与系统集成测试可按步骤独立进行。例如,可先期完成许多模块的单元测试,接着再一次性地进行组装与集成测试。这就是非渐增集成测试。

实际上,先期进行的各个模块的单元测试有一定的独立性,可以并行开展,因此,单元测试任务及进度也就便于安排与调整,人力与设备资源也通常可获得高效利用。

然而,分别独立完成的各模块单元测试需要更多的测试程序的支持,因此可带来较大的测试工作量。

非渐增集成测试还一次性把所有模块组合在一起,如果出现错误,则一般较难诊断定位。并且模块之间的协作延后到集成时检测,因此不利于模块接口错误的尽早发现。

2. 渐增集成测试

模块单元测试与集成测试也可同步进行。例如,可让每个模块在系统体系结构中完成单元测试。因此,模块在完成单元测试的同时,也一同完成了集成测试,并组装到了系统体系结构中去。这就是渐增集成测试。

通常看来,渐增集成测试有以下方面的优越性。

- 模块如果完成了单元测试,也同时完成了集成测试,并成为后续其他模块的测试环境,则只需要少量的辅助模块支持。
- 模块之间的协作检测与单元测试一同进行,可较早发现模块接口错误。
- 便于错误诊断与定位。如果发生错误,则大多与最新加入的被测模块有关。
- 有更高的测试强度。新增模块接受测试,则其他已测模块也将一同再一次地接受测试。

渐增集成测试的弱点是:

- 测试任务必须集中进行。
- 测试进度不便于调整。
- 需要更多的测试时间。

当考虑以渐增方式进行系统集成时,还须考虑是自顶向下渐增还是自底向上渐增。下面分别介绍这两种渐增路线。

1) 自顶向下渐增

从主控制模块开始,沿着软件的控制层次向下移动,从而逐个地把各个模块集成到系统中来,这就是自顶向下渐增。

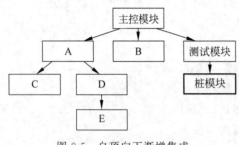

图 8-5 自顶向下渐增集成

自顶向下渐增时,上级模块总是测试于下级模块之前,因此被测单元模块不需要"驱动模块",而只需要"桩模块",如图 8-5 所示。

自顶向下渐增时,还需要考虑是深度优先集成还是层次优先集成。如果是深度集成优先,则按系统的某个控制通路进行组装,其往往体现为一个比较完整的功能块。如果是层次集成优先,则将同一个控制层上的模块按顺序进行组装。一般看来,深度优先有更多的合理性,可以使开发者更早地感受到一项完整功能的实现所带来的成功体验。

可以按照以下步骤进行自顶向下渐增:

① 对主控模块进行测试,并用"桩模块"代替直接受主控模块调用的模块。

② 根据选定的优先策略(深度集成优先或层次集成优先),每次用一个"待测模块"取代一个"桩模块",并为这个新结合进来的"待测模块"准备新的"桩模块"。

③ 对新加入的"待测模块"进行单元与集成测试。

④ 重复②、③步骤,直到将所有模块集成进系统为止。

2) 自底向上渐增

从软件体系结构最低层模块开始,逐个地由下至上进行组装,这就是自底向上渐增。

自底向上渐增时,下级模块总是测试于上级模块之前,因此其不需要"桩模块",但需要"驱动模块"。

可以按照以下步骤进行自底向上渐增:

① 利用"驱动模块"对最底层模块进行测试。

② 用"待测模块"取代"驱动模块",并为新的"待测模块"准备新的"驱动模块"。

③ 对新加入的"待测模块"进行单元与集成测试。

④ 重复②、③步骤,直到将所有模块集成进系统为止。

8.2.3 确认测试

在系统完成集成之后,接着需要进行确认测试。这是面向用户的测试,以确认用户需求是否得以实现。

1．测试内容

1）软件有效性验证

需求规格说明书描述了用户可见的软件属性，如功能属性、性能属性、数据属性、操作属性等。然而，经过分析、设计而构造出的软件系统是否确已具有了这些属性呢？软件有效性验证需要对此做出回答。

需求规格说明书中有关产品的一系列直接与用户相关的说明，如功能、性能、数据，以及软件的可移植性、可兼容性、可维护性，都需要进行有效性验证。

可使用黑盒测试方法进行有效性验证，并需要为有效性验证编制测试计划。

软件有效性验证的结果是：

- 如果测试结果与需求规格说明书中规定的结果相符或一致，则表明有效性获得验证，可作为合格内容提交用户。
- 如果测试结果与需求规格说明书中规定的结果不相符或不一致，则表明有效性没能够获得验证，因此是不合格内容。需要提交一份问题报告给用户，以说明不合格原因。

2）软件配置复查

软件配置复查的目的是保证软件配置内容齐全，各方面的质量都符合规定要求，并为方便今后查找，已进行了很好的分类编目，可使软件有很好的可维护性。

除了按合同规定的内容和要求，由人工审查软件配置之外，还应当严格遵守用户手册和操作手册中规定的步骤操作系统，以发现文档资料的完整性和正确性。

必须仔细记录发现的问题，包括遗漏与错误，并进行有效的补充与修正。但如果问题确实不能在交付之前解决，而且存在的问题并不影响用户的正常使用，则可与用户协商其他合适的解决方案，以求取得用户谅解。

2．测试方法

1）Alpha 测试

Alpha 测试是指在开发环境下由用户进行的测试。通常，承担测试的用户往往是第一个见到件产品的用户，因此，来自他们的修改意见具有特别的价值。

Alpha 测试的目的是让用户就软件的功能、性能、操作，以及可使用性、可靠性和可支持性进行直截了当的评价。

Alpha 测试是受控制环境下的测试，陪同测试的开发人员可坐在用户旁边，并详细记录用户操作情况及看法。

Alpha 测试可以从软件产品编码结束之时开始，或在模块测试完成之后开始，也可以在确认测试过程中产品达到一定的稳定和可靠程度之后再开始。

为了使 Alpha 测试能够顺利进行，应该为 Alpha 测试准备好有关的操作手册，以供用户进行操作测试时使用。

2）Beta 测试

Beta 测试则是用户在软件实际使用环境下独立进行的测试，开发者通常不在测试现场，并且不应对测试进行任何控制。

Beta 测试要求在 Alpha 测试之后进行。只有当 Alpha 测试达到一定的可靠程度之后，才考虑进行 Beta 测试。

在 Beta 测试中,用户将自己记录遇到的问题,并在测试完成之后将问题记录以及意见报告给开发者,开发者则在综合用户的报告之后做出修改。

产品一旦通过 Beta 测试,即可交付用户使用。

8.3 测 试 用 例

设计测试用例就是为测试准备测试数据。通常,不同的测试用例会带来不同的测试效果,并有不同的测试成本代价。

测试用例设计目标是取得高效的并最可能发现软件错误的测试数据。

白盒测试可采用逻辑覆盖设计测试用例,如语句覆盖、判定覆盖、条件覆盖、判定条件覆盖、条件组合覆盖和路径覆盖等。

黑盒测试则可采用等价类划分、边界值分析、错误推测方法设计测试用例。

8.3.1 白盒测试用例设计

白盒测试用例设计主要采用的是逻辑覆盖。这是一种以程序内部逻辑结构为依据的用例设计方法,包括语句覆盖、判定覆盖、条件覆盖、判定条件覆盖、条件组合覆盖和路径覆盖等几种强度各不相同的逻辑覆盖形式。

1. 语句覆盖

语句覆盖的测试要求是:选择足够多的测试数据,以使被测程序中每条语句,都至少执行一次。

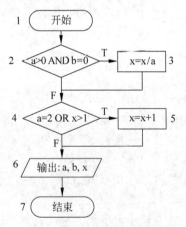

图 8-6 被测试模块的程序流程图

例如,图 8-6 所示的程序流程图。它的源程序如下:

```
void example( int a, int b, int x)
{
    if (a > 1) && (b == 0)
        x = x/a;
        if (a == 2) || (x > 1)
            x = x + 1;
            printf(a, b, x);
}
```

如果使该程序中每条语句都执行一次,以达到语句覆盖的目标,则需要准备以下测试数据:$a=2, b=0, x=4$,其执行路径是 1—2—3—4—5—6—7。

应该说,语句覆盖是一种弱覆盖标准,对程序的逻辑覆盖很少。在上面例子中,两个判定条件都只测试了条件为真的情况,如果条件为假时有程序错误,则显然不能发现。

2. 判定覆盖

判定覆盖的测试要求是:不仅每条语句必须至少执行一次,而且每个判定的每种可能的结果,都应该至少执行一次。

对于图 8-6 中的程序,即要求 (a>1)&&(b==0) 与 (a==2)||(x>1) 这两个判断表达式各出现 T、F 结果至少一次。

下面两组测试数据就可做到判定覆盖。

（1）a＝3,b＝0,x＝3（执行路径：1—2—3—4—6—7）（判断式：T,F）。

（2）a＝2,b＝1,x＝1（执行路径：1—2—4—5—6—7）（判断式：F,T）。

判定覆盖包含语句覆盖，并且考虑了判定表达式的 T、F 两种可能,因此判定覆盖比语句覆盖强,但判定覆盖对程序逻辑的覆盖程度仍然不高。

3. 条件覆盖

条件覆盖的测试要求是：不仅每个语句至少执行一次,而且使判定表达式中的每个条件都取到各种可能的值至少一次。

对于图 8-6 中的程序,即要求(a＞1)、(b＝＝0)、(a＝＝2)、(x＞1)这 4 个条件表达式各出现 T、F 结果至少一次。

下面两组测试数据就可以达到条件覆盖标准。

（1）a＝2,b＝0,x＝4（执行路径：1—2—3—4—5—6—7）（条件式：T,T,T,T）。

（2）a＝1,b＝1,x＝1（执行路径：1—2—4—5—6—7）（条件式：F,F,F,F）。

条件覆盖通常比判定覆盖强,因为它考虑了判定表达式中的每个条件,而判定覆盖则只关心整个判定表达式的结果。然而,条件覆盖却并不一定包含判定覆盖。

4. 判定条件覆盖

判定条件覆盖的测试要求是：既满足判定覆盖,又满足条件覆盖。因此,每个判定表达式可取到各种可能结果至少一次,而且判定表达式中的每个条件都能取到各种可能的值至少一次。

对于图 8-6 中的程序,即要求：(a＞1)＆＆(b＝＝0)与(a＝＝2)‖(x＞1)这两个判断表达式各出现 T、F 结果至少一次,并还要求(a＞1)、(b＝＝0)、(a＝＝2)、(x＞1)这 4 个条件表达式各出现 T、F 结果至少一次。

下述两组测试数据可以满足判定条件覆盖标准。

（1）a＝2,b＝0,x＝4（执行路径：1—2—3—4—5—6—7）。

（2）a＝1,b＝1,x＝1（执行路径：1—2—4—6—7）。

显然,判定条件覆盖比单一的判定覆盖或条件覆盖有更高的覆盖程度。

5. 条件组合覆盖

条件组合覆盖的要求是：每个判定表达式中诸多条件的各种可能组合都至少出现一次。

对于图 8-6 中的程序,它有(a＞1)＆＆(b＝＝0)与(a＝＝2)‖(x＞1)这两个判断式,每个判断式又含两个条件式,因此可以产生 8 种可能的条件组合。

下面的 4 组测试数据,即可使这 8 种条件组合中的每种至少出现一次：

（1）a＝2,b＝0,x＝4（执行路径：1—2—3—4—5—6—7）（条件式：[T,T],[T,T]）。

（2）a＝2,b＝1,x＝1（执行路径：1—2—4—5—6—7）（条件式：[T,F],[T,F]）。

（3）a＝1,b＝0,x＝2（执行路径：1—2—4—5—6—7）（条件式：[F,T],[F,T]）。

（4）a＝1,b＝1,x＝1（执行路径：1—2—4—6—7）（条件式：[F,F],[F,F]）。

条件组合覆盖很强的逻辑覆盖。满足条件组合覆盖,也自然能满足判定覆盖、条件覆盖。但是,条件组合覆盖则并不能使程序中的每条路径都执行到,例如,上述 4 组测试数据都没有测试到路径：1—2—3—4—6—7。

6. 路径覆盖

路径覆盖也就是判定组合覆盖,其测试要求是:程序中的每条可能的路径,都至少执行一次。如果程序图中有环,则要求每个环至少经过一次。

对于图 8-6 中的程序,下面 4 组测试数据可以满足路径覆盖的要求。

(1) a=1,b=1,x=1(执行路径:1—2—4—6—7)。

(2) a=1,b=1,x=2(执行路径:1—2—4—5—6—7)。

(3) a=3,b=0,x=1(执行路径:1—2—3—4—6—7)。

(4) a=2,b=0,x=4(执行路径:1—2—3—4—5—6—7)。

路径覆盖也是一种很强的逻辑覆盖。但是,路径覆盖只能满足判定组合,而并不一定满足条件组合。因此,如果需要更强的逻辑覆盖,则需要把路径覆盖与条件组合覆盖结合起来,以产生更强的程序检错能力。

8.3.2 黑盒测试用例设计

1. 等价类划分

等价类划分是黑盒测试时经常采用的用例设计方法。

等价类划分的特点是把所有可能的输入数据(有效的和无效的)划分成若干等价类,并做出如下假定:每个等价类中的一个典型值在测试中的作用与这一类中所有其他值的作用相同。因此,可以从每个等价类中只取一组数据作为测试数据。

在使用等价类划分设计测试用例时,首先需要划分输入数据的等价类。为此,需要研究程序的功能说明,从而确定输入数据的有效等价类和无效等价类。

在确定输入数据的等价类之后,接着还需要分析输出数据的等价类,并根据输出数据的等价类导出对应的输入数据的等价类。

例如,学生成绩的录入与输出。假如录入的是百分制成绩:0~100 分;输出的是等级制成绩:优秀(85~100 分)、合格(60~84 分)、不合格(0~59 分),则根据等价类划分原则,可以考虑以下的用例设计方案。

根据录入数据,可以确定以下 3 个等价类:

(1) 录入数据<0(无效类)。

(2) 录入数据>=0   AND   录入数据<=100(有效类)。

(3) 录入数据>100(无效类)。

根据输出结果,还可以将录入数据的有效类继续细分为以下 3 个等价类。

(1) 优秀:录入数据>=85   AND   录入数据<=100(有效类)。

(2) 合格:录入数据>=60   AND   录入数据<85(有效类)。

(3) 不合格:录入数据>=0   AND   录入数据<60(有效类)。

因此,根据对录入数据与输出结果的综合考虑,可以从上述 5 个等价类中各取一个数据,构成一组测试用例,如:-20,20,80,90,120。

划分等价类往往需要经验,下面几条规则有助于正确划分等价类。

(1) 如果规定了输入值的范围,则可划分出一个有效的等价类(输入值在此范围内),两个无效的等价类(输入值小于最小值或大于最大值)。

(2) 如果规定了输入数据的个数,则类似地也可以划分出一个有效的等价类和两个无效的等价类。

（3）如果规定了输入数据的一组值，而且程序对不同输入值做不同处理，则每个允许的输入值是一个有效的等价类，此外还有一个无效的等价类（任一个不允许的输入值）。

（4）如果规定了输入数据必须遵循的规则，则可以划分出一个有效的等价类（符合规则）和若干无效的等价类（从各种不同角度违反规则）。

（5）如果规定了输入数据为整型，则可以划分出正整数、零和负整数这3个有效等价类。

（6）如果程序的处理对象是表格，则应该使用空表，以及含一项或多项的表。

划分出等价类以后，接着可以按以下步骤进行用例设计。

（1）设计一个新的测试用例，以尽可能多地覆盖尚未被覆盖的有效等价类，重复这个步骤，直到所有有效等价类都被覆盖为止。

（2）设计一个新的测试用例，使它覆盖一个而且只覆盖一个尚未被覆盖的无效等价类，重复这个步骤，直到所有无效等价类都被覆盖为止。

2. 边界值分析

经验表明，程序在处理边界问题时最容易发生错误。例如，数组下标、分支条件判断、循环条件判断就容易出现遗漏或错误。因此，需要在边界处设计专门的测试用例，以发现程序运行在边界附近时是否会发生错误。

例如，下面的学生等级成绩输出程序，就是因为边界处的编码疏忽而使85分不能输出等级。

```
if (grade > 85) && (grade <= 100)  printf("优秀");
else if (grade >= 60) && (grade < 85)  printf("合格");
else if (grade >= 0) && (grade < 60)  printf("不合格");
else  printf("无效");
```

使用边界分析设计测试用例，则首先需要搞清楚有哪些边界，然后是在边界附近选取测试数据。可选取等于、稍小于和稍大于边界值的数据作为测试数据。

例如学生成绩的录入与输出问题，可以选取以下数据用做测试：$(-1, 0, 1), (59, 60, 61),$
$(84, 85, 86), (99, 100, 101)$。

3. 错误推测

程序通常有一些很容易出错的地方，有经验的测试人员，往往能够根据以往的测试经验直接找出这些错误。错误推测依靠的就是测试人员的测试经验与直觉。

例如，数据为零时有可能带来运行错误，空字符也可能带来运行错误，没有记录的空表也会带来运行错误。这些就是来自经验的错误推测。

程序中的错误有成堆聚集的特点。也就是说，如果某段程序中发现了错误，则意味着其中还可能有更多的错误，并且尚未发现的错误数与已发现的错误数成正比。这也是来自经验的总结，根源则与设计、编码时的工作疏忽有关。

8.4 面向对象程序测试

8.2节介绍的单元测试、集成测试、确认测试主要针对的是传统的结构化程序。然而，面向对象程序也有与此相类似的测试，只是测试内容及方法略有不同。

8.4.1　面向对象单元测试

当考虑面向对象单元测试时,单元的概念已发生了改变。

"封装"导致类和对象成为最小的可测试单元。然而,一个类可以包含一组不同的操作,一个特定的操作又可能被多个子类继承。因此,对于面向对象程序来说,单元测试的含义有了变化。

实际上,在进行面向对象程序单元测试时,已经不能孤立地测试单个操作,而应该把操作作为类的一部分来测试。

例如,在 A 类中定义了一个叫作 op()的方法,假如 op()方法被 A 类的多个子类继承,则每个子类都将涉及 op()方法。一般地,A 类的不同的子类中的 op()方法被调用时,它所处理的只是它自己的私有属性,而不同的子类有不同的属性集。因此,单元测试需要以类为单位,这也就是说,每个子类中的 op()方法需要分别测试 。

8.4.2　面向对象集成测试

传统结构化程序由函数单元构造,并依靠函数调用实现分层控制。面向对象程序则基于类体构造,然而类体之间是引用关系。因此,面向对象程序已经没有了传统结构化的分层控制。因此,传统的自顶向下或自底向上的集成策略也就没有了意义。

此外,类体是一个不可拆分的整体,构成类体的诸多操作之间还往往存在着直接或间接的消息通信。因此无法采用传统的渐增组装方式,一次集成一个操作到类体中。

一般情况下,面向对象程序集成测试,可以采用以下两种策略。

(1) 基于线程的测试。基于线程的测试是一种与对象时序建模密切相关的测试,其特点是把相应程序的一个输入,或一个事件所需要的一组类体集成起来,然后以对象时序图为依据,分别测试每个线程,同时应用回归测试以保证没有产生副作用。

(2) 基于使用的测试。基于使用的测试的特点是首先测试几乎不使用其他类的那些类(称为独立类)。测试完独立类之后,接下来测试使用独立类的下一个层次的类(称为依赖类)。对依赖类的测试一个层次一个层次地持续进行下去,直至构造出整个程序系统为止。

8.4.3　面向对象确认测试

与传统的确认测试一样,面向对象确认测试也是面向用户的,主要测试内容是用户可见的动作和用户可识别的输出。因此,在进行面向对象确认测试时,已经不需要考虑类的内部构造,以及类之间相互连接等诸多设计细节。

在进行用户确认测试时,测试人员需要研究系统的用例模型和活动模型,并需要以此为依据,设计出确认测试时的用户操作脚本。

8.5　程　序　调　试

软件测试可发现程序错误。在发现程序错误之后,还需要修正程序错误。发现错误并修正错误,这就是程序调试。

程序调试一般涉及以下两个任务。

- 诊断：确定程序错误的性质与位置。
- 排错：对出现错误的程序段进行修改，由此排除错误。

程序调试的上述两个任务中，诊断是关键。实际上，当程序中出现的错误的性质与位置被诊断出来以后，改错只是一件相对简单的工作。

8.5.1 诊断方法

1. 在程序中插入输出语句

在源程序的关键位置插入输出语句，由此获取关键变量的中间值。

这种方法能够对程序的执行情况进行一定的动态追踪，能够显示程序的动态行为，而且给出的信息可以与程序中的每条语句对应起来。

该方法的缺点是：

（1）可能会输出大量的需要分析的信息，对于大型系统来说，情况更是如此。

（2）必须修改源程序才能插入输出语句，这有可能改变一些关键的时间关系，从而可能掩盖错误。

2. 使用自动调式工具

使用自动调式工具进行程序调试是目前使用得最多的调试方法。

在一些集成开发环境中，自动调式工具往往和整个程序创建工作结合在一起，因此可以非常有效地提高程序调试速度与质量。

自动调式工具一般具有对程序的动态调试功能，能够发现程序运行过程中出现的错误。自动调式工具主要的调试功能包括逐行或逐过程地执行源程序、在源程序中设置中断点、在源程序中设置需要监控的变量或表达式等。

8.5.2 调试策略

调试策略即调试程序时可采取的方法、措施与对策。一些常用的调试策略有试探法、回溯法、对分查找法、归纳法、演绎法。下面介绍这些方法。

1. 试探法

调试人员分析错误征兆，猜测发生错误的大致位置，然后使用合适的诊断方法，检测程序中被怀疑位置附近的信息，由此获得对程序错误的准确定位。

2. 回溯法

调试人员分析错误征兆，确定最先发现"症状"的位置，然后人工沿程序的控制流程往回追踪源程序，直到找出错误根源或确定故障范围为止。

对于代码行不是很多的程序块，回溯法是一种比较好的调试策略，往往能把故障范围缩小为程序中的一小段代码，然后仔细分析这段代码，由此即可确定故障的准确位置。然而，对于涉及很多模块的复杂程序，则由于执行路线太过复杂，以至回溯变得困难起来。

3. 对分查找法

如果已经知道每个变量在程序内若干关键点的正确值，则可以用赋值语句或输入语句在程序待测位置附近"注入"这些变量的正确值，然后检查程序的输出。如果输出结果是正确的，则故障在程序的前半部分；反之故障在程序的后半部分。

对于程序中有故障的那部分再重复使用这个方法，直到把故障范围缩小到容易诊断的程度为止。

4. 归纳法

这是一种从个别推断一般的错误定位方法,其特点是:以程序的错误征兆为线索,然后分析这些线索之间的关系,由此找出故障。

归纳法一般涉及以下 4 个步骤。

(1) 收集数据:需要收集与程序运行有关的一切数据,并确认哪些是正确数据,哪些是错误数据。

(2) 组织数据:分类整理数据,以方便发现规律。

(3) 进行推断:分析数据关系、寻找数据规律,然后以此为依据推断故障原因。如果无法推断,则可以重新设计用例,或获取更多测试数据,然后再做推断。

(4) 证明推断:推断不等于事实,不经证明就根据推断排除故障,可能只能改正部分错误。因此,需要对推断做合理性证明。证明推断的方法是,用它解释所有原始测试结果,如果能圆满地解释一切现象,则推断得到证实,否则推断不完备。

5. 演绎法

演绎法则从一般原理或前提出发,通过错误问题细化,由此推导出原因。

使用演绎法寻找错误根源时,需要先列出所有看来可能成立的原因或假设,然后一个一个地排除掉不可能的原因,并证明剩下的原因确实是错误的根源。

演绎法一般涉及以下 4 个步骤。

(1) 根据错误信息,将所有可能的原因的以假设形式列出。

(2) 排除不能成立的假设。如果所有列出的假设都被排除了,则需要提出新的假设,如果余下的假设多于一个,则首先选取最有可能成为出错原因的那一个假设。

(3) 利用已知线索使有价值的假设细节化、具体化。

(4) 证明剩下的假设,即是错误的根源。论证方法类似于归纳法第(4)步。

8.6 测试工具

软件测试需要有工具支持,以减轻工作强度、提高工作效率、确保工作质量。

8.6.1 测试数据生成程序

测试数据生成程序用于自动生成测试用例。如果软件测试需要大量的测试数据,则这些测试数据最好通过程序生成。一方面,能够快速生成测试数据,并因此加快测试进度;另一方面,这些自动生成的测试数据还更加客观,可使测试结果更具客观性、真实性。

8.6.2 动态分析程序

动态分析程序用于分析被测程序中某语句的动态执行情况,如执行次数、执行频率。

动态分析程序一般由下面两个部分组成。

(1) 检测部分:用于向被分析程序中插入检测语句,当程序执行时,这些语句可收集被测语句的执行信息。

(2) 显示部分:汇集检测语句提供的信息,并输出这些信息。

测试中也许某条语句没有被测试到,即可通过动态分析程序搜寻出来。

测试程序可能没有按照设计步骤执行,也可通过动态分析程序发现。

8.6.3 静态分析程序

静态分析程序用于扫描被测试程序正文,并从中发现程序错误。例如,程序使用了一个尚未赋值的变量,程序中的某个变量始终未被使用,程序函数的实际参数与形式参数的类型或个数不符,程序中有一个永远执行不到的程序段,等等,这些程序问题即可通过静态分析程序发现。

小　　结

1. 测试目的、计划与方法

软件测试的根本目的在于发现软件错误。软件测试需要事先制订计划,如测试时间、测试任务、测试目标、责任人等,即需要通过测试计划提前确定下来。

有黑盒测试与白盒测试两种基本测试方法。黑盒测试以概要设计中的模块定义为测试内容,主要用于系统确认测试、系统集成测试。白盒测试则以详细设计中的程序算法说明为测试内容,主要用于程序单元测试。

2. 测试任务

软件测试任务有单元测试、集成测试、确认测试。

单元测试是以基本单元模块为测试对象。一般以白盒测试为主,以黑盒测试为辅。主要测试内容有模块接口、局部数据结构、执行路径、出错处理、边界等。

许多单元模块可按照设计好的体系结构进行装配,在此过程中需要集成测试,以发现模块之间是否有连接错误。

系统有非渐增集成与渐增集成测试两种集成策略。非渐增集成测试是一次性把所有模块组合在一起。渐增集成测试则是每个单元模块逐个地集成到系统中去。

在系统完成集成测试之后,接着需要进行确认测试,以确认用户需求是否得以实现。测试内容有软件有效性验证、软件配置复查。测试方法有 Alpha 测试、Beta 测试。

3. 测试用例

设计测试用例就是为测试准备测试数据。白盒测试用例为逻辑覆盖,主要有语句覆盖、判定覆盖、条件覆盖、判定条件覆盖、条件组合覆盖和路径覆盖等几种覆盖形式。黑盒测试用例则有等价类划分、边界值分析、错误推测等几种设计方法。

4. 面向对象程序测试

面向对象程序涉及单元测试、集成测试、确认测试,但测试内容不同。在进行面向对象程序单元测试时,已经不能孤立地测试单个操作,而应该把操作作为类的一部分来测试。集成测试则反映为基于线程的测试或基于使用的测试。确认测试则体现为用例驱动。

5. 程序调试

诊断发现错误并修正排除错误,这就是程序调试。其中,诊断是关键。如果错误的性质与位置被诊断出来,则改错只是一件相对简单的工作。

主要诊断方法有在程序中插入输出语句、使用自动调试工具。

程序调试策略有试探法、回溯法、对分查找法、归纳法、演绎法。

6. 测试工具

- 测试数据生成程序：用于自动生成测试用例。
- 动态分析程序：用于分析被测程序中某语句的动态执行情况，如执行次数、执行频率。
- 静态分析程序：用于扫描被测试程序正文，并从中发现程序错误。

习　题

1. 简述单元测试的对象、内容及方法。

2. 什么是渐增集成？自顶向下渐增与自底向上渐增有什么不同？

3. 什么是确认测试？为什么要先进行 Alpha 测试，再进行 Beta 测试？

4. 面向对象单元测试有什么特点？

5. 试说明回溯法程序调试的特点。

6. 设计下面程序的几组白盒测试用例，分别要求用语句覆盖、判定覆盖、条件覆盖。

```
void grade(int x)
{
    if (x > 100 || x < 0) printf("无效数据\n");
    else if (x >= 85 && x <= 100) printf("优秀\n");
    if (x >= 60 && x < 85) printf("合格\n");
    else if (x >= 0 && x < 60) printf("不合格\n");
}
```

7. 设计下面程序的几组白盒测试用例，分别要求用语句覆盖、判定覆盖、条件覆盖。

```
void Verdict_Prime()
{
    int x, n, i;
    scanf("%d", &x);
    n = sqrt(x);
    i = 2;
    while (i <= n)
    {
        if (x % i) break;
        i++;
    }
    if (i >= n + 1) printf("%d 是质数\n", x);
    else printf("%d 不是质数\n", x);
}
```

8. 需要对一个用户注册窗口进行黑盒测试。假如用户注册码规定为 4~8 位字符，试分别使用等价类划分、边界值分析，设计该窗体程序的黑盒测试用例。

9. 方程 $ax^2 + bx + c = 0$ 求解程序的功能特征如下：

(1) 输入参数 a、b、c；

(2) 如果该方程有实数根，输出其根值；

(3) 如果该方程无实数根，输出"无实数解"提示。

试使用等价类划分方法设计该程序黑盒测试用例。

第9章　软件维护与再工程

在研发出来的软件交用户使用以后,软件就进入运行与维护阶段。这时的软件系统已经脱离了开发环境,然而仍会涉及开发问题,如修正软件错误、扩充软件功能。实际上,软件的每一次维护都可看作对软件的进一步开发,须进行问题分析、遵循技术规范、有过程支持,并且许多软件开发方法也都可用到软件维护上来。

本章要点:

- 软件维护分类。
- 软件可维护性。
- 软件维护实施。
- 软件再工程。

9.1　软件维护分类

软件主要涉及以下 4 方面的维护,即改正性维护、完善性维护、适应性维护、预防性维护。下面是对这 4 方面的维护的说明。

1. 改正性维护

由于诸多条件限制,软件难免会遗留一些错误到运行与维护阶段,但这些隐藏下来的错误,可能在某种特定工作环境下暴露出来,由此影响软件的正常使用。

当软件出现错误时,软件研制者需要查找错误原因,并修正程序以消除这些软件错误。这就是改正性维护。

改正性维护主要发生在软件使用初期的磨合时段,但随着软件错误的逐步消除,改正性维护会随之减少。

2. 完善性维护

用户在使用软件过程中,不可避免地会提出新的软件要求,如要求改进现有功能、要求增加新的功能、要求提高执行效率、要求有更大规模的数据处理能力等。显然,如要满足用户的这些要求,则必然需要改进软件。这就是完善性维护。

完善性维护大多发生在软件运行与维护中期。通常,在进入软件正常使用期后,随着用户对软件认识的深入,会产生许多新的需求意愿,软件完善性维护也随之发生。

3. 适应性维护

软件的工作环境有可能发生改变。实际上,软件所要依赖的硬件设备、操作系统、数据环境、网络环境、业务环境都有可能发生改变。而为了使软件能在这种新的环境下继续工作,必须对软件进行改造。这就是适应性维护。

适应性维护大多发生于软件运行与维护后期,由于使用年代久远,软件已不能很好地适应新的工作环境,因此需要进行适应性维护。

4. 预防性维护

为了使软件具有更好的可维护性、可靠性,需要对研制的软件有事先的维护准备,如完善配置管理、设计可扩充的体系结构。这就是预防性维护。

预防性维护自软件开发起已发生。实际上,在软件整个生命期内,都将需要进行预防性维护。

9.2 软件可维护性

9.2.1 软件可维护性评估

软件可维护性反映了维护人员对软件系统进行修正、改进的便利性。显然,软件应该具有较高的可维护性。

软件可维护性通常受下述因素影响。

- 系统大小:软件系统越大,功能越多,构造越复杂,这个系统就越难以把握,因而系统维护难度越大。
- 系统文档:软件系统如果缺乏文档说明,或文档说明与实际程序系统不一致,这样的局面必然加大软件系统的维护难度。
- 系统年龄:一些使用多年的老系统,随着逐年的变更改造,其结构可能变得零散混乱,以致难以理清头绪。这样的系统显然难以维护。

软件研发机构在将研制的软件交用户使用之前,大多需要进行可维护性评估。

通过对软件系统的易理解性、可靠性、易修改性、易移植性的评价,可对软件系统的可维护性进行综合评估。

(1)易理解性:指理解软件系统功能、性能、体系结构、数据结构的便利程度。一般看来,如果软件系统有良好的规格定义、有较完整全面的设计说明,并且程序代码清晰、有较好的注释说明,则该系统将有较好的易理解性。

(2)可靠性:指软件系统在一定时段内正确执行的概率,可通过软件某时段内的平均失效时间间隔进行可靠性度量。一般地,软件可靠性越高,软件今后面临的维护问题也就越少,并且即使有问题发生,也通常易于修复。

(3)易修改性:指修改软件系统的便利程度,可通过系统遭遇错误时的平均修复时间进行易修改性度量。一般地,如果软件系统易于理解、软件结构清晰、程序模块独立性强、程序系统扩充性好、程序运行有日志记录,软件系统就具有了较好的易修改性。

(4)易移植性:指将软件系统转移到新的计算环境下的成功概率。通常,如果用于实现软件系统的程序语言对底层环境的依赖度不高,并有较好的分层体系结构,则软件系统可具有较高的易移植性。

9.2.2 如何提高软件的可维护性

1. 完善软件配置管理

一个可维护的软件必然要有较清晰的开发线索,要求能对其开发过程进行追踪,这依赖于良好的软件配置管理。例如,因需求遗漏而导致软件需要维护,则不仅要补充完善需求,并且必须基于新的需求,修改软件结构、程序算法,因此需要进行过程追踪。

2. 改进软件文档说明

软件可维护的前提之一是可理解,这依赖于良好的软件文档说明。一个便于理解的软件文档说明,首先是有较顺畅的文字说明,接着是有合理的便于阅读的文档结构,并需要图文并茂,有较好的直观性。软件文档还包括程序代码,其应该按照结构化要求分层次编排,并加入适当的注释说明,以方便阅读。

3. 采用先进的软件开发工具

先进的软件开发工具不仅能改善开发环境、提高开发效率,而且能提高软件今后的可维护性。例如软件结构,如果软件工具能使开发者很直观地看到软件结构,则对软件结构的调整与完善就会更加轻松。

4. 设计有利于维护的软件结构

一个有良好可维护性的软件,还必然需要有良好的便于扩充、改造的软件结构。以面向对象程序为例,要求程序高层体系是建立于抽象类、接口基础上,其原因就是抽象类、接口等能带来更好的结构扩充性。

9.3 软件维护实施

9.3.1 维护机构

软件维护是一项经常性工作。自软件交付用户使用,一直到软件生命终结,都会涉及软件维护问题。开发小组通常承担软件系统的初期维护。然而,开发小组还须承担其他新产品的研制,因此,开发小组很难做到对软件系统的长期维护。因此,当软件系统转入正常使用以后,其维护工作一般由专门的维护机构承担。

软件维护机构一般由以下人员组成。

- 维护负责人:全权负责维护任务,包括技术与管理两方面的工作。
- 系统监督员:负责对维护申请进行技术性评价,以确保维护的有效性。
- 配置管理员:进行与软件维护有关的软件配置管理。
- 维护工程师:负责分析软件问题与修正软件错误。

上述维护人员可按照以下协作关系实施软件维护。

(1) 维护机构负责人接收来自用户的维护申请报告。

(2) 维护机构负责人委托系统监督员对维护申请报告做技术性评价。对此,系统监督员需要从维护的可行性与必要性对维护申请报告做出技术性评价。

(3) 维护机构负责人将根据对维护申请报告的技术评价,决定如何进行软件维护。

(4) 维护机构负责人将维护决定通知相关技术人员,以实施软件维护。

(5) 维护机构负责人将维护决定通知配置管理员,以提供维护所需资源,并根据维护结果进行配置更新,确保软件产品的一致性。

图 9-1 所示是维护活动中相关人员之间的协作。

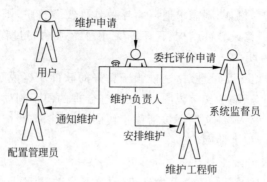

图 9-1　维护活动中相关人员之间的协作

9.3.2　维护过程

1. 维护申请报告

维护活动需要依据维护申请报告启动。维护申请一般由软件用户提出。对于改正性维护,要求尽量完整地提供错误信息,如运行环境、输入数据、错误提示等。对于完善性或适应性维护,则应详细说明维护内容及理由。

维护机构则对维护申请进行评审,并依据维护类型及问题严重性,制订软件维护计划,其主要内容是：①维护工作量；②维护类型；③维护的优先顺序；④可预见的维护结果。

2. 维护实施步骤

软件维护实施步骤如图 9-2 所示。

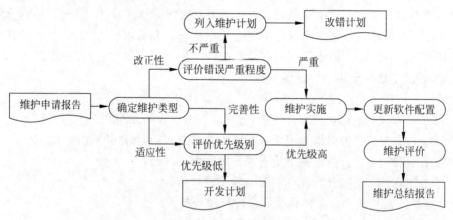

图 9-2　软件维护实施步骤

下面是对这些步骤的说明。

(1) 确定维护类型。维护类型来自用户,但用户看法有可能与维护人员的评价不一致。当出现意见不一致时,维护人员应该对维护问题做进一步的分析,并与用户做进一步的协商,并以此为依据重新确定维护类型。

(2) 对于改正性维护,需要先对错误的严重性进行评价。如果存在严重的错误,则必须立即安排维护人员进行紧急维护。而对于不太严重的错误,则可列入改错计划,并按照一定的优先顺序,做出合适的维护安排。

(3) 对于适应性维护和完善性维护,需要先确定每项申请的优先次序。如果是高优先级申请,则应尽快启动维护。否则,可将维护申请列入软件开发计划,并按照一定的优先顺序,做出合适的维护安排。

尽管维护申请的类型不同,但都要进行同样的技术性工作。主要的技术性工作有修改软件需求说明、修改软件设计、设计评审、对源程序做必要的修改、单元测试、集成测试(回归测试)、确认测试、软件配置评审等。

在软件维护任务完成之后,应该对维护情况进行评审,以提供给开发机构有价值的反馈信息。主要评审内容有:

(1) 设计、编码、测试中哪些方面还可以改进。

(2) 哪些维护资源应该有,但事实上却没有。

(3) 维护工作中主要的或次要的障碍是什么。

(4) 是否需要考虑预防性维护。

软件维护时还需要注意其副作用。在修正软件错误、完善软件功能的同时,也可能给软件带来新的问题,如使程序出现新的代码错误、使软件配置出现混乱。因此,一个经过维护的软件,还必须再经过用户验证并确认有效后,才能进行配置存档与交付用户使用。

3. 维护记录

维护活动需要记录存档。主要的维护记录有:

- 程序名称。
- 所用编程语言。
- 源程序行数。
- 程序安装日期。
- 运行次数。
- 处理故障次数。
- 程序变更后的名称。
- 经维护而增减的源程序行数。
- 维护人时数。
- 程序变更日期。
- 维护人员姓名。
- 维护申请报告编号。
- 维护类型。
- 维护开始与结束时间。

4. 维护评价

维护活动还需要进行评价。一些经常使用的维护评价参数是:

- 程序运行时的平均出错次数。
- 花费在每类维护上的总的人时数。
- 每个程序、每种语言、每种维护类型的平均维护次数。
- 维护中增加或删除每条源程序语句所花费的平均人时数。
- 维护每种语言的平均人时数。
- 维护申请报告的平均处理周期。
- 各类维护申请的百分比。

上述量化评价参数,可作为选择产品研制技术、制订产品维护计划、进行维护资源分配的依据,并可作为评定维护工作质量好坏的依据。

9.4 软件再工程

软件再工程是指对已存在的软件系统的重构与扩充。软件再工程主要用于一些老系统改造上。通常,由于业务环境的改变,这些老系统已难于负重,然而使用者又对它有很大的依赖,并不能完全将其抛弃,因此不得不通过再工程对其进行改造,以使其重焕青春。

软件再工程所涉及的活动有逆向工程、重构工程和正向工程。

9.4.1 逆向工程

逆向工程是指对已建系统的反向识别,可从编译后的程序还原出源代码、程序结构和数据结构,其工程流程如图 9-3 所示。

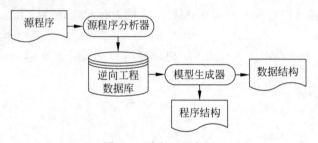

图 9-3　逆向工程流程

一些老系统由于开发时没能严格执行工程规则,以致设计文档缺失。无疑,这样的系统缺乏较好的可维护性,如果要进行再工程重建,则必须先通过逆向工程还原设计蓝图。

软件问题的求解依赖于模型抽象,逆向工程用于对程序进行抽象模型还原。通常,可通过逆向工程而获取以下抽象模型。

(1) 低层抽象模型:程序流程模型、数据结构模型。

(2) 中层抽象模型:数据流模型。

(3) 高层抽象模型:实体联系模型、类关系模型。

然而,需要注意的是,随着抽象层级的增加,逆向工程的反向导出能力会有所减弱。因此,要从源程序反向导出程序流程模型和数据结构模型或许是比较容易的事情,但要反向导出数据流模型和类关系模型就比较困难。

许多软件工具具有逆向工程能力,例如 Rose、Visio,它们可进行 UML 模型逆向工程构建。

9.4.2 重构工程

重构工程一般是指在系统原有需求范围内,并在系统原有技术实现手段前提下对软件系统的内部改进。

通常,重构只涉及对系统的局部改造,而不会影响系统的整体架构,其目的是使系统内部更加趋于合理。实际上,系统可能会因设计原因导致内部程序流程和数据结构的不合理,而这些不合理因素会影响系统的扩充改造,使其功能很难向外延伸。显然,这样的系统必然需要进行重构,否则今后将无法进行再工程功能扩充。

由于软件系统总是需要考虑程序控制与数据结构两方面的问题,因此,对系统的重构也就自然会涉及代码和数据两方面的重构。

- 代码重构:其目标是产生原有程序相同功能,但却比原有程序有更高质量的程序代码,如更合逻辑的算法流程、更高的执行效率、更清晰的程序注释说明。
- 数据重构:其目标是产生更加清晰的并且更符合逻辑的数据结构,如数据表的标准化定义、数据命名规则的标准化约定。

9.4.3 正向工程

软件再工程中如果要使原有系统增加新的功能,或使原有系统延伸到新的业务,则需要进行正向工程。

软件再工程中的正向工程的特殊之处是,它不是研发一个全新的软件系统,而是基于软件工程原则、过程、方法,重新构建某个现已存在的系统,由此使系统具有新的功能,以满足用户新的需求应用。因此,软件再工程的成败已不仅依赖于正向工程的顺利推进,还依赖于逆向工程对原系统分析模型、设计模型的有效还原,依赖于重构工程对原系统不合理因素的合理修正。

小　　结

1. 软件维护分类

软件维护分为改正性维护、完善性维护、适应性维护、预防性维护。

2. 软件可维护性

软件可维护性是指维护人员对软件系统进行修正、改进的难易。影响软件可维护性的因素有系统大小、系统文档、系统年龄。可通过软件的易理解性、可靠性、易修改性、易移植性的评价,对软件系统进行可维护性综合评估。

3. 软件维护实施

开发组可承担软件初期维护,但当软件转入正常使用以后,其维护工作则一般由专门的维护机构承担。软件维护机构人员组成有维护负责人、系统监督员、配置管理员、维护工程师。其中,维护负责人全权负责维护任务,包括技术与管理两方面的工作。

维护将由申请报告启动,其一般由软件用户提出。维护机构则对维护申请进行评审。维护活动需要记录存档,需要进行评价。

4. 软件再工程

软件再工程是指对已存在软件系统的重构与扩充。

再工程主要用于一些老系统改造,所涉及活动有逆向工程、重构工程、正向工程。

习　　题

1. 某软件公司开发了一个计算机上机管理系统,学生可以使用上机卡刷卡上机,但用户使用中发现其安全性不高,有学生可以不经刷卡而进入系统,由此达到无卡上机的目的。

因此,用户要求软件公司对该系统进行维护。你认为这是一种什么类型的维护？应该按照什么流程进行维护？

2. 某软件公司开发了一个工资报表生成系统。交付使用后发现,随着工资数据的不断积累,报表生成速度越来越慢。因此,该用户要求软件公司对系统进行维护。你认为这是一种什么类型的维护？应该按照什么流程进行维护？

3. 什么是软件的可维护性？如何提高软件的可维护性？

4. 试对软件维护实施过程进行说明。

5. 什么是软件再工程？什么样的软件系统需要进行再工程？

第3部分
工程方法

本部分要点:

- 结构化程序工程。
- 面向对象程序工程。
- 数据库工程。
- 用户界面设计。
- 非主流工程方法。

软件工程任务的完成依赖于软件工程方法的支持。为使工程模式软件开发真正产生实效,软件工程的研究者与实践者一直在研究探索软件工程方法。

结构化工程方法是20世纪70年代的主流工程方法,以功能为目标,对软件问题进行功能抽象,基于功能进行软件问题分解,并基于功能编程构造程序,由此使复杂软件问题简化,使难以把控的软件问题变得容易把控。

20世纪80—90年代之后面向对象工程方法才逐步成为主流的工程方法,基于现实进行实体抽象,并以对现实仿真进行程序构建。类、接口等是程序结构的元素,用于现实实体抽象与程序结构定义。对象实例则是程序运行的要素,用于对现实进行模拟仿真,实现程序动态交互。

数据库工程方法则是构建数据库必须要有的方法。软件系统会涉及数据,并且大多依靠数据库提供后台数据支持。由于数据库的特殊性,在软件系统研发中,通常会作为一个独立的工程问题对待,并有专门的基于数据库的分析、设计与构建。

本部分还介绍了一些非主流工程方法,如敏捷工程方法、净室工程方法、Jackson程序设计方法、Z语言等,它们虽然没有像结构化方法、面向对象方法那样广泛应用,但它们有特定的工程价值。

本部分内容如下。

第10章,结构化程序工程:主要介绍结构化工程方法、结构化分析建模、数据字典、结构化设计建模、基于数据流设计程序结构和程序结构设计优化。

第11章,面向对象程序工程:主要介绍面向对象程序特征、统一建模语言、统一开发过程、程序系统业务分析、程序系统逻辑结构设计、程序系统对象交互与流程控制设计、程序系统物理装配与部署。

第12章,数据库工程:主要介绍数据库体系结构、数据库分析与建模、数据库结构设计、数据库程序控制与事务机制。

第 13 章，用户界面设计：说明用户界面设计特点及其工程规范。

第 14 章，非主流工程方法：介绍敏捷工程方法、净室工程方法、Jackson 程序设计方法、Z 语言等几种特殊的工程方法。

第 15 章，面向对象程序工程案例：基于工程介绍"象棋对弈程序系统"程序构建，涉及分析、设计到程序构建整个工程过程。

第 10 章   结构化程序工程

结构化程序建立于程序模块概念基础上，要求程序系统由许多具有一定独立性的程序模块集成。结构化程序构建需要有相适应的工程方法支持，这就涉及结构化分析（Structured Analysis，SA）、结构化设计（Structured Design，SD）、结构化实现（Structured Programming，SP）。结构化方法以功能为程序问题核心，认为程序由许多功能要素组成，需要基于功能定义模块，并要求基于功能编程构建模块，由此逐步实现整个程序系统。

本章要点：
- 结构化工程方法。
- 结构化分析建模。
- 结构化设计建模。
- 基于数据流设计程序结构。
- 程序结构设计优化。

10.1   结构化工程方法

形成于 20 世纪 70 年代的结构化程序工程方法，体现出了趋于完美的工程理念追求，它对程序问题的设定是基于完美主义原则提出的，许多程序问题是固化的，是不可随意改变的。结构化工程以程序功能为问题的核心，并贯穿程序系统的分析、设计到实现的整个研发周期。结构化分析时需要对程序问题进行功能抽象，结构化设计时需要依据功能要素定义模块，结构化实现时需要编程实现功能。结构化工程方法还涉及基于主程序员的项目团队组织形态，其要求主程序员负责下的工作是无差错的，工程进程则是基于瀑布模式进行的，而且其任务进程是不能逆转的。

结构化方法基于功能的程序系统构建，体现在结构化分析上就是明确程序系统的功能需求，并以此为依据建立有关程序问题的功能分析模型。实际上，程序系统前期分析中就已经涉及功能问题，如业务域、业务流等，就已经涉及业务级的功能块、功能步骤，但前期业务分析是面向用户的，通常只涉及需求规约，以使开发者与用户之间就程序问题达成需求共识，一般只需要进行表层的用户需求说明。因此，后期需求分析中，还需要对程序系统做更进一步的功能分析，由此获取有关程序系统的更加详细的功能规格，用以支持程序系统基于功能需求的技术实现。

结构化设计是在结构化分析基础上，基于功能定义模块与搭建程序结构，其需要将程序问题分析中确定的功能要素转换为有关功能的程序模块，并依据功能模块之间的调用关系确定程序结构，实现程序系统研发由分析到设计的有效过渡。结构化设计中的程序结构则需要通过设计模型表达。

结构化实现则是程序模块内部的算法设计,须遵循一定的结构化规则要求,如单入口单出口,以使模块内部有更趋稳定的算法结构。结构化实现还须考虑选择适宜的程序语言进行结构化编程,20 世纪 70 年代诞生的 C、Pascal 语言是适宜的结构化编程语言,提供了函数、过程、程序块这样的有清晰边界的模块构件,可很好地适应基于功能的程序模块编程构建。

结构化程序工程可基于模型进行功能推演。结构化分析与结构化设计中都需要建立模型。分析建模用于定义软件产品技术规格,设计建模则用于确定软件产品程序结构。

可从以下方面看到结构化程序工程中建模的价值。

(1) 可使程序问题分解,以达到对纷繁复杂问题的有效简化。

人类以往的认识经验表明,要解决问题首先需要理解问题,并且对问题理解得越透彻,这个问题就越容易解决。毫无疑问,模型可对问题简化,并对问题有非常直观的表述,能够使问题变得更加容易理解。实际上,软件模型已成为软件开发者思考软件问题的工具。利用这种工具,软件开发者可以更加方便地揭示复杂软件问题的内在本质。

(2) 可减少软件问题歧义。

针对软件问题的文字说明,由于所在行业或个人职业文化背景的不同,难免会有不同的理解,因此容易产生歧义。软件模型一般基于图形符号构建,比起文字语言,图形符号更加形象,并且更少受到行业或文化背景影响,这使得基于图形符号建立的模型在理解上更具有一致性,可使对软件问题的讨论变得更有成效。

(3) 可方便软件分析到软件设计的过渡。

软件分析与设计中都要建立模型,而且分析中的模型大多可推演映射为设计中的模型,如可通过功能分析中建立的数据流模型,推演映射出设计中的程序结构模型;可通过数据库分析中建立的实体关系模型,推演映射出数据库设计的数据表关联模型。因此,可通过软件模型比较顺畅地实现软件研发中由分析到设计的过渡。

10.2 结构化分析建模

结构化分析需要建立有关软件的功能分析模型。有多种建模手段可用来描述系统功能,如功能树、数据流图、状态图等,它们可分别从不同视角说明系统功能特点,表达系统功能需求。

10.2.1 功能层级图

功能层级图可用于表达程序系统功能层级结构,由此可使一个大而模糊的程序功能体被分解成许多小而明细的程序功能项。

通常情况下,程序系统可按照其功能成分被逐级地分解为许多程序功能子项。功能层级图可用来组织这些程序功能子项。需要注意的是,程序功能层级图中的每一个程序功能子项,都应该有专属于自己的较清晰的程序功能界。因此,如果某两个程序功能子项有共同的功能成分,则意味着应将这些共同的功能成分分离出来,单独表示为一个特定的程序功能子项。

如图 10-1 所示的"产品计划与生产管理系统"功能层级图,即依据上述规则组织功能,分层表现功能,其中的各功能项都有清晰的不重叠的功能边界。

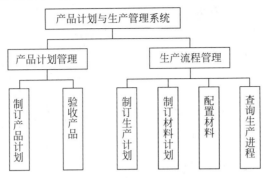

图 10-1 "产品计划与生产管理系统"功能层级图

10.2.2 数据流图

所谓程序功能,即程序对数据的加工。功能建模就是说明程序对数据的加工,为了详细说明功能,还需要分解、细化数据加工,搞清楚数据加工内部细节。

数据流图(Data Flow Diagram,DFD)是最常用的结构化功能建模工具,可以逐层地解剖数据加工过程,以反映系统数据加工细节。

数据流图有比较简洁的逻辑符号体系,可对系统提供非常直观的功能图解。可通过Microsoft Visio 建立数据流图。

一些主要的数据流图符号如表 10-1 所示。

表 10-1 主要的数据流图符号

图 形 符 号	说 明
▢	数据接口,系统的外部源头或终点,用来表示系统与外部环境的关系。可以将接口理解为系统的服务对象,如系统的操作人员,使用系统的机构或部门,系统之外的其他系统或设备,等等
⬭	数据处理,表示将数据由一种形式转换为另一种形式的某种数据加工活动。数据处理框上必须有数据的流入与流出,流入处理框的数据经过处理被变换为流出的数据。对数据的处理可以是程序处理、人工处理、设备处理等
▭	数据存储,数据的静态形式,用来表示任何对数据的存储。例如,用于数据临时存储的内存变量,存储在磁盘或磁带上的数据文件、数据表、记录集,纸质数据文件,等等。数据存储可以是数据存储介质上某存储单元的全部数据内容,也可以是介质上某存储单元的部分存储片段
→	数据流,数据的动态形式,表示数据的流向。数据流必须与一个数据处理相连接,以表示数据处理在接收或发送数据的过程中,给数据带来变换。可以通过数据流将某个数据处理连接到其他数据进行处理,或连接到数据存储、数据接口

数据流图要求建立于用户需求规约基础上,以对程序系统功能进行模型抽象。显然,来自需求规约的功能、数据描述用于反映系统业务的功能树图、业务流程图等,都可作为数据流图的创建依据。

例如,图 10-2 所示的"自动阅卷系统"数据流图,即来自图 4-8 所示业务流程图的逻辑符号转换。

数据流图中的模型元素需要命名,图 10-2 中许多模型元素已命名。

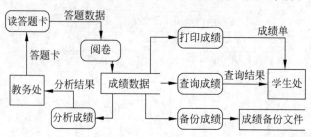

图 10-2 "自动阅卷系统"数据流图

数据流图模型元素一般命名规则如下。

(1) 数据接口:使用名词或名词短语命名。例如:"教务处""学生处"。

(2) 数据存储:使用名词或名词短语命名。例如:"成绩数据表""成绩备份文件"。

(3) 数据流:使用名词或名词短语命名。例如:"答题卡""答题数据""查询结果""分析结果"。但从数据存储中流出流入的数据流,在不发生名称混淆或内容误解的前提下可省略名称,如从"成绩数据表"中流出流入的数据流。

(4) 数据处理:使用"动词+名词"的结构命名。例如:"读答题卡""阅卷""打印成绩""查询成绩"。

所谓数据流细化,就是对程序系统的功能做逻辑分解。这样的逻辑分解是从上至下逐层实现的,一个高层数据加工可被分解为多个低层数据加工,如图 10-3 所示。

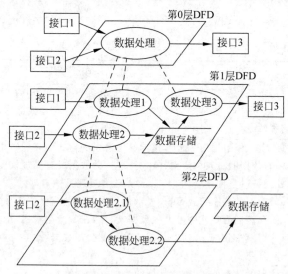

图 10-3 数据流逐层细化

最高层的数据流图称为顶层数据流图,或第 0 层数据流图,往下细化则分别有第 1 层数据流图、第 2 层数据流图。顶层数据流图被看作语境图,用于反映整个系统与外部环境之间的数据交互,并不涉及系统内部数据加工细节。然而,通过数据流细化逐层建立的第 1 层、第 2 层以及更下层数据流图,则可不断深入到系统内部的数据加工细节。

数据流细化的一般步骤是:

（1）将上层数据流图中的数据处理按功能分解为下层数据流图中的多个数据处理。

（2）将上层数据流图中与需要分解的数据处理相关联的数据流，以及通过这些数据流所连接的其他图形元素，引入下层数据流图中，并将引入的数据流作为外部流连接到下层数据流图中所对应的数据处理上。

（3）在下层数据流图中显性表示内部数据流，以反映下层数据流图中许多分解后的数据处理之间的数据转换。

（4）若细化后下层数据流需要转存，或需要对数据做异步处理，则在下层数据流图中设置数据存储，以提供数据转存或数据异步处理说明。

10.2.3 基于数据流的程序功能建模

数据流的细化过程就是程序功能分解的过程，通过数据流细化，可使一个模糊的程序功能体被合理分解为多个明晰的功能元素，由此搞清楚程序系统内部的数据加工细节。然而，数据流细化却并不是分解功能的唯一途径。实际上，除了数据流图，还可采用许多其他方法进行功能分解，例如前面的功能层级图，就常常用于项目初期程序问题的功能分解。但功能层级图是立足于应用进行功能分解的，它是面向用户的，因此缺失逻辑严密性。因此，对于程序问题，可先通过功能层级图进行前期功能初步分解，然后通过数据流图进行后期分析，判断其逻辑合理性，更精确把握系统内部功能细节。以 10.2.2 节中的"产品计划与生产管理系统"为例，图 10-1 已经建立了它的功能层级模型，可作为功能分解的初步结论，然后通过数据流图对这种功能分解的合理性做出验证。

下面的数据流图以图 10-1 为依据，考虑数据处理的合理性逐层构建。

首先需要建立的是"产品计划与生产管理系统"顶层数据流图，与图 10-1 中的顶层功能框"产品计划与生产管理系统"对应，用于反映系统与环境的数据交互，需要考虑有哪些外部应用接口。假如系统是归"市场部""生产部""材料部"所用，则它们就是外部应用接口。接下来还需要考虑这些外部接口与系统有哪些数据交互，其是否建立于对外部应用接口业务行为的确认上。例如市场部，它负责制订产品计划，需要获知产品生产进度，需要验收产品。因此，也就有与系统相关的数据交互。在搞清楚上述问题之后，即可建立起它的顶层数据流图，如图 10-4 所示。

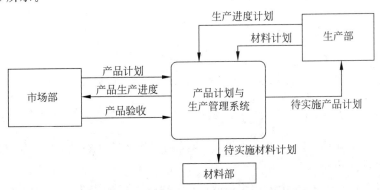

图 10-4 "产品计划与生产管理系统"顶层数据流图

接着继续建立其第 1 层数据流图。依据图 10-1 中的功能划分，第 1 层数据流图涉及"产品计划管理""生产流程管理"两个功能项。此外，考虑从计划管理到生产管理的过渡，还有必要设置"产品计划表",以提供计划存储。基于这些分析,可建立该系统第1层数据流图,如图 10-5 所示。

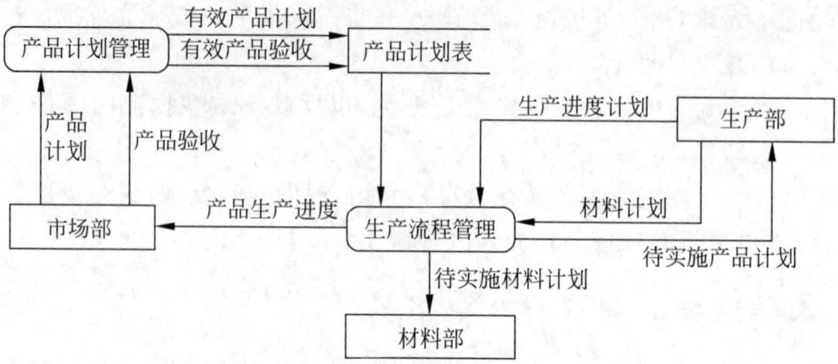

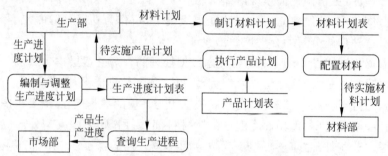

图 10-5　"产品计划与生产管理系统"第1层数据流图

再接下来建立第2层数据流。图 10-1 中"生产流程管理"可进一步分解为"制订生产计划""制订材料计划""配置材料""查询生产进程"等功能项,以此为依据,可对"生产流程管理"进行第2层数据流细化,所建模型如图 10-6 所示。"产品计划管理"可进一步分解为"制订产品计划"和"验收产品计划",以此为业务依据,可对"产品计划管理"进行第2层数据流细化,所建模型如图 10-7 所示。

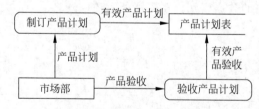

图 10-6　与"生产流程管理"对应的第2层数据流图

图 10-7　与"产品计划管理"对应的第2层数据流图

10.2.4　状态转换图与行为建模

系统行为是系统功能的外部表现,行为建模用于说明系统行为,如系统与环境的交互、系统对外部事件的响应。

状态转换图(State Transition Diagram,STD)是一种常用的软件行为建模工具,使用状态、事件等图形符号描述系统行为,状态用于表示系统的某个行为模式,事件用于表示系统由一种状态到另一种状态的转换。表 10-2 所列为状态转换图中一些常用的图形符号。

表 10-2　状态转换图常用符号

符　号	说　明
●	初始状态,表示系统工作时的起点
◉	最终状态,表示系统工作时的终点
状态名称 活动1 活动2	状态,表示系统工作时的某个中途行为模式。状态符号需要标记状态名称,并可列出状态中的诸多活动
复合状态名称 活动1 活动2	复合状态,表示系统工作时的某个中途有待进一步分解的行为模式。复合状态符号需要标记状态名称,并可列出状态中的许多活动
事件[临界条件]/动作1,动作2 ⟶	事件,表示从一个状态到另一个状态的转换。事件符号中可标记事件名称、事件触发条件、事件发生时的动作等
◇	判断,表示因临界条件而带来的特定方向的状态转换

　　一些实时控制系统,如安全监控系统、生产线自动控制系统,既涉及与环境的交互,又涉及与时间有关的控制,因此需要行为模型进行功能说明。

　　图 10-8 所示为"住宅智能防盗系统"状态转换图,直观描述了"住宅智能防盗系统"对外部入侵事件的 4 级报警行为响应。

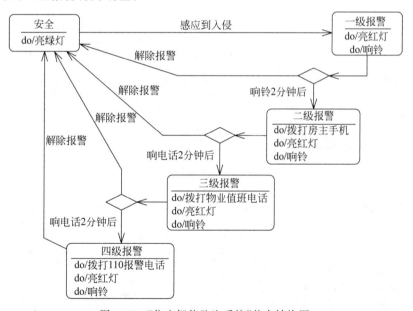

图 10-8　"住宅智能防盗系统"状态转换图

　　来自用户的需求规约或许涉及行为,并影响系统的行为约定,这些约定也可通过行为模型表达。

　　下面是一个全自动洗衣机的流程操控行为描述。

　　(1)在洗衣机接通电源以后,洗衣机将进入"待命"状态。

　　(2)在洗衣机"待命"状态,使用者可以通过设置按键使洗衣机进入"设置"状态,通过工作按键使洗衣机进入"工作"状态。

（3）在洗衣机"设置"状态，使用者可设置洗衣水位，设置洗衣机工作流程，在完成设置之后，使用者可通过确认按键使洗衣机返回"待命"状态。

（4）在洗衣机"工作"状态，洗衣机将按照设定的工作流程运行。洗衣机有3种工作流程可选择。流程1＝洗涤＋漂洗＋脱水。工作过程是：累计洗涤10分钟后进入漂洗状态；累计漂洗6分钟后进入脱水状态；累计脱水1分钟后进入结束鸣音状态。流程2＝漂洗＋脱水。工作过程是：累计漂洗6分钟后进入脱水状态；累计脱水1分钟后进入结束鸣音状态。流程3＝脱水。工作过程是：累计脱水1分钟后进入结束鸣音状态。

（5）洗衣机"工作"状态中，使用者可通过按"暂停"键使洗衣机进入"暂停等待"状态。以后可通过按"恢复"键使洗衣机由"暂停等待"返回"工作"状态。

（6）若洗衣机在"工作"状态时遇到故障，则将进入"故障等待"状态，并鸣音报警。在故障排除后，洗衣机将由"故障等待"返回"工作"状态。

（7）在洗衣工作过程全部完成以后，洗衣机进入"结束等待"状态。

根据上述行为描述，可以建立该全自动洗衣机行为模型如图10-9所示。

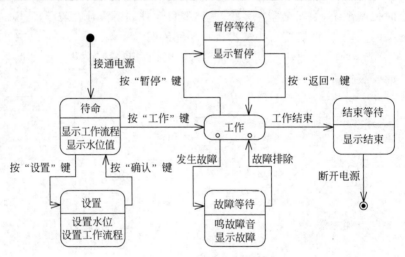

图10-9　全自动洗衣机行为模型

图10-9中的"工作"是一个复合状态，其还可继续分解为多个子状态。根据前面该洗衣机"工作"状态的说明，可建立"工作"状态中的子行为模型，如图10-10所示。

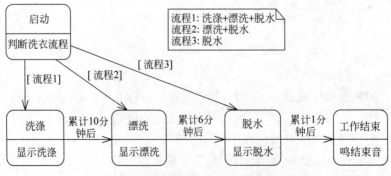

图10-10　洗衣机"工作"状态中的子行为模型

表 10-3 是对"全自动洗衣机流程控制程序"的行为规则定义。

表 10-3 "全自动洗衣机流程控制程序"的行为规则定义

状态项	状态特征描述	进入状态时 需触发事件	离开状态时 可触发事件
待命	洗衣机通电后将出现的初始状态,显示已设置的洗衣流程与水位	接通电源	① 按"设置"键 ② 按"工作"键
设置	等待设置洗衣流程与洗衣水位	按"设置"键	按"确认"键
工作	洗衣机按设置流程洗衣	按"工作"键	① 按"暂停"键 ② 发生故障 ③ 结束工作
暂停等待	因使用者按"暂停"键,洗衣机工作暂停,显示"暂停等待"	按"暂停"键	按"返回"键
故障等待	因洗衣故障,洗衣机工作暂停,鸣音、显示"故障等待"	发生故障	故障排除
结束等待	洗衣机已结束洗衣工作,鸣音、显示"结束等待"	结束工作	断开电源

10.3 数据字典

软件分析中还需要建立数据字典,以使得分析中涉及的许多要素能有严密的、精确的、详尽的说明,使软件设计与软件实现能有更具完整性的产品规格支持。

早期软件研发中的数据字典一般是手工方式创建与维护的,这无疑是一件非常繁杂的工作,需要非同一般的细心与耐心才能完成这项任务。但在今天,软件工具已被用于数据字典创建,这使得数据字典可自动生成与维护。

严格地说,分析模型中数据、功能、行为等许多方面的元素都应该通过字典给出细节说明,以达到对系统完整、全面的规格定义。

数据流图中需要说明的元素有数据项、数据流、数据存储、数据处理。

1. 数据构造

数据字典大多需要说明数据构造。对此,可以使用以下符号说明数据构造。

= 定义,表示数据由……构造。

+ 和,连接数据分量。

[…|…] 或,表示可从若干数据分量中选择其中一个,各数据分量用"|"号隔开。

$m\{…\}n$ 重复,表示花括号内数据的重复,最少重复 m 次,最多重复 n 次。

(…) 可选,表示非必要数据。

2. 数据项

数据项是构造数据的基本要素。数据流、数据存储等都是由数据项组成,需要说明的内容有名称、规格、结构等。例如,表 10-4 中的数据项规格定义。

表 10-4 数据项规格定义

名 称	规 格 描 述	结 构
客户代码	客户内部标识,字符串编码,不能为空值	2{英文字符}2+4{数字字符}4

名 称	规 格 描 述	结 构
客户名称	客户外部标识,字符串编码,可以是中文,不能为空值	1{字符}10
客户级别	客户享受优惠的级别标识	［金卡｜注册｜非注册］
合同号	合同标识,字符串编码,不能为空值	2{英文字符}2+4{数字字符}4
订单序号	订单标识,字符串编码,要求自动生成	合同号+数字序号
产品代码	产品内部标识,字符串编码,不能为空值	2{英文字符}2+4{数字字符}4
产品名称	产品外部标识,字符串编码,可以是中文,不能为空值	1{字符}10

3. 数据流

数据流是系统工作时的动态数据,需要说明的内容有名称、别名、说明、来源、去向、构成、平均流量、高峰期流量等。例如,表 10-5 中来自"产品制造业生产管理系统"数据流图中的数据流规格定义。

表 10-5 数据流规格定义

数据流名称	说 明	来 源	去 向	构 成
产品计划	由市场部依据产品市场需求制订	市场部	制订产品计划	产品计划号+{合同号}+产品代码+产品量+提交日期
产品验收	由市场部对已完成产品计划的验收输入	市场部	验收产品计划	验收标志+验收日期
待实施产品计划	有待进入生产流程的产品计划	执行产品计划	生产部	产品计划号+产品代码+产品量
生产进度计划	由生产部依据已进入生产流程的产品计划制订	生产部	编制与调整生产进度计划	生产计划号+{产品计划号+完成标志}
材料计划	由生产部依据已进入生产流程的产品计划制订	生产部	制订材料计划	材料计划号+{生产计划号+材料编号+材料量}
待实施材料计划	已传发给材料部的材料计划	配置材料	材料部	材料计划号+{材料编号+材料量+提交日期}
产品生产进度	获取产品计划执行进度	查询产品生产进度	市场部	已完成的产品计划

4. 数据存储

数据存储需要说明的内容有数据存储名称、说明、组成、提供、获取、组成、最大存储量等。例如,表 10-6 中来自"产品制造业生产管理系统"数据流图中的数据存储定义。

表 10-6 数据存储规格定义

数据存储	说 明	提 供	获 取	组 成
产品计划表	对来自市场部的产品计划提供存储支持	产品计划管理	执行产品计划	产品计划号+{合同号}+产品代码+产品量+提交日期+验收标志+验收日期
生产进度计划表	对来自生产部的生产进度计划提供存储支持	编制与调整生产进度计划	查询产品生产进度	生产计划号+{产品计划号+完成标志}
材料计划表	对来自生产部的材料需求计划提供存储支持	制订材料计划	配置材料	材料计划号+{生产计划号+材料编号+材料量+提交日期}

5. 数据处理

数据流中的数据处理也需要通过字典进行规格定义,并需要逐层说明,内容有数据处理名、作用、输入、输出等。例如,表 10-7 中来自"产品制造业生产管理系统"数据流图中的数据处理规格定义。

表 10-7 数据处理规格定义

数据处理名	数据处理子项	作　用	输　入	输　出
产品计划管理	制订产品计划	按合同制订产品需求计划	产品计划	有效产品计划
	验收产品	按产品计划进行产品验收	产品验收	有效产品验收
生产控制管理	制订生产进度计划	按产品计划制订产品生产计划	生产进度计划	有效生产进度计划
	制订材料计划	按产品生产计划制订产品材料需求计划	材料计划	有效材料计划
	配置材料	按材料需求计划进行材料配置	材料计划表中数据	待实施材料计划
	查询产品生产进度	从生产进度中获取产品计划完成信息	产品计划表中数据	已完成产品计划

10.4　结构化设计建模

结构化方法以功能为核心,体现在软件设计中则是定义功能模块,确定模块之间的调用关系,完善程序系统基于模块关系的程序框架。设计建模用于说明程序框架,类似分析建模,设计中也一般使用图形符号建立模型,如程序结构图、HIPO 图。

10.4.1　程序结构图

程序结构图是一种能很好地适应结构化程序自顶向下逐级控制的图形建模工具,由 Yourdon 于 20 世纪 70 年代初期提出。

程序结构图中的基本图形符号如表 10-8 所示,表中的矩形框表示模块,框内需要标记模块的名称或主要功能。模块之间可使用带箭头的直线连接,以表示一个程序模块对另一个程序模块的调用。程序模块之间还涉及数据或控制信号的传输,可在调用线的旁边添加箭头,标记说明数据或控制信号传输。数据流用空心尾部表示,控制流用实心尾部表示。程序结构还可能涉及公共数据,可以使用两条水平线标记程序中的公共数据存储。

表 10-8 程序结构图中的基本图形符号

图　形　符　号	说　明
模块名	模块
↓	调用,从上级模块指向下级模块
○↓	传递或返回数据流
●↓	传递或返回控制流
数据存储名	数据存储

图 10-11 所示是某阅卷程序系统的程序结构图,图中总控为顶层模块,用于启动程序,并实现对程序的顶级控制。考卷输入控制、评卷控制、成绩输出控制模块为总控模块的下级模块,由总控模块调用,用于实现对程序的二级控制。

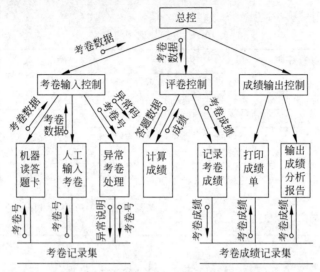

图 10-11 某阅卷程序系统的程序结构图

程序结构图画法灵活,适合设计者构思程序结构。但程序结构图中的模块一般只写出名称,因此模块的功能特征还需要有其他说明补充,通常是在程序结构图之后,通过模块定义对每个模块功能做更详细的说明。

10.4.2 HIPO 图

程序结构图的不足是清晰度较低,尤其是当程序中有太多的数据流或控制流传送时,结构图会因通信关系的复杂而显得比较杂乱无序。

HIPO 图则可带来较高的建模清晰度,它是"H 图"与"IPO 图"的组合,其中的 H (Hierarchy,分层结构)图用来表示程序基于模块的逐级调用关系,IPO 图则专门用来定义模块、描述模块的输入(Input)、处理(Process)、输出(Output)。

图 10-12 所示为阅卷程序系统的 H 图,它只说明程序基于模块的逐级调用,而不说明调用时数据流、控制流等接口数据。显然,这种不带接口说明的单纯程序框架表现比图 10-11 中的程序结构图有更高的建模清晰度。

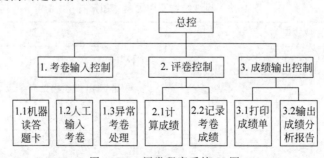

图 10-12 阅卷程序系统 H 图

图 10-13 则为"计算成绩"模块的 IPO 图,其对计算成绩处理有更具细节的定义,包含模块名称、模块编号、输入数据、返回数据、处理步骤等,其中的处理步骤说明显然有利于由程序结构设计到程序算法设计的过渡。

系统名称: 阅卷程序系统	模块名称: 计算成绩	模块编号: 2.1
输入数据: 考卷数据		
返回数据: 成绩		
处理步骤: 1. 按考题类型搜索得分点,并累计各类型考题得分数 2. 汇总各类型考题得分数,累计A类题得分数		

图 10-13 "计算成绩"模块的 IPO 图

H 图中的每一个模块都有必要通过 IPO 图进行细节定义,并可记录 H 图到 IPO 图的目录索引,以方便从 H 图到 IPO 图的检索。

HIPO 图有比程序结构图更高的建模清晰度,但 HIPO 图灵活性不好,通常更适合用于正式文档。

10.4.3 框架伪码

程序结构还可表示为框架伪码,以方便由结构设计到算法设计的过渡。下面的框架伪码即来自图 10-11 自动阅卷程序系统结构图。

```
/*公共数据环境*/
考卷记录集,考卷成绩记录集;
/*函数说明*/
总控();
考卷输入控制(OUT:考卷数据);
评卷控制(IN:考卷数据);
成绩输出控制();
机器读答题卡(OUT:考卷数据);          /*需从"考卷记录集"读入"考卷号"*/
人工输入考卷(OUT:考卷数据);          /*需从"考卷记录集"读入"考卷号"*/
异常考卷处理(IN:考卷号,异常码);       /*需往"考卷记录集"写出"考卷号、异常说明"*/
计算成绩(IN:答题数据,OUT:成绩);
记录考卷成绩(IN:考卷成绩);           /*需往"考卷成绩记录集"写出"考卷成绩"*/
打印成绩单();                      /*需从"考卷成绩记录集"读入"考卷成绩"*/
输出成绩分析报告();                 /*需从"考卷成绩记录集"读入"考卷成绩"*/

/*函数体*/
总控()
{
  考卷输入控制(OUT:考卷数据);
  评卷控制(IN:考卷数据);
  成绩输出控制();

}

考卷输入控制(OUT:考卷数据)
{
  机器读答题卡(OUT:考卷数据);
```

```
      人工输入考卷(OUT:考卷数据);
      异常考卷处理(IN:考卷号,异常码);
  }

  评卷控制(IN:考卷数据)
  {
      计算成绩(IN:考卷答题,OUT:成绩);
      记录考卷成绩(IN:考卷成绩);
  }

  成绩输出控制()
  {
      打印成绩单();
      输出成绩分析报告();
  }
```

10.5　基于数据流设计程序结构

数据流是功能模型,其基于功能点说明了程序系统对数据的加工步骤。可通过这些功能点提取程序模块,并依据数据流中基于功能点的数据加工步骤,推演出模块之间的功能协作形成的调用关系,由此映射出程序结构,以实现基于功能的结构化分析到结构化设计的过渡。数据流又分为变换流与事务流,它们可分别按不同的规则进行程序结构映射。

10.5.1　变换流映射

1. 变换流特点

变换流所体现的是从数据输入到数据变换,再到数据输出的一般步骤。图 10-14 所示为变换流的这 3 个过程。

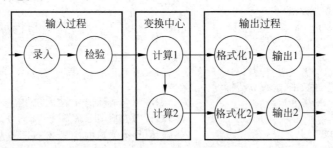

图 10-14　变换流的 3 个过程

（1）输入过程:变换流首先要经过输入过程。在此过程中,数据将由外部形态转换为适合于程序处理的内部形态。

（2）变换中心:来自输入过程的数据,将继续流入变换中心。在此过程中,数据将获得基于功能目标的加工处理,由此而产生出新的数据结果。

（3）输出过程:由变换中心产生的计算结果,将流向输出过程,并通过输出过程的处理,将计算结果的内部形态转换为适合于导出的外部形态。

2. 高层框架映射

由于变换流过程被分成输入、变换和输出 3 部分,因此,对变换流程序结构的映射,就是

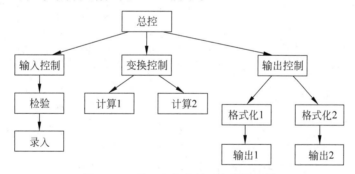

在总控模块之下对输入、变换和输出 3 部分的数据流的控制。图 10-15 所示为基于变换流的程序高层框架映射。

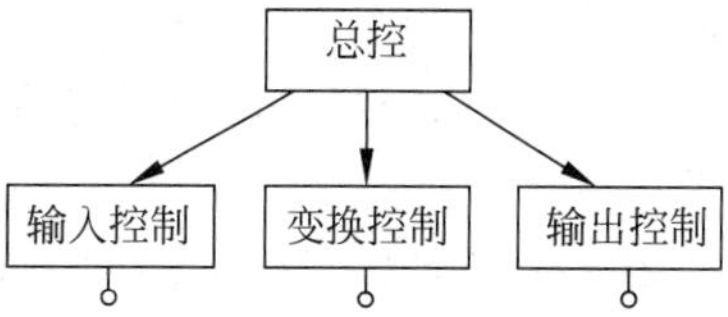

图 10-15　基于变换流的程序高层框架映射

3. 下层模块挂接

在程序高层框架被确定下来以后，接着需要考虑的是涉及具体操作的下级模块。对此，可按输入、变换和输出 3 部分分别进行挂接。

1）输入部分

输入部分可按照接近变换中心到远离变换中心的路线搜索，所遇到的每个数据处理可映射为一个程序模块，并在"输入控制"下逐个按顺序挂接。按照这种方法，图 10-14 中的输入部分依次是"检验"和"录入"两个模块。

2）变换部分

变换部分的每一个数据处理映射为一个程序模块，直接挂接到"变换控制"模块下。按照这种方法，则图 10-14 中的变换部分可映射为"计算 1"和"计算 2"两个模块，直接受"变换控制"模块调用。

3）输出部分

输出部分可按照接近变换中心到远离变换中心的路线搜索，所遇到的每个数据处理可映射为一个程序模块，并在"输出控制"下逐个按顺序挂接。按照这种方法，则图 10-14 中的输出部分有两条输出路线，分别挂接"格式化 1""输出 1"与"格式化 2""输出 2"。

基于变换流的程序结构映射如图 10-16 所示。

图 10-16　基于变换流的程序结构映射

10.5.2　事务流映射

1. 事务流特点

事务流的特点是：一个输入数据流可以带来多个输出数据流，并且有一个很明显的由输入到输出的数据流转换中心。

图 10-17 所示即为事务流，其中的数据流转换中心被称为事务中心。

值得注意的是，输入事务流中通常含有控制标记，事务中心则可根据输入事务流中不同的控制标记进行事务调度，并进入不同的事务流程。

2. 程序结构映射

依据事务流特点，可以将事务流划分为事务输入与事务处理两部分。显然，程序框架必须能对这两部分实施有效控制。

通常,在总控模块之下可建立接收事务与调度事务两个模块,它们分别用来控制事务输入与控制事务处理。

事务流下级执行模块的挂接,与变换流输入输出中的下级模块挂接类似。

(1)接收事务部分可按照接近事务中心到远离变换中心的路线搜索,所遇到的每个数据处理可映射为一个程序模块,并在"接收事务"之下逐个地按顺序挂接。

(2)调度事务部分也按照接近事务中心到远离变换中心的路线搜索,所遇到的每个数据处理可映射为一个程序模块,并在"调度事务"之下逐个地按顺序挂接。

根据以上映射说明,可产生程序结构如图 10-18 所示。

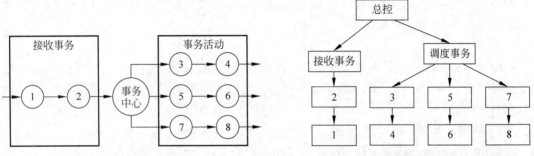

图 10-17　事务流　　　　　　　　　　图 10-18　基于事务流的程序结构映射

10.5.3　混合流映射

前面分别讨论了变换流与事务流。然而,许多实际软件问题中,则可能既有变换流,又有事务流。

例如,图 10-19 中的数据流,其总体上是事务流,但它的每个事务流程又可作为变换流对待,可进一步细分为输入、变换、输出 3 部分。

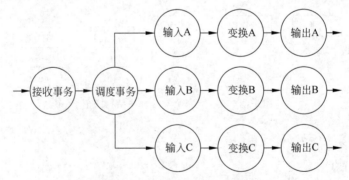

图 10-19　事务流中含变换流

显然,对于图 10-19 中的数据流,其总体上可按事务流进行结构映射,但它的每个事务支路,又可按变换流映射,由此映射出来的程序结构如图 10-20 所示。

图 10-21 中的数据流总体上是变换流,但输入部分可进一步细化为事务流,有顺序排队、按优先级插队、直接进入队首 3 种事务处理方式。

对于这样的数据流,首先是从整体上按变换流映射上层框架,然后再根据各局部数据流特点,分别按变换流或事务流映射下层结构,由此映射出来的程序结构如图 11-12 所示。

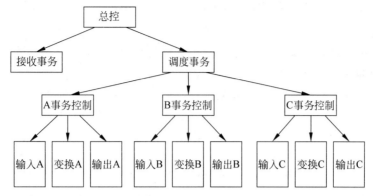

图 10-20 事务流中含变换流的程序结构映射

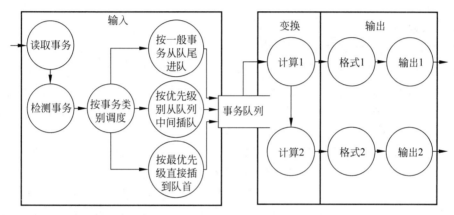

图 10-21 变换流中含事务流

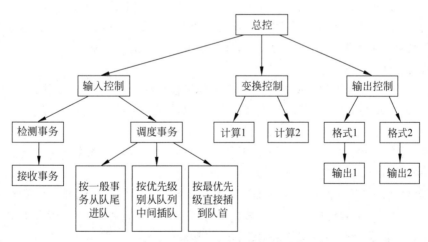

图 10-22 变换流中含事务流的程序结构映射

10.6 程序结构设计优化

通过数据流映射出的程序结构只是一个基本框架,其需要做进一步的完善,在完成由分析到设计的程序结构映射过渡后,需要进行结构优化。

通常,可从模块独立性、模块接口复杂度、程序过程流畅性、程序构造简洁性等方面对程序结构进行优化。

下面是一些来源于经验的启发性原则,可为程序结构优化提供指导性参考。

1. 模块功能完整

模块功能应该足够完整,否则模块之间会有过多的依赖,并影响模块的独立性。

对完整程序模块的基本要求是,其不仅能够完成正常指定的任务,而且有应对异常现象的措施,并能够将完成任务的状态通知使用者。

通常,可将程序模块分为正常处理与异常处理两部分。

(1) 正常处理的部分:执行正常功能,返回正常结束标志。

(2) 异常处理的部分:捕获异常现象,执行异常处理,返回异常标志,并向调用者报告异常原因。

2. 模块大小适中

所谓模块大小,也就是模块所含源代码的多少。

模块不能太大,越大越复杂,越容易出问题。一些过于复杂的大模块有必要分解为多个功能相对简单的小模块,但又不能过度分解,必须考虑模块功能的完整性。如果一个较完整的功能被分解为由多个小模块实现,则这些小模块之间必有非常紧密的耦合。

3. 模块功能可预测

概要设计中的程序模块通常是一个只需要看到输入输出的"黑箱"。对于这样的"黑箱",如果有确定的输入,就会有确定的输出,则其功能可预测。

模块功能一般可预测。然而,却有许多因素引起功能不可预测,例如,在模块内定义有静态变量。这些内部静态变量对于上级模块是不可见的,但却会一直留存于内存,并影响当前模块的下一次执行结果,以致某个确定的输入会有不可确定的输出。

模块设计应尽量避免功能不可预测,但也难免存在功能不可预测因素,关键是要对不可预测因素给出特别说明,如内部静态变量,以使不可预测变成可预测。

4. 模块接口复杂度较低

模块接口用于实现模块之间的相互耦合。如果模块接口复杂,则不仅接口较难理解,并会使模块之间有较高的耦合。因此,设计中应考虑尽量降低模块接口复杂度。

可以从以下方面考虑降低接口复杂度。

(1) 限制接口参数类型:尽量使用基本数据类型(如字符型、整数型、浮点型),而不是复合数据类型(如数组、结合体),这样的接口通常更加容易理解。

(2) 限制接口参数作用:尽量不要使用接口参数控制模块执行流程。可能的设计缺陷是模块功能混杂,并需要通过某个接口参数进行功能调控。显然,该模块有必要做进一步的分解,并由此去掉这个有副作用的接口参数。

5. 模块作用范围应限制在其控制范围之内

模块控制范围是指模块自身以及它的直接或间接从属模块的集合,模块作用范围则指模块中的计算结果可影响到的所有其他模块的集合。

通常,模块控制范围有较清晰的边界。例如,图 10-23 中的 B 模块,其直接及间接下级有 E、F、I、J 模块,但 J 模块还受 G 模块调用,而并不完全从属 B 模块,因此,B 模块的控制范围是 B、E、F、I 模块。

模块作用范围则不能直观反映,需要细心分析。例如图 10-23 中的 B 模块,可以通过 x 参数影响 E、F 模块,还可以通过公共环境中 y 变量影响 C 模块。因此,B 模块的作用范围是 E、F、C。

显然,程序系统应有可控制的结构。因此,模块的作用范围要求限制在其控制范围以内,如果某个模块的作用范围超出了其控制范围,则意味着需要调整程序结构。例如,图 10-23 中的 B 模块,其作用范围已超出了它的控制范围,因此需要调整结构。

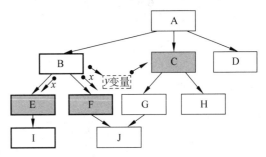

图 10-23　模块的作用范围与控制范围

通常,可以采取以下方法调整程序结构:

(1) 将作用模块向上结合,使其控制范围扩大,以达到对被作用模块的有效控制。例如,可以将图 10-23 中的 B 模块结合进 A 模块,而达到对 C 模块及其下级模块的有效控制,如图 10-24 所示。

(2) 将被作用模块下移到作用模块控制范围之内。例如,可以将图 10-23 中的 C 模块下移到受 B 模块调用,由此使 C 模块及其下级模块受到 B 模块控制,如图 10-25 所示。

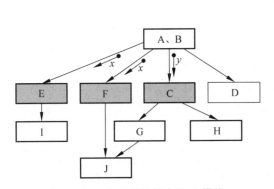

图 10-24　将 B 模块结合进 A 模块

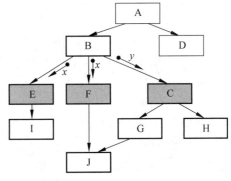

图 10-25　将 C 模块下移到受 B 模块控制

6. 程序结构的深度、宽度、扇出、扇入应适当

深度指的是程序结构的层数。例如,图 10-25 中的程序结构,其深度即为 5。

宽度所指的是程序结构同一个层次上模块的总个数的最大值。例如,图 10-25 中的程序结构,其第 2 层宽度是 2,第 3 层宽度是 3,第 4 层宽度是 3,第 5 层宽度是 1,因此,程序结构的宽度是 3。

程序结构上的深度、宽度可在一定程度上反映程序系统的规模及其复杂程度。通常,程序规模越大越复杂,其深度、宽度也会越大。

扇出指的是程序模块直接调用的下级模块的个数。模块的扇出数越大,表明该模块的控制范围越大,其控制机制也就越复杂。为了使模块的控制机制有一个比较适当的复杂度,其扇出数应有一定限制。通常情况下,扇出数应限制在 9 以内,如果扇出过大,则应适当增加中间层的控制模块,将比较集中的控制分解,如图 10-26 所示。

扇入指的是模块的直接上级模块的个数。模块的扇入数越大,表明该模块的使用率越高。模块的高扇入有利于降低代码冗余,然而模块的高扇入应建立在模块独立基础上,如果

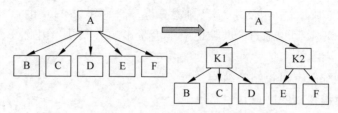

图 10-26　通过增加中间控制层可降低扇出数

仅为了高扇入而将许多无关功能组合在一起,则不仅不能降低代码冗余,还会使模块独立性受到破坏。

对于模块的扇出、扇入,通常的设计要求是:

(1) 顶层模块起全局控制作用,可设计为高扇出。

(2) 中层模块起局部控制作用,并可能有一定的数据计算任务,可设计为低扇出。

(3) 底层模块只需要承担数据计算任务,可设计为高扇入,以提高代码利用率。

10.7　结构化程序设计举例

1. 软件问题

某"邮件检测计价系统"功能特征如下:

(1) 可通过传感设备获取邮件属性,如重量、体积、是否违禁等,并可通过对邮件属性的参数检测发现是否有异常属性,若有异常属性,则显示异常原因及处理措施。

(2) 可通过交互界面输入邮件投递参数,如邮寄地址、邮政编码、收件人、联系电话、邮寄方式等,并可通过对邮件投递参数的检测发现是否有异常投递参数,若有异常投递参数,则显示异常原因及处理措施。

(3) 可根据邮件的属性参数与投递参数,对每个邮件进行邮资计算,计算结果应通过显示屏显示,并保存到邮寄投递记录集中用于结算、备查。

(4) 可根据邮寄投递记录对客户的邮寄业务进行邮资结算,结算结果应通过显示屏显示,并打印结算票据给客户,以作为邮件投递凭据。

图 10-27 所示为"邮件检测计价系统"数据流分析建模,现要求以该数据流模型为依据设计程序结构,并进行程序结构优化。

2. 结构映射

图 10-27 中的数据流中没有发现明显的事务中心。通常,这样的数据流都宜作为变换流对待,并按照变换流映射规则进行程序结构映射。

为了便于程序结构映射,图 10-27 中的数据流可划分为输入、变换、输出 3 个区域。

1) 输入域

该区域数据流涉及两个输入支路。

支路一:用于输入与检验邮件投递参数,如邮件种类、投递地区、邮递方式、邮资计价标准等参数。

支路二:用于接收邮包传感信号,并从中获取邮包属性参数,如邮包的重量、体积、封装状态、是否违禁等。

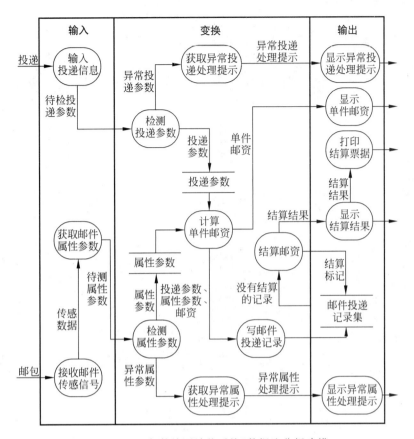

图 10-27 "邮件检测计价系统"数据流分析建模

2）变换域

该区域工作任务是邮件投递检测与计价,涉及邮寄投递与属性参数的检测、邮件异常参数的判断与原因说明,以及邮件的邮资计价、结算等方面的任务。

3）输出域

该区域数据流涉及 5 个输出支路,分别是:

- 显示异常投递处理提示;
- 显示异常属性处理提示;
- 显示单件邮资;
- 显示邮资结算结果;
- 打印邮资结算票据。

基于上述数据流分析,并按照变换流映射规则,可获得图 10-28 所示的程序结构。

其中,原数据流中的输入部分的两个支路被映射为两个执行路线,输出部分的 5 个输出则被映射 4 个执行路线。

3. 结构优化

由数据流映射获取的图 10-28 所示的程序结构还需要做进一步的优化。可按照 10.6 节介绍的启发性原则进行结构优化。具体优化措施如下。

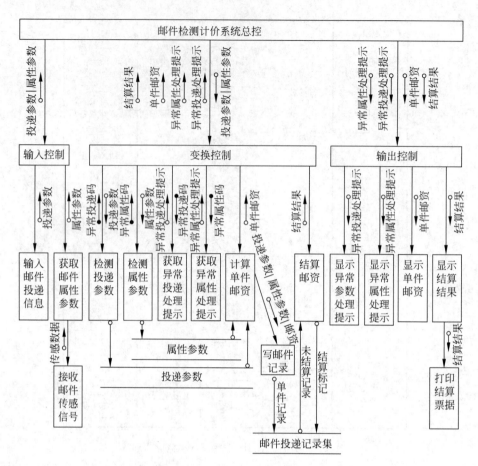

图 10-28　通过数据流映射产生的"邮件检测计价系统"程序结构

（1）进行模块合并，由此减少模块数量、简化模块接口。通常，一些功能简单，并且关系较密切的模块，可考虑进行模块合并。例如，图 10-28 中的"写邮件记录"模块，由于只涉及较简单的数据操作，而且是计算邮件投递邮资后必须进行的操作，因此，可将"写邮件记录"模块与"计算单件邮资"模块合并。

（2）增加控制层，由此简化程序调用控制。例如，图 10-28 中的"变换控制"模块有太多的直接下级模块，控制任务相对比较复杂。因此，可在"变换控制"模块下设置"邮件检测控制"和"邮件计价控制"模块，以实现对邮件检测与计价的专门控制。

可基于上述分析对程序做初步结构优化，结果如图 10-29 所示。

图 10-29 所示的程序结构还可做进一步优化。显然，增加一层控制模块后，"变换控制"模块的作用已经不大，但却与"总控"模块有复杂通信，并且"总控"模块控制任务比较简单。因此，可取消"变换控制"模块，并将经由"变换控制"模块的调用改为由"总控"模块调用。基于这些分析，可获得更进一步的结构优化，如图 10-30 所示。

4. 结构伪码

在设计出程序结构之后，为了方便今后的程序实现，有必要依据程序结构提取程序框架伪码。从图 10-30 所示的程序结构中，即可提取到以下程序框架伪码。

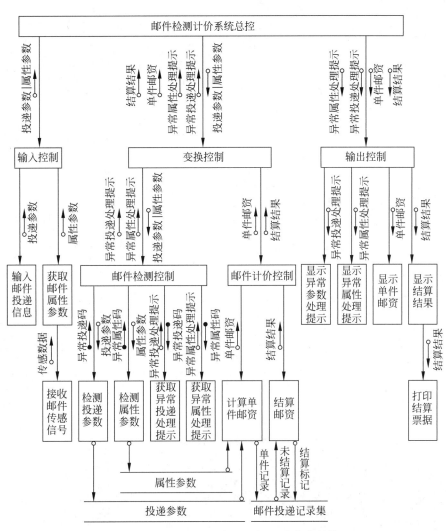

图 10-29 "邮件检测计价系统"初步优化结构

/∗公共数据环境∗/
属性参数,投递参数,邮件投递记录集;

/∗函数说明∗/
输入控制(OUT:投递参数、属性参数);
输入邮件投递信息(OUT:投递参数);
获取邮件属性参数(OUT:属性参数);
接收邮件传感信号(OUT:传感数据);
邮件检测控制(IN:投递参数、属性参数,OUT:异常投递处理提示、异常属性处理提示);
检测投递参数(IN:投递参数,OUT:异常投递码);   /∗需要向"投递参数"写数据∗/
检测属性参数(IN:属性参数,OUT:异常属性码);   /∗需要向"属性参数"写数据∗/
获取异常投递处理提示(IN:异常投递码,OUT:异常投递处理提示);
获取异常属性处理提示(IN:异常属性码,OUT:异常属性处理提示);
邮件计价控制(OUT:单件邮资、结算结果);
计算单件邮资(OUT:单件邮资);
          /∗需要从"投递参数""属性参数"读数据,需要向"邮件投递记录集"写记录∗/
结算邮资(OUT:结算结果);
          /∗需要从"邮件投递记录集"读记录,需要向"邮件投递记录集"写结算标记∗/

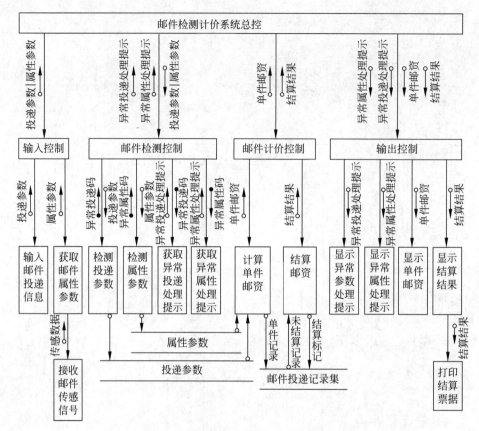

图 10-30 "邮件检测计价系统"进一步的优化结构

输出控制(IN:异常投递处理提示、异常属性处理提示、单件邮资、结算结果);
显示异常投递处理提示(IN:异常投递处理提示);
显示异常属性处理提示(IN:异常属性处理提示);
显示单件邮资(IN:单件邮资);
显示结算结果(IN:结算结果);
打印结算票据(IN:结算结果);

/＊函数体＊/
总控()
{
　　输入控制(OUT:投递参数、属性参数);
　　邮件检测控制(IN:投递参数、属性参数,OUT:异常投递、异常属性);
　　邮件计价控制(OUT:单件邮资、结算结果);
　　输出控制(IN:异常投递处理、异常属性处理、单件邮资、结算结果);
}

输入控制(OUT:投递参数、属性参数)
{
　　输入邮件投递信息(OUT:投递参数);
　　获取邮件属性参数(OUT:属性参数);
}

获取邮件属性参数(OUT:属性参数)
{

```
    接收邮件传感信号(OUT:传感数据);
}

邮件检测控制(IN:投递参数、属性参数,OUT:异常投递处理提示、异常属性处理提示)
{
    检测投递参数(IN:投递参数,OUT:异常投递码);
    检测属性参数(IN:属性参数,OUT:异常属性码);
    获取异常投递处理提示(IN:异常投递码,OUT:异常投递处理提示);
    获取异常属性处理提示(IN:异常属性码,OUT:异常属性处理提示);
}

邮件计价控制(OUT:单件邮资、结算结果)
{
    计算单件邮资(OUT:单件邮资);
    结算邮资(OUT:结算结果);
}

输出控制(IN:异常投递处理提示、异常属性处理提示、单件邮资、结算结果)
{
    显示异常投递处理提示(IN:异常投递处理提示);
    显示异常属性处理提示(IN:异常属性处理提示);
    显示单件邮资(IN:单件邮资);
    显示结算结果(IN:结算结果);
}

显示结算结果(IN:结算结果);
{
    打印结算票据(IN:结算结果);
}
```

小　　结

1. 结构化工程方法

结构化工程方法以实现程序系统功能为目标,并基于功能进行程序构建,进行功能细化,定义功能模块,编写功能函数。

20 世纪 70 年代的主流程序设计语言 C、Pascal 等,很好地支持了结构化程序构建。

2. 结构化分析建模

结构化分析建模是对系统数据加工的图解。数据流图是最常用的结构化分析建模工具,涉及数据接口、数据处理、数据流、数据存储等图形元素,用于描述系统数据加工细节。

数据流可以逐层细化,由此可逐步深入地解剖数据处理过程。数据流细化一般自顶层业务环境开始,然后到第 1 层、第 2 层,由此而逐步深入系统内部获取功能细节。前期分析中的业务树可用于支持数据流功能细化,以方便对功能的逐层解剖。

3. 数据字典

数据字典用于定义软件元素,以使软件元素获得严密的、详细的、精确的规格说明。

早期软件开发中,数据字典需要使用手工方式创建与维护。现代软件开发中,数据字典可依靠软件工具自动生成与维护。

需求分析模型中的数据、功能、行为等方面的元素都有必要通过数据字典给予细节说明,以达到对系统较完整、全面的规格定义。

4. 结构化设计建模

结构化程序设计依赖于图形建模,程序结构图、HIPO 图是最常用的图形建模工具。

程序结构图比较适合设计者构思程序结构,但模块功能特征较难由模型体现,因此在模型之外还需要有对模块的详细说明。

HIPO 图则可带来较高的建模清晰度,其由"H 图"与"IPO 图"组合。H 图表示程序结构,IPO 图则定义模块,描述模块的输入、处理、输出。

程序结构还可表示为框架伪码,以方便由结构设计到算法设计的过渡。

5. 基于数据流设计程序结构

基于数据流的程序结构映射,是以功能为目标的结构化建模方法的延伸,可达到由功能分析到功能设计的有效转换。

数据流可分为变换流与事务流,并可根据其特征,分别按不同方法进行结构映射。

6. 程序结构优化

通过数据流映射只能获取程序的基本框架,一般还需要对程序结构进行结构优化。可从模块独立性、模块接口复杂度、程序过程流畅性、程序构造简洁性等方面对程序结构进行优化。一些源于经验的启发性原则,可为程序结构优化提供指导性参考。

习　　题

1. 某库房管理系统流程图如图 10-31 所示。

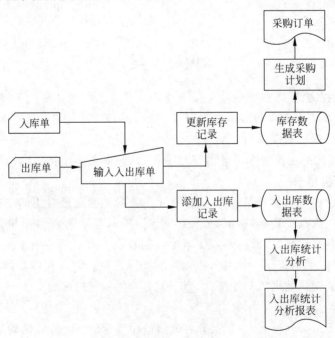

图 10-31　题 1

该系统涉及多部门应用。其中,入库单将由采购部输入,出库单将由销售部输入,入出库统计分析报表由计划部打印,采购订单由采购部打印。请使用数据流图说明该系统数据处理流程。

2. 某自动取款机系统工作过程大致如下：

（1）储蓄卡插入之前，自动取款机处于闲置状态。

（2）储蓄卡插入之后，自动取款机处于待命状态。

（3）在客户输入密码之后，系统将对客户身份进行验证。若密码正确，自动取款机将进入工作状态；若密码不正确，自动取款机将提示客户重新输入密码。

（4）在自动取款机进入工作状态以后，客户可选择"取款"或"退卡"。若选择"取款"，自动取款机将进入取款状态；若选择"退卡"，自动取款机将退出储蓄卡，然后进入闲置状态。

（5）在自动取款机进入取款状态以后，客户可以输入取款金额，然后可选择"确定"或"取消"。若选择"确定"，自动取款机将进入付款状态，并在完成付款之后，自动取款机返回工作状态；若选择"取消"，自动取款机返回工作状态。

请使用状态图描述该自动取款机的工作过程。

3. 某自动阅卷系统数据流如图 10-32 所示。请以该数据流为依据，设计程序结构。

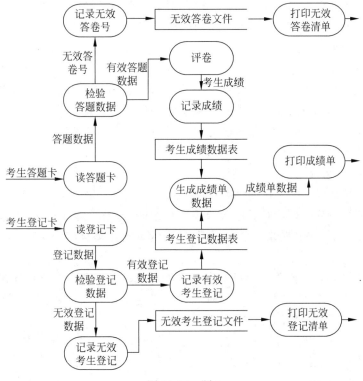

图 10-32 题 2

4. 某培训机构入学管理系统有报名、交费、就读等多项功能，并有课程表（课程号，课程名，收费标准）、学员登记表（学员号，姓名，电话）、学员选课表（学员号，课程号，班级号）、账目表（学员号，收费金额）等数据表。

下面是对其各项功能的说明。

报名：由报名处负责，需要在学员登记表上进行报名登记，需要查询课程表让学员选报课程，学员所报课程将记录到学员选课表。

交费：由收费处负责，需要根据学员所报课程的收费标准进行收费，然后在账目表上记账，并打印收款收据给办理交费的学员。

就读：由培训处负责，其在验证学员收款收据后，根据学员所报课程给学员安排到合适班级就读。

（1）根据上述描述并使用数据流图分层说明该系统数据处理流程。

（2）以所建数据流图为依据，设计该系统程序结构。

5. 某银行储蓄系统有开户、密码设置、身份验证、存款、取款等功能。下面是对这些功能的说明。

开户：客户可填写开立账户申请表，然后交由工作人员验证并输入系统。系统会建立账户记录，并会提示客户设置密码(若客户没做设置，则会有一个默认密码)。如果开户成功，则系统会打印一本存折给客户。

密码设置：在开户时客户即可设置密码。此后，客户在经过身份验证后，还可修改密码。

身份验证：系统可根据客户的账户、密码，对客户身份进行验证。

存款：客户可填写存款单，然后交由工作人员验证并输入系统。系统将建立存款记录，并在存折上打印该笔存款记录。

取款：客户可按存款记录逐笔取款，由客户填写取款单，然后交由工作人员验证并输入系统。系统首先会验证客户身份。如果客户身份验证通过，则系统将根据存款记录累计利息，然后注销该笔存款，并在存折上打印该笔存款的注销与利息累计。

（1）根据上述描述并使用数据流图分层说明该系统数据处理流程。

（2）以所建数据流图为依据，设计该系统程序结构。

6. 某网上考试系统功能说明如下。

登录系统：教师或参加考试的学生可凭据已有的统一身份登录网上考试系统。

组卷：教师登录系统后可对所任教课程进行组卷，涉及功能有选题、生成试卷、提交试卷。其中，选题时的待选试题来自公共题库，生成的试卷在提交后则保存到考卷库，以供考试之用。

考试：考试的学生登录系统后可对所学课程进行考试，涉及功能有选择课程、导入试卷、答卷、提交试卷。系统会根据学生所选课程从考卷库中导入试卷，学生完成的答卷可通过提交保存到答题库，以供评卷之用。

评卷：教师登录系统后可对所任教课程进行评卷，涉及功能有导入答卷、评阅答卷、提交成绩。系统将从答题库中导入答卷，并通过评阅产生成绩，结果可通过提交保存到成绩库，以供成绩输出、查询。

（1）根据上述描述并使用数据流图分层说明该系统数据处理流程。

（2）以所建数据流图为依据，设计该系统程序结构。

第11章　面向对象程序工程

面向对象程序工程以对现实世界进行仿真为基本特征,须对现实世界中诸多要素,如实体、交互、控制等进行概念抽象,在此基础上再进行程序构建。面向对象程序工程将经历类似结构化程序工程从分析到设计再到实现的程序构建步骤,须涉及面向对象分析(Object Oriented Analysis,OOA)、面向对象设计(Object Oriented Design,OOD)、面向对象编程(Object Oriented Programming,OOP)。面向对象程序工程中需要建立分析设计模型,其需要有相适应的建模语言的支持,统一建模语言(Unified Modeling Language,UML)是使用面最广泛的建模语言,可提供从分析到设计再到实现的全过程的面向对象软件工程支持。

本章要点:
- 面向对象工程方法。
- 程序系统业务分析与建模。
- 程序系统逻辑结构设计建模。
- 程序系统流程控制设计建模。

11.1　面向对象工程方法

11.1.1　面向对象程序特征

面向对象程序以对现实世界进行仿真为基本特征,并一般按照以下思路进行现实仿真:如设定现实世界是由诸多实体元素组成的,则首先需要对这些实体元素进行概念抽象与模型定义,这种模型可通过程序类体定义,这样的类体被称作实体类,为程序中的结构元素。

在程序类体定义了来自现实的抽象模型后,则还需要依据这个类体构造程序对象实例,其为程序中的活体元素,将在程序世界中扮演现实实体,以达到对现实世界中实体元素的模拟仿真的程序构建目标。

类体中需要定义数据,如成员变量或属性,以反映实体特征。实体不是孤立的,它们之间会涉及交互与通信,因此类体中还需要定义函数,其称作类成员函数或类方法,以表达实体行为,可用作实体之间的交互通道。

对现实世界的抽象还包括交互平台,如交互中需要用到的窗体,其同样使用类体进行模型抽象,这样的类被称作边界类,其成员变量中一般包含有特殊的可反映交互平台特征的对象元素,其所构造的对象实例是对现实中交互平台的模拟仿真。

对现实世界的抽象还包括控制,一些来自现实的涉及控制的诸多任务流程,需要有一个集中的控制器实施管理,同样需要通过专门的类体进行模型抽象,这样的类被看作控制类,其所涉及的控制一般通过类中成员函数或方法定义,其所构造的对象实例是对现实中实施集中管控的控制器的模拟仿真。

基于上述说明可以看到,面向对象程序工程可通过类,包括实体类、边界类、控制类,对现实世界中诸多要素进行模型抽象,并基于类对现实要素进行适合于程序世界的结构定义,由此搭建起程序世界基本框架。之后,以程序世界中的结构元素类体为模板,生成构造程序世界中的活体元素对象实例,并通过这个可仿真现实活体的对象实例中的成员函数或方法实现对象实例之间的交互与通信。

面向对象程序有与结构化程序不同的内部构造与运行机制,因此需要有不同于结构化程序的工程方法支持。

结构化程序基于功能构建,以实现功能为目标。例如,使用结构化方法开发一个"水电状况监控程序",首先要分析这个可对水电进行监控的程序应该具有哪些功能。假如该程序需要监控水的压力、流量等,并且当水压太大或水流量太小时,需要鸣音报警;需要监控用电状况,如电压、电流等,并且当电压过高或电流过大时,需要鸣音报警,以防止产生用电事故。基于上述功能要素,可确定其功能模块及其控制,由此可设计程序结构。图 11-1 所示为该软件问题结构化设计结果。

面向对象程序基于元素构建,需要基于元素设计程序结构,诸多程序元素来自现实世界概念抽象,其中的实体元素是核心要素,此外还需要考虑交互、控制等其他元素。

仍以"水电状况监控程序"为例,如果是采用面向对象方法开发,则首先需要搞清楚它涉及哪些实体元素,这些实体元素有哪些特性,需要对这些实体元素进行哪些操作。显然,程序中涉及水、电等实体元素,其中的水元素含有水压、水流量特性,电元素含有电压、电流特性。面向对象程序通过类体模块构造程序,诸多实体元素及其控制都可以当作类体进行程序构建。图 11-2 所示是该软件问题面向对象程序模块设计结果,图中的"主控""监控""水""电"等,即为程序中需要构造的类体。

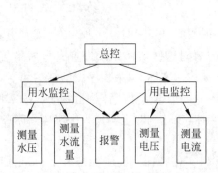

图 11-1　结构化"水电状况监控程序"结构

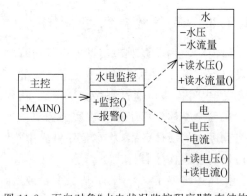

图 11-2　面向对象"水电状况监控程序"静态结构

需要注意的是,面向对象程序有不同于结构化程序的运行机制,提供程序结构的类所带来的通常只是程序的静态框架,它一般形态下并不能像结构化功能模块那样被直接调用,而是需要通过类构造出对象实例后才能成为程序活体,具有动态特征。因此,面向对象程序还需要基于对象实例考察程序动态行为,需要针对程序交互建立有关对象实例的动态交互模型。图 11-3 所示即是"水电状况监控程序"面向对象动态行为建模,图中的 m、c、w、e 等,即是基于相关类体构造的对象实例。

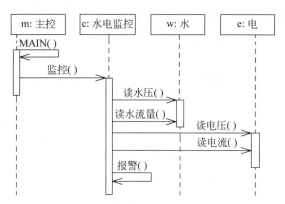

图 11-3 面向对象"水电状况监控程序"动态时序

为了方便面向对象编程实现,则还需要有相适应的程序语言的支持,C++、Java 是具有代表性的面向对象编程语言。C++是一种兼具面向对象与结构化的编程语言,既可基于类构建程序,也可基于函数构建程序,是在 C 语言基础发展起来的语言,被看成 C 语言的超集,性能优越、编译运行,可以兼容 C 程序。Java 则只是一种具有 C 语言风格的编程语言,保留了 C 语言的基本数据类型与控制结构,但却不能兼容 C 语言。实质上,它是一种全新的编程语言,已经没有了结构化编程痕迹,只能基于类构建程序。它是为网络编程而生,没有了指针,基于 Java 虚拟机解释运行,可自动回收内存垃圾,更适应网络程序,更具安全性,但比较起 C++,其牺牲了较大的运行性能。

通常,一种全面具有面向对象特征的编程语言应该具备封装性、继承性、多态性,C++、Java 都具备这 3 种特性,因此,这两种具有代表性的面向对象编程语言都是全面具有面向对象特征的编程语言。这些特性需要高度重视,其直接影响着程序的基本构建思路,并由此决定着程序的基本结构。

1. 封装性

面向对象程序的封装性体现于程序中的活体元素对象实例上,所指的是对象实例对其内部的实例成员变量(数据)、实例成员函数或方法(行为)的封装。类中定义的实例成员变量、实例成员函数只有在类构造出对象实例后才能依附于对象实例存在于内存,并只有通过这个对象实例才能对其访问。然而能不能通过对象访问,还要取决于这些成员的可见性。以公共(Public)实例成员与私有(Private)实例成员为例,公共的实例成员变量、实例成员函数或方法可以通过对象实例访问,它是完全公开的;私有的实例成员变量、实例成员函数或方法则不能通过对象实例访问,被完全封闭于对象实例内部。

面向对象程序设计中,类中实例成员变量的可见性经常被定义为私有的。这些私有的实例成员变量是不能通过对象实例被外界直接访问的,因此,这些私有实例成员变量中的数据也就具有了极高的安全性。然而,有间接方式访问这些私有实例成员变量,这就是建立公共的实例成员函数或方法,并通过这个公共实例成员函数或方法去间接操作这个私有实例成员变量。如要读取私有实例成员变量,可以建立专门用于读取私有实例成员变量的公共实例成员函数或方法。如要写私有实例成员变量,则可以建立专门用于写私有实例成员变量的公共实例成员函数或方法。因此,不仅可以通过公共实例成员函数或方法操作私有实例成员变量,并且可以通过公共实例成员函数或方法使对私有实例成员变量的读操作、写操作,以及其他功能性操作分离。由于通过公共实例成员函数或方法这个通道去读、写私有实例成员变量,因此读、写私有实例成员变量前还可以编程进行其他操作,如读、写私有实例成员变量前先执行权限验证操作。显然,对象的封装性、基于对象封装带来的私有实例成员数据的封闭性、基于公共实例成员函数或方法带来的对私有实例成员数据的访问通道,既给程序中数据带来了安全性,也使得对数据的操作带来了极大的灵活性。

2. 继承性

面向对象程序的继承性体现于程序中的结构元素类模块上,所指的是派生的下级类(Java 中为子类)对其上级基类(Java 中为父类)中已定义成员变量、成员函数或方法的继承。而所谓继承,也就是可通过派生类实例而穿透访问与其相关的基类实例中的可继承成员。实际上,从派生类实例构造特性上来看,在构造派生类实例之前,必然需要先构造对其有支撑作用的基类实例,如基类成员被派生类继承,则派生类实例可访问对其有支撑作用的基类实例中的可继承成员,这些可继承成员就如同派生类自己的成员一样。

面向对象继承性将影响程序结构,这主要体现在代码复用上,基类代码可通过继承关系而被派生类复用。实际上,编程构建程序系统时,可基于应用建立一些基类,每个基类对应于某个方面的应用,并将该方面应用中一些具有通用性的功能通过基类中的成员函数构建,然后通过派生类对基类的继承而被复用于各个更加具体的程序实例中去。

3. 多态性

面向对象的多态性体现于程序中的功能要素类中的成员函数或方法上,所指的是同名成员函数,因有了不同的代码实现,所以有了不同的功能体现。

成员函数的多态性可通过成员函数重载实现,这是一种静态形式的多态性,是在代码编译时建立的,随着类加载内存就一直具备,不会因代码执行而发生改变。

成员函数或方法的多态性也可通过派生类重写继承于基类的成员函数或方法实现,这是一种动态形式的多态性,是在代码执行时建立的。可通过基类定义变量,而这个变量可引用不同的派生类实例,并调用不同的派生类实例中重写的成员函数或方法,虽然不同的调用中都传递了相同的参数值,但却有来自不同派生类的代码执行,并因此有不同的执行结果,这是成员函数或方法动态多态性的具体表现。

面向对象的多态性也将影响程序结构,以派生类重写继承于基类的成员函数这种动态多态为例,这时的基类中的可继承成员函数或方法仅仅只是提供了一种格式标准,其用途如同一个函数原型,具体的功能实现则通过派生类对其重写代码体现出来。实际上,程序中可基于基类建立诸多派生类,而每个派生类都可重写继承于基类的成员函数,以使得基类中定义的功能规格可在各个不同的派生类实例中有不同的具体表现。显然,这带来了基于基类的良好的功能延伸性,这时的基类只是给出了功能标准,但该功能则是延伸到各个派生类中实现的,由此依附于不同的派生类实例分别有了不同的用途。

11.1.2 早期面向对象工程方法

面向对象程序工程基于类构造程序,通过对象实例进行现实仿真,实现程序动态交互与协作。C++、Java 等面向对象程序语言为面向对象程序构建提供了便利的实现途径。然而,为实现工程模式软件开发,对于面向对象程序还必须要有贯穿分析到设计的面向对象建模方法的支持。

自面向对象程序诞生以来,研究者就在研究面向对象工程建模方法。下面是一些有代表性的面向对象建模方法研究。

(1) 1990 年,针对面向对象分析过程,Coad 提出了具有操作性的指导性原则,并将软件分析分解为以下有序的基本任务:

- 标识类体。
- 标识类关系。
- 定义数据属性。
- 定义操作服务。
- 标识子系统。

(2) 1990 年,针对软件开发全过程,Wirfs-Brock 提出了有细节的操作规则说明。一些主要的操作规则是:

- 使用文法分析从需求规约中抽取候选类。
- 通过系统与环境的区分确定出系统中的类。
- 对类分组并抽取出高层超类。
- 定义类的属性、操作及其相关责任。
- 基于类的责任标识出类之间的关联关系。
- 基于类分组标识出类之间的继承关系。
- 基于类之间的关联建立对象之间的协作关系。

(3) 1991 年,Rumbaugh 提出了可应用于分析设计的对象模型技术(Object Modeling Technique,OMT),其主要包含以下 3 方面的模型。

- 对象模型:说明类、对象及其关系。
- 动态模型:说明对象行为,对象之间的协作、交互。
- 功能模型:说明系统与外部环境之间的交互与通信。

(4) 1992 年,Jacobson 提出了一种基于业务驱动的面向对象软件工程方法(Object Oriented Software Engineering OOSE),要求通过用例图说明系统与环境的交互,以对系统业务进行建模说明;还提出,软件开发可从用例起步,并可通过用例推动软件开发进程。

(5) 1994 年,Booch 提出了能适应面向对象分析与设计的开发过程,并定义了一组与面向对象技术相适应的任务元。这些任务元要求在开发过程的各个步骤中反复出现,以使软件问题能够逐步求证,软件模型能够逐步完善。

11.1.3 统一建模语言

诸多面向对象建模方法被应用于软件研发项目。然而,来自不同研究者的新概念、新方法由于缺乏统一规范,却给软件研发带来了不便。因此,自 1995 年起,Grady Booch、James Rumbaugh 和 Ivar Jacobson 这 3 位对象建模方法学的开创者开始了对诸多面向对象建模方法与技术的整合,在这样的建模方法技术整合中,集各家之长的 UML(Unified Modeling Language,统一建模语言)诞生了。

UML 是一种可视化图形建模语言,其将多种建模方法融于一体,因此可从各个不同的角度对软件进行建模描述,可以创建诸多方面的软件模型,如用例图、活动图、类图、状态图、序列图、协作图、组件图、部署图等。通常,面向对象程序涉及程序逻辑结构、程序运行交互、程序物理部件及其安装部署等方面的问题,对此都可通过 UML 进行建模说明。如通过类图说明程序静态逻辑构造,通过协作图、时序图、状态图说明基于对象的程序动态交互,通过组件图、部署图说明程序系统物理构架与安装部署。

实际上,面向对象程序有比结构化程序更加复杂的构建与运行机制,因此,为使软件问题更加清晰,其更加依赖模型说明软件系统。UML 很好地支持了面向对象程序工程,可直观地反映面向对象技术要素,并具有较广阔的多视角建模表达,从程序系统的业务域、业务流,到程序系统的逻辑结构、物理结构,再到机器节点的安装部署,都可使用 UML 进行建模说明,因此可使软件分析到软件设计再到软件实现贯通,使整个软件开发过程一体化。

1. 语言特征

UML 建立起了统一的语法规则、语义规则与语用规则。

- 语法规则:规定有哪些建模符号,并规定这些符号可以如何组合成图形。
- 语义规则:对建模符号,以及由符号组合成的图形的文字解释。
- 语用规则:规定建模符号,以及由符号组合的图形的建模用途。这也就是说,可以使用这些符号或组合图形建立哪些方面的模型。

1997 年,国际对象管理组织(Object Management Group,OMG)接受 UML 为标准建模语言,之后 UML 得到了更进一步的完善,并在整个信息技术领域获得了非常广泛的应用。

UML 可有效减轻软件分析师、设计师的再学习负担,能够应对各种不同领域的软件的分析设计建模。UML 还可有效避免文化、职业背景带来的语言歧义。实际上,因为有了UML,软件开发者之间的经验交流、问题讨论变得更加便利起来。

2. 主要模型

UML 是图形建模,主要有用例图、活动图、类图、状态图、顺序图、协作图、组件图、部署图等几种图形模型,下面是对这些模型的简要说明。

1) 用例图

用例图(Use Case Diagram)用于描述系统与用户之间的通信交互,涉及用例、参与者、交流等建模元素。用例图是立足于用户的功能视图,参与者是用户,用例是系统基于用户视角的功能块,也可看作面向用户的业务,交流是用户(参与者)与系统中的某个功能块(用例)之间的通信交互。因此,可通过用例图说明谁(参与者)在使用系统,他在使用该系统做什么(用例)。

2) 活动图

活动图(Activity Diagram)用于描述系统任务流程,体现为基于活动元的系统任务迁移。活动图是对用例图的补充建模,可对用例图中的用例(业务域)进行活动(业务流)说明,以反映用例内部活动细节,说明基于用例的业务步骤。

3) 类图

类图(Class Diagram)用于描述程序系统静态逻辑结构,涉及程序系统中类、接口等结构元素,以及关联、依赖、泛化等关系元素。程序系统分析与设计中都要建立类图,并可通过类图由分析过渡到设计。

4) 状态图

状态图(State Diagram)用于描述对象实例状态及其变化,涉及状态、事件等建模元素,可说明由事件导致的对象实例状态的改变。状态图是对类图的补充建模说明,可说明类所构造的对象实例所有可能的状态,并可说明因某个事件的发生,而触发对象实例由一种状态改变为另一种状态。

5) 顺序图

顺序图(Sequence Diagram)是有关对象实例的建模,以类图为依据,用于描述类所构造的对象实例之间与任务相关的交互与通信。顺序图基于时间顺序标识消息,说明对象之间是如何发送与接收消息的,涉及对象实例、生命线、消息等模型元素,其中的生命线代表时间,以反映诸多消息序列的时序性。

6) 协作图

协作图(Collaboration Diagram)有与顺序图相似的建模用途,也以类图为依据,用于描述对象实例之间与任务相关的交互与通信,但基于对象实例之间的关系说明对象之间的消息发送与接收。

7) 组件图

组件图(Component Diagram)用于描述程序系统基于组件的物理结构,其中的组件是程序系统中具有一定独立性的程序文件(如可执行程序、动态链接库、Web 页等)。组件不是孤立的,相互之间通常存在依赖关系。

8) 部署图

部署图(Deployment Diagram)用于描述程序系统基于机器节点的安装部署,其中的机器节点为具有智能的设备,如计算机、网关、路由器、移动通信设备,各机器节点之间有通信连接。部署图将提供有关程序系统的全局性的物理部署,可说明系统如何构造,也可说明系统如何工作。

3. 模型管理

包的概念来自 Java 程序结构,其基于包定义子系统,而 Java 中的友好类、友好成员被看成所构建程序子系统的内部要素,它们在包内是可访问的,而在包外则是不可访问的,以达到子系统内外隔离的效果。

包这个概念也被引进到 UML 中,并通过包这个模型元素建立程序模型逐级结构,实现对程序系统模型中诸多模型元素的有效管理。

UML 包元素按照树结构逐级有效地组织 UML 中的模型元素,每个包是一个逻辑容器,被用来装载逻辑元素。通常,一些业务关系密切的元素被放在一个包中,以便于进行管理。显然,这与 Java 程序系统中的子系统机制是一致的。

通常,一个系统可对应于一个顶层包,其内则有许多下级包,如业务分析包、逻辑分析包、逻辑设计包、物理设计包、系统部署包等。

包还可对模型进行逻辑分组。很有必要将一个大的复杂的模型,分组为多个小的简单模型,这样的模型更容易被人理解。

不同包中的元素也可能有联系,这种联系则通过包之间的逻辑依赖反映。例如,图 11-4 中的订购商品包、顾客管理包、商品管理包,由于商品订单中需要有顾客身份标识,并有可说明订购内容的商品列表,因此,订购商品包将对顾客管理包、商品管理包有所依赖。

4. 建模路线

软件设计还需要考虑建模步骤,以使软件设计有一个合乎逻辑的建模推论。

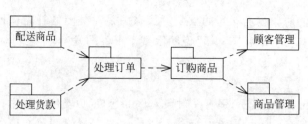

图 11-4　UML 中的包及其关系

图 11-5 所示的 UML 建模过程是一个可供参考的建模步骤,能够实现由分析到设计的比较完整的建模推论。

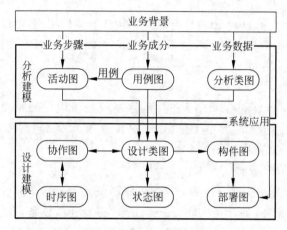

图 11-5　UML 建模过程

5. 建模内容

面向对象程序设计将涉及逻辑结构、动态过程与物理结构这 3 方面的建模。

1) 逻辑结构

可通过设计类图描述程序系统逻辑结构。可以说,设计类图处在图 11-5 中一个非常关键的位置,能够带来由分析模型到设计模型的过渡。

更加重要的是,由于分析与设计时都需要建立类图模型,因此基于类图的模型演变,可带来由分析到设计的无痕过渡。

2) 动态过程

可通过状态图、时序图、协作图描述程序系统动态逻辑过程,以说明系统基于对象实例的逻辑运行机制。其中,状态图可表现单个对象由事件触发的属性改变,时序图与协作图则可表现对象之间的交互与消息通信。

从图 11-5 可看到,状态图、时序图、协作图等需要基于设计类图创建,并且与设计类图之间有迭代关系。这也就是说,动态过程建模与静态结构建模可交替进行,并可逐步相互完善。

3) 物理结构

系统开发的最终结果是物理实现,可通过构件图、部署图描述系统物理结构。

构件图一般用于反映系统基于构件的物理集成,所涉及物理构件有可执行程序、动态链接库、ActiveX 控件、Java 字节码文件等。

部署图则一般用来说明系统最后的物理安装配置。值得注意的是,系统最终的安装配置与系统的实际应用密切相关。因此,在图 11-5 中,部署图是基于构件图、用例图,以及业务背景建立的,其中的构件图为系统部署提供必要的物理元素,而用例图及其业务背景则为系统部署提供了必要的现实依据。

11.1.4 统一开发过程

为推行 UML,其创建者 Grady Booch、James Rumbaugh 和 Ivar Jacobson 专门成立了 Rational 软件公司,并专门研究了适宜于 UML 的软件工程方法,这就是统一开发过程(Rational Unified Process,RUP)。

1. 阶段性特征

统一开发过程将软件开发按照时间顺序分为初始(Inception)、细化(Elaboration)、构造(Construction)和交付(Transition)4 个阶段。每个阶段都有可确认的里程碑成果,在阶段结束时需要基于里程碑成果进行阶段评估,以确定是否有阶段性满意结果。只有在评估结果令人满意后,软件项目才能进入下一个阶段。

初始阶段的目标是为程序系统建立业务级用例模型,以对程序系统给出整体的业务划分说明。为实现该目标,需要识别业务用例,确定系统边界,识别与系统交互的外部参与者,考察外部参与者与系统之间基于业务的通信交互。

细化阶段的目标是对程序系统业务需求做进一步分析,涉及业务流、业务数据,以及基于用例的活动细化,并通过用例图、活动图、分析类图等建立可体现细节的、完整全面的系统分析模型,为后续系统体系结构设计提供来自业务的需求依据。为实现该目标,必须在理解整个系统的基础上,对体系结构做出决策,包括应用范围、主要功能和诸如性能等非功能需求等,也就是说要对程序系统开发有一个较全面的规划。

构造阶段的目标是实现程序系统,任务就是制造程序,涉及程序系统的设计、编程与测试。在构造阶段,为满足系统构建,必备的程序构件必须研制出来。为满足系统需求,必备的程序功能必须开发出来。还需要基于程序构件,并按照功能要求完成程序系统集成,使其成为可在测试环境中进行部署的初期产品。

交付阶段的目标是发布软件产品,并移交程序系统给最终用户使用。这个阶段的关键之处是确保软件系统对最终用户是可用的。交付往往不能一次完成,也就是说,这个阶段可能会跨越几个不同的开发周期,并基于迭代原则不断进化,如第一次交付的是发布一个软件测试版本供用户体验,第二次交付的是基于用户体验获取的反馈信息对软件测试版进行必要的修正与改进后的版本。

2. 过程特点

统一开发过程具有以下 3 个特点:用例驱动、以构架为中心和增量迭代。

1)用例驱动

用例是一个与用户业务直接相关的程序实例。可将用例当作一项功能,这意味着可通过用例对程序系统进行功能细化,但来自用例的功能更多体现为业务级功能,无须过多关注内部功能细节,细化也是非常有限的功能细化,无须深入底层。

用例驱动则体现于基于用例的程序系统构建基本策略上。实际上,复杂而庞大的程序系统可通过用例分割,然后以用例为单元进行开发。用例是基于用户程序体验而产生的程序单元。软件研发以创建满足用户需要的软件为基本目标,用例驱动可更有效地确保用户需求,使研发出来的软件产品更具用户价值。

用例驱动还体现在程序系统研发是由用例启动的,并通过用例推动研发进程。应该说,从基于用例的系统业务分析,到以用例为支撑的系统设计、系统实现与系统测试,用例驱动已贯穿于整个软件研发过程。在需求分析中,系统分析师借助用例说明系统业务;在系统设计中,系统设计师通过用例说明系统功能构成;在编程实现中,编程人员基于用例进行程序实现;在系统测试中,测试人员基于用例进行程序检验。

实际上,UML 中的各种模型都对用例有所依赖。例如,业务活动建模要求建立在用例基础上,要求基于用例进行系统内部活动说明。又如,对象协作建模也要求依据用例创建,需要以用例为单元,逐个说明对象协作关系、对象与环境的交互。而随着 UML 后续其他模型的创建,用例所包含的用户需求则逐步具体化、明朗化。

图 11-6 是其他模型对用例依赖的图示说明。

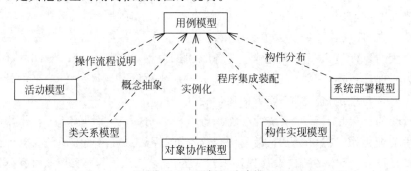

图 11-6　用例驱动建模

2）以构架为中心

程序系统构架是程序系统的骨骼,是构建程序必须依赖的基本框架,其直接影响程序系统的安全性、稳定性、扩充性、可重用性与可维护性。显然,一个功能完备、性能稳定、可良性扩充的程序系统,必然有一副强健的骨骼。

统一开发过程要求以系统构架为中心实施系统开发,并要求优先考虑系统构架,以确保系统有较好的安全性、稳定性、扩充性、可重用性与可维护性。

系统构架通常由一些基本元素搭建,如子系统、构件、类体、接口。

UML 中的构架模型包括类关系模型、构件模型和系统部署模型。

类关系模型是最重要的构架模型,用于描述系统逻辑结构,是其他诸多模型(如协作图、时序图、构件图)的建模依据。

软件系统分析与设计中都需要建立类图模型。实际上,可基于类图而实现由软件分析到软件设计的无缝过渡。

3）增量迭代

增量迭代指的是系统可通过多次反复的修补改进而逐步地趋于完善。

统一开发过程中的一个迭代是一个完整的开发循环,产生一个可执行的产品版本,是最终产品的一个子集。它增量式地发展,从一个迭代过程到另一个迭代过程到成为最终的系统。实际上,可通过增量迭代而分多期实现软件系统。一期项目只需创建一个由核心构件与主要业务构件构造的小规模系统。显然,这比一开始就着手整个系统的全面开发要更显轻松,并有更低的程序实现难度与项目风险。实际上,一期项目虽然只建立了系统的核心业务,但可通过增量迭代而在二期、三期项目中进行补充与完善,并最终完成整个系统的开发。

实际项目中,需求在整个软件开发过程中经常会发生变化,迭代式开发则允许每次迭代中需求发生变化,并可通过迭代使需求更加细化完善。UML 则是非常有用的增量迭代开发建模工具。由于系统分析与设计中,基于 UML 的建模有趋于统一的模型表达,并有良好的模型扩充性,这使得系统前一期开发中的分析设计模型,可作为后一期迭代建模的基础,并在后一期迭代中得到补充、完善与延伸和扩展。

可基于多种策略实现系统增量迭代构建。例如,可基于系统结构与业务级别进行增量迭代式开发。首先是系统核心构件,然后是按照业务将系统分割为多个子系统,接着则是按照子系统的优先级别安排对子系统的开发顺序。例如,要开发一个企业资源管理系统,假如这是一家产品生产型企业,则其核心资源是原材料与产品,一期项目中即需要建立对这些资源的管理,以达到对计划的有效控制。二期项目则接着建立对人力的资源管理和对设备的资源管理,以达到对生产效率的有效控制。三期项目则考虑建立客户资源管理,以达到对产品市场的有效控制。

11.2　程序系统业务域与用例建模

程序系统业务域是指程序系统所涉及的业务范围,每个业务范围可表示为一个有关某方面业务的功能集,可通过用例表示这样的功能集。在对系统做需求分析时,须进行这种基于业务的用例识别,其可用于确定系统中各项业务的边界,以使得在构建程序系统时,可依据这样的有业务边界的用例定义程序子系统。很显然,基于业务域定义的用例是面向用户业务需求的,比起传统数据流模型,其更能够反映系统的用户价值,不仅涉及系统功能要素,还涉及谁在使用这些功能,可更好地反映系统能够为用户做什么。

11.2.1　用例建模元素

用例建模有用例、参与者、交流 3 种基本元素,下面是对这些基本元素的说明。

1. 用例

用例(Use Case)是一个业务级功能单元,并且是一个面向用户的程序实例。用例也可被看成一个业务类元,具有属性(用例中所包含的对象要素)和操作(用例所具有的行为或功能)特征。实际建模中,用例可大可小,它可以是一个可独立运行的有主控程序、交互界面与数据环境的复杂程序子系统,也可以是一个相对比较简单的事务过程或业务函数。

用例建模中使用椭圆图标表示用例,例如,图 11-7 中的录入成绩、更改成绩、查询成绩、打印成绩单等用例。

用例的用户价值是,能被用户直接体验,有具体的用户功能目标,可由用户激活,可由用户独立检测。

2. 参与者

参与者(Actor)是一个可与系统进行主动交流的外部环境元素,可看成使用系统的用户。

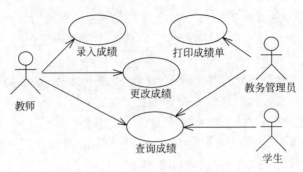

图 11-7　学生成绩管理用例图

参与者使用"人形"符号表示,然而这并不意味着参与者就是某个具体的人,它也可以是系统之外的与系统有信息交流的职能机构、机器设备或其他软件系统。

大多数情况下,参与者所代表的是具有某些方面任务职责的角色,例如,图 11-7 中的教师、学生、教务管理员。

3. 交流

交流(Association)用来连接参与者与用例,可反映系统与用户之间的交互或通信。

一个参与者可与多个用例交流,例如,图 11-7 中的教师与录入成绩、更改成绩、查询成绩之间的交流。

一个用例也可与多个参与者有交流,图 11-7 中的"查询成绩"用例,即与教师、学生、教务管理员等多个参与者有信息交流。

11.2.2　参与者之间的关系

参与者可作为是系统以外的用户类对待,因此,可通过类的继承性而建立参与者之间的泛化关系(Actor Generalization)。

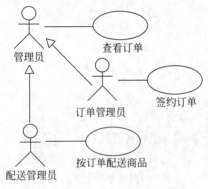

图 11-8　参与者之间的泛化关系

通常情况下,如果有诸多参与者,它们既涉及共同业务,又有各自不同的职责,有必要考虑从一般到特殊的参与者泛化,其中的上级一般参与者可反映这些参与者的共同特性,而下级特殊参与者则体现其自身个性。

图 11-8 所示的管理员与订单管理员、配送管理员之间即为参与者之间的泛化关系。处于上级位置的"管理员"具有一般性,可表示它们共同拥有的行为能力,如查看订单;而由"管理员"泛化产生的下级参与者"订单管理员"和"配送管理员"则具有各自特殊性,可表示它们各自特有的行为能力,如签约订单、按订单配送商品。

11.2.3　用例之间的关系

用例作为特殊的业务级用户类,依据类之间的关系对其进行考察,涉及泛化、包含、延伸等关系。

1. 泛化关系

用例泛化（Use Case Generalization）用于表示系统中一般的抽象的功能或业务，到特定的具体的功能或业务的推断。例如，图11-9中的"付款"与"现金支付"以及"现金支付"之间的关系，即为泛化关系。显然，"付款"是相对抽象的付款形式，具有一般性，而"现金支付"和"信用卡支付"则为更加具体的"付款"形式，具有特定性。

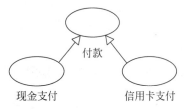

图 11-9　用例之间的泛化关系

2. 包含关系

包含关系是一种特殊的依赖关系，使用标记为《include》的带箭头的虚线表示，用于表示一个用例对另一个用例的功能获取。

图11-10所示即为用例之间的包含关系，其中的A用例对B用例就有基于包含的依赖。

从构造上看，用例之间包含关系可反映为功能内嵌，也就是一项功能中嵌入了另一项功能，其语义是"必有"。因此，被包含用例将引入基本用例内成为基本用例的一部分，并与基本用例有同一个活动空间。

例如，A用例包含B用例，即指A用例在运行时不仅可获得B用例的功能支持，并且B用例将成为A用例的一部分，或者说A、B合为一体。

通常，可以将系统中一些需要被多处使用的功能抽取出来作为公共用例，然后通过包含关系，让这个公共用例被其他用例使用。例如，图11-11中的"提交成绩"用例，由于录入成绩、更改成绩时都需要有提交成绩操作，因此可将"提交成绩"抽出为公共用例，并让"录入成绩"和"更改成绩"包含"提交成绩"用例。

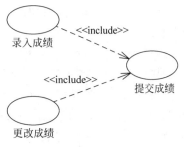

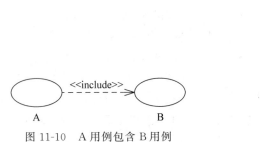

图 11-10　A用例包含B用例　　　　图 11-11　对公共用例的包含

3. 延伸关系

延伸关系也是一种特殊的依赖关系，使用标记为《extend》的带箭头虚线表示，用于表示基于用例的功能延伸或扩展。

图11-12所示即为延伸关系，其中的B用例是A用例的功能延伸，可看作A用例的延伸用例。

延伸关系为功能外挂构造，其语义是"可选"，反映系统基于用例的功能扩充或加强。因此，延伸用例有一定的独立性，并与基本用例有相互独立的活动空间。

延伸关系将建立在延伸用例对基本用例的依赖上，也就是说，延伸用例需要依靠基本用例的支持才能产生作用。通常，基本功能之外的其他功能可表示为延伸用例。

例如，图11-13中的"查询商品信息"，它即是基本用例"订购商品"的延伸用例，可通过它获得查询功能，以方便对商品的订购操作。

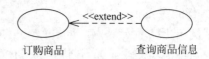

图 11-12　B用例是A用例的延伸用例　　　图 11-13　通过延伸用例获得功能扩充

11.2.4　用例建模举例

用例模型是系统功能需求的图形表述。通常,在进行用例建模之前,系统分析者已有了对系统的初步需求调研,并在此基础上获得了关于需求的初步文本陈述。显然,这些针对系统的初步需求认识可作为系统用例建模的前提依据。

用例模型通过用例、参与者、交流等图形元素,表达系统应具有哪些功能要素,说明这些功能在被谁使用。用例建模中需要发现这些图形元素。

通常,系统分析者可从有关需求的前期陈述中发现用例、参与者,以及参与者与用例之间的信息交流。

一般地,可以通过以下线索发现模型元素。

参与者:系统的服务对象,如系统的使用者、操作者、维护者或管理者,与系统有通信连接的外部设备,与系统有信息交流的其他软件系统。

用例:系统中面向用户的业务单元,系统中可被用户直接操控的功能元素。

下面以某"网上商品营销系统"中的商品订购服务为例,说明如何建立用例模型。

该商品订购服务有下述初步需求说明。

(1) 基于会员机制建立高可信度的订购服务。

(2) 顾客通过建立订单而实现商品订购。

(3) 顾客可查询所建订单,以获知订单当前状态,如待审、签单、撤单、废单。

(4) 已由顾客提交给销售机构,但尚未被销售机构处理的订单为待审订单。

(5) 如果订单待审,则顾客有权撤销订单,以使订单失效。

(6) 销售机构将接收顾客订单。对于接收到的订单,销售机构如果认为能够执行,则可签约订单,以使订单生效。但如果认为难以执行,则可报废订单,以使订单失效。

(7) 销售机构如果签约订单,则需要向配送点发订单配送通知,向顾客发付款通知,并建立付款记账单,以方便后续结算、付款、送货等活动的进行。

从上述需求描述中,可发现以下建模元素。

参与者:顾客、销售机构。

用例:会员登录、建立订单、查询订单、提交订单、撤销订单、接收订单、签约订单、报废订单、建立付款记账单、发付款通知、发配送通知。

以此为依据,可建立订购服务用例模型,如图 11-14 所示。

实际上,用例建模还将有利于分析者发现新需求,并更好地理解需求。例如,以下有关订购服务的需求发现。

(1) 顾客在会员登录之后才能进入购物平台中进行购物活动,相关购物活动是建立订单、查询订单。

(2) 顾客在建立订单过程中需要进行提交订单操作。

(3) 顾客在查询到订单之后可进行撤销订单操作。

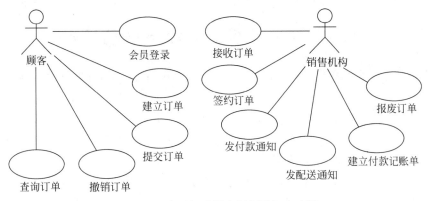

图 11-14　商品订购服务用例图初步建模

（4）签约订单、建立付款记账单、发付款通知、发配送通知，应该作为一项整体事务一并完成，以防止出现工作遗漏。

显然，新的需求发现将带来用例模型的进一步完善。基于上述需求发现，可对订购服务进行以下方面的建模完善。

其一，由于只有会员顾客才能进行购物，因此有必要从一般顾客身上泛化出会员顾客，以使任务参与者更加明确。

其二，由于顾客会员登录要到达的是购物平台，并需要通过购物平台进入建立订单、查询订单活动，因此，有必要建立购物平台用例，并建立由购物平台到建立订单、查询订单的延伸。

其三，顾客在建立订单过程中需要进行提交订单操作，因此，建立订单对提交订单有包含关系。

其四，顾客在查询到订单之后可进行撤销订单操作，因此，查询订单对撤销订单有包含关系。

其五，签约订单、建立付款记账单、发付款通知、发配送通知等活动需要作为一项整体事务一并完成，因此，可在签约订单到建立付款记账单、发付款通知、发配送通知之间，建立包含关系。

根据以上分析，可完善该商品订购服务用例模型，如图 11-15 所示。

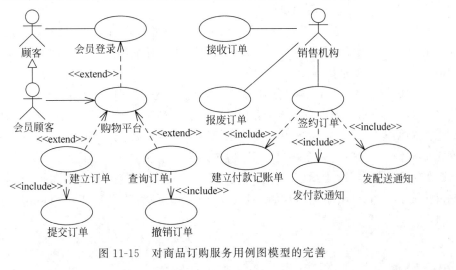

图 11-15　对商品订购服务用例图模型的完善

面向对象程序工程

11.3 程序系统业务流与活动建模

程序系统业务流是指程序系统基于业务的任务步骤流程。用例模型对系统业务进行了分割,并基于业务定义使其有了清晰的边界,使得系统开发初期用户的需求确认有了目标,但接下来还须对需求做细化,搞清楚业务细则,这就必须考虑业务流。这些业务流可能来自用例之间基于业务的协作,也可能来自用例内部程序执行流程,但无论是哪方面的业务流,都需要建模说明,以使得有关业务的需求得到更具细节的建模说明。

活动图可用于业务流建模,它可说明系统的动态过程,其主要图形符号有活动、转换、起点、终点、判断、并发、同步、泳道等。表11-1是对这些图形符号的说明。

表 11-1 活动图主要图形符号说明

名　称	图　符	说　明
活动	(活动名)	活动流中的某项活动
转换	→	活动流中一项活动到另一项活动的过渡
起点	●	活动流的起点状态
终点	◉	活动流的终点状态
判断	◇	活动流的分支判断点
并发	→|→	从一个活动到多个活动的分叉
同步	→|→	从多个活动到一个活动的合并
泳道		活动分区,可反映多个参与者的活动协作

11.3.1 用例之间基于业务协作的活动建模

一个用例代表开展一项特定业务,然而各项业务不是孤立的,相互之间会有协作,这种协作体现出业务流,可通过活动建模表达。

业务协作所涉及业务流通常是一个比较完整的业务处理过程,要求能够反映系统中有关业务的内外全局动态过程,并可能涉及系统基于用户环境的高层活动框架,需要将用例图中代表外部环境元素的参与者考虑其中。

图11-16所示是商品订购服务业务流活动建模,它既可反映业务全局,涉及顾客、销售机构、配送点等用户的业务参与,又有对订购服务较完整的流程说明,从最初的会员登录到最后的结算。这个活动图模型动态、有序地表现用例之间的任务协作,其中的活动元素是业务级的,对应于某个用例。显然,这是大粒度活动单位,其内部必然涉及细节活动,之后可通过分解、细化给出细节说明。该活动建模还用到了活动泳道,有顾客、销售机构和配送点3个活动泳道,以反映任务归属,使诸多活动元素能够与用例模型中的参与者关联。

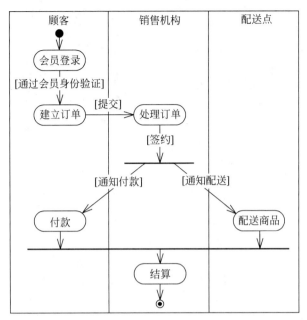

图 11-16　商品订购服务业务流活动建模

11.3.2　用例内部基于操作步骤的活动建模

用例内部活动建模则以用例为单位进行。严格地说,除非用例是不可再分的原子功能单位,如可调用的外部功能函数或可引用的外部独立事务,否则就有必要建立活动模型,以对用例内部操作过程提供动态说明。

用例内部操作活动建模涉及用例内部事件流,需要通过活动图模型说明用例内部功能动态细节,使所建用例能够为后期更进一步分析与设计提供有成效的用例驱动。

下面以图 11-16 所示的商品订购服务用例图中的"建立订单"用例为例,说明如何建立用例内部操作活动图模型。

显然,用例内部活动建模仍是问题分析,其依据仍主要来自用户,所要表现的是用户在该项用例任务中对系统的操作步骤。因此,要建立"建立订单"用例的活动图模型,则必须搞清楚顾客在这项任务中有哪些具体操作。对于"建立订单",可考虑顾客按以下步骤进行操作:选购商品、配置订单细目、生成订单。基于这些步骤,可以建立一个基本的活动图模型,如图 11-17 所示。

在建立活动图基本模型之后,接着可考虑更多的活动细节。例如,以下的活动细节。

(1) 顾客将通过订购平台进入进行建立订单操作。

(2) 顾客在进入后一步操作(如配置订单细目)后,也有可能需要回退到前一步(如选购商品)。

(3) 顾客应可以中途放弃订单创建,除非订单已经提交。

无疑,诸多活动细节也必须在活动图模型中表现出来,因此,"建立订单"基本活动图模型还需要有进一步的补充完善。由此建立的模型如图 11-18 所示,它提供了更加全面的活动信息。

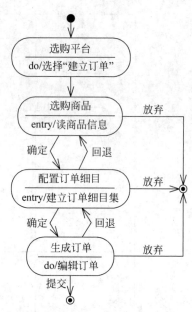

图 11-17　"建立订单"用例内部基本　　　　图 11-18　考虑活动细节后的"建立
操作活动图模型　　　　　　　　　　　　　　订单"活动图模型

11.4　程序系统业务数据与实体类建模

面向对象程序系统涉及控制类、边界类、实体类,分别对应控制层、交互层、数据层。程序系统分析中需要重点关注的业务数据,主要涉及的是实体类。这些实体类是程序系统后期设计中,定义程序系统基本结构的依据。

11.4.1　分析中的实体类

1. 发现实体类

实体类是现实实体的概念抽象,通常可从现实事物中抽取。基于业务数据的类分析及其建模,首要工作就是发现实体类。有许多方法可帮助分析者搜寻软件问题中的实体类,例如,面向需求陈述的名词搜索法——分析者通过对需求说明的仔细阅读,从中寻找关联事物的名词或名词短语,并把每一个名词或名词短语作为候选类记录下来,然后从中筛选出实体类。

下面是有关"网上商品销售系统"的需求陈述。

- 顾客可不受限制直接进入"网上商品销售系统"浏览商品信息,但须注册成为会员,并在通过会员身份验证之后才能订购商品。
- 顾客将通过创建订单实现商品订购,所建订单应出现在订购商品窗上的订单目录内。顾客可通过订单目录了解订单状态,并可对订单目录内的订单进行修改、撤销、提交等操作。
- 顾客建立的订单须提交后才会传给销售机构。顾客可对没有提交的订单或由销售机构退回的订单进行修改。顾客可对没有签约的订单进行撤销操作。
- 商品销售机构销售部负责处理来自顾客的购物订单,对订单的处理结果可以是"签约"或"商议"。签约即同意订单约定,签约时销售部须通知顾客按约定付款,并通知顾客收货地的配送点进行商品配送。商议即不同意订单约定,商议时须说明原因,并将商议意见回复给顾客。

- 商品销售机构各地配送点在接到订单配送通知后,须及时按订单要求向顾客进行商品配送。如果顾客选择了货到付款,则配送员还须负责向顾客收取货款。
- 商品销售机构财务部将负责订单结算。订单签约时顾客可选择不同的结算方式,如货到付款、按约定预付定金、货到结清等。因此,财务部须根据订单签约要求,对顾客货款到账情况进行记录,并建立账单及付款细目。
- 在顾客付清全面货款后,销售机构应提供发票给顾客,以作为顾客付款凭据。

从上述需求陈述中,可以搜寻到以下名词或名词短语:顾客、会员、商品、订单、销售机构、销售部、配送点、财务部、商议意见、配送通知、付款通知、货款、发票等,它们即是候选类。

实体类也可以从对用例图、活动图的分析中发现。如果有待开发的系统有很好的基于用例的业务建模,则用例图以及与用例相关联的活动图自然可作为非常有用的实体类搜寻依据。

在一个基于数据库的系统存储结构中,则可从数据库中数据表的映射中发现实体类。实际上,许多基于数据库的信息系统在建立前台程序应用前已有了比较完善的后台数据规划,并且前台程序要求基于后台数据构建,因此,用来构造前端程序数据的实体类也就可以并有必要从后台数据表中映射。

2. 确认实体类

分析中不仅要从诸多方面搜寻实体类,还要按照一定规则进行实体类确认。通常,可以根据以下特征进行实体类确认。

(1)以数据为中心。例如,一个与操作范围、级别有关的"权限",即可当作实体类看待,因为从"权限"上所看到的使用权的范围、级别,具有非常鲜明的数据特征。又如,"授权",大多不被看作实体类,因为从"授权"上所看到的是使用权的分配过程,这是一种行为。

(2)具有一定的独立性,并有作为独立元素存在的必要性。仍以"权限"为例,它被认为是实体类,还在于它确实有独立存在的价值,需要以对象形式出现,并以对象形态被其他类中的变量引用,以使得权限能获得包含职责、范围等诸多要素的集中控制。又如,"密码",它则无独立存在价值,因此没有必要作为实体类定义,只需要看作某些涉及密码的类的成员变量。

(3)软件系统内部元素。例如,网上商品销售系统中的"配送点",如果该系统仅用于商品订购,而无须考虑对所订商品的配送,则"配送点"在软件系统之外,可不作为实体类考虑。然而,如果该系统需要提供商品销售的全过程服务支持,则"配送点"就在软件系统以内,因此需要当作实体类对待。

11.4.2 实体类之间的关系

实体类所代表的数据大多不是孤立的,而是相互之间有一定的关系,并依靠这种关系形成有组织的程序数据结构。

实体类之间的主要数据关系有关联、聚集、泛化、依赖。

1. 关联关系

从程序结构上看,B 类关联 A 类,则表明 B 类中的某个成员变量是由 A 类定义。

```
class A{…}
class B{
    A a;
    …
}
```

如果需要由一个类对象搜索到另一个类对象,则意味着两个类之间需要建立关联关系,以提供由一个类对象到另一个类对象的搜寻线索。例如,订单类与账单类,顾客购物时需要建立订单,以作为向销售机构订购商品的凭据;销售商则需要依据订单建立账单,以作为向顾客收取货款的凭据,并需要随时查询订单的付账状况,因此也就需要有由订单类到账单类的关联。

图 11-19 所示为订单类到账单类的关联。

两个类之间的连线被用来表示类关联关系,并可从以下方面说明关联:

- 名称:标识关联。例如,图 11-19 中的"查询"。
- 导航:定义搜索对象的方向,使用指向符表示。例如,图 11-19 中从订单类到账单类的导航,其表示由订单可查询到账单。如果既可以从账单查询到订单,又可以从订单查询到账单,则是双向导航,可省略指向符。
- 多重性:表示所关联的两个类之间的对象数量关系。主要有以下几种对象数量表示:"1"(1 个对象)、"0..1"(0 或 1 个对象)、"0..n"(0 到多个对象)、"1..n"(1 到多个对象)。图 11-19 中的多重性表示的是一份订单可涉及 0、1 份账单与其关联。

2. 聚集关系

聚集关系是一种特殊的"一对多"关联,可反映具有整体特征的类与具有部分特征的类之间的相关性。例如,下面的 B 类对于 A 类的聚集。

```
class A{…}
class B{
    A a[];
    …
}
```

聚集使用菱形表示,菱形连接的一端为代表整体的聚集类,另一端则为代表部分的被聚集类。图 11-20 中的订单为聚集类,订单细目则为被聚集类。

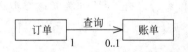

图 11-19 订单类到账单类的关联

图 11-20 订单类与订单细目类之间的聚集关系

聚集关系又可分为组合聚集与引用聚集两种类型。

- 组合聚集:"聚集类对象"组合了"被聚集类对象"的值,并使"被聚集类对象"成为"聚集类对象"中不可分割的一部分,如果"聚集类对象"被删除,则"被聚集类对象"将一同被删除,它们有共同的生存期。

- 引用聚集:"聚集类对象"引用"被聚集类对象",由此使"被聚集类对象"通过"聚集类对象"而结合在一起。已被某个"聚集类对象"引用的"被聚集类对象"不能再被其他对象引用,必须等到该引用关系撤销,"被聚集类对象"才能重获自由。

组合聚集使用实心菱形表示,图 11-20 中的订单类与订单细目类之间即为组合聚集,因此,随着订单的取消,订单细目也将随之一同清除。图 11-21 中窗体类与控件类也是组合聚集,因为由控件类产生的对象,需要依靠窗体类对象才能生存,如果窗体对象关闭了,则窗体中的诸多控件类对象也将一同消失。

引用聚集使用空心菱形表示。图 11-22 中的购物车类与物品类之间即为引用聚集,因为某物品若已被放进了某购物车,那么该物品就不能被其他购物车选取,除非该物品已从该购物车中拿出。

图 11-21　窗体类与控件类之间的组合聚集　　　　图 11-22　购物车类与物品类之间的引用聚集

3. 泛化关系

泛化关系体现了基于类的继承性产生的延伸扩展,例如下面的 X 类泛化延伸出的 Y 类,它们之间通常表现为父子关系。

```
class X{…}
class Y extends X{…}
```

子类继承父类时,上级父类中一些可继承的属性、操作对于下级子类具有可见性。更加具体地则反映于类所构造的对象实例上,当子类构造对象实例前须有父类对象实例的构造时,这个父类对象实例是对子类对象实例的支撑,而父类能够被子类继承的属性、操作,例如父类中 Public 类型的属性、操作,可被子类对象实例访问。然而,下级子类除了可继承上级父类的属性、操作外,它还可定义自己特有的属性、操作,因此系统可通过子类而扩展。类泛化即表现了这种由一般父类到特殊子类的扩展。

在类的泛化关系中,高层父类通常要求有对问题的高度抽象,具有一般性;而低层子类则要求体现具体应用,具有特殊性。例如,图 11-23 中的类泛化关系,处于最高层位置的商品类,可对商品进行高度抽象,具有一般商品的属性与操作。然而,下层位置的食品类却有不同于一般商品的食品卫生安全特性,并有不同于一般商品的食品包装配送要求;下层位置的贵重品类则有不同于一般商品的贵重物品价值特性,并有不同于一般商品的贵重物品付款方式。因此,"食品"和"贵重品"需要作为特殊商品对待,并需要从一般"商品"中泛化出来,建立特殊的属性与操作。

图 11-23　商品类的泛化

类泛化关系中的高层类由于能对现实问题进行高度抽象,因此能够更加通用。实际开发中经常依靠高层类的抽象能力来提高系统的复用性与可适应性。

4. 依赖关系

类之间的依赖关系是一种更广泛意义或不够确切的关联关系,大多体现为行为上的联

面向对象程序工程

系,并表现为一个类中的方法中涉及另一个类的实例。通常,当两个类之间没有构造上的数据联系而一个类的对象却需要访问另一个类的对象时,它们之间就存在依赖关系。例如下面的 B 类对 A 类的依赖。

```
class A{…}
class B{
    void xy(A a){…}
}
```

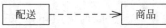

图 11-24 配送对商品的依赖

图 11-24 中的配送对商品的依赖。在基于订单的销售活动中,如果配送只需要按照订单进行,则配送与商品之间无须构造关联。然而,配送过程中可能需要核实商品,如确认订购商品与实际配送是否一致,因此,配送与商品之间需要建立联系,这个联系即可通过依赖关系建立,其体现在配送类需要建立方法,这个方法需要用到商品实例。

依赖关系可用于问题分解。许多时候,一个大而复杂的综合类有必要被分解为诸多小而简单的专用类,再通过在诸多专用类之间建立依赖关系,或者说建立方法而将它们结合在一起。

11.4.3 实体类分析建模举例

分析中的实体类及其关系是业务中数据概念及其关系的抽象。软件系统分析中,可通过实体类及其关系而表达系统业务数据需求,其可在业务层面对系统今后的设计与实现提供数据约束。

然而值得注意的是,分析中的实体类并不完全等同于今后设计与实现中的程序实体。实际上,分析中无须考虑其今后的设计与实现细节,也就是说,类分析建模的重点是识别类及其关系。

图 11-25 所示是有关"商品订购"的实体类关系建模,其涉及的实体类有订单、配送通知、账单、会员、商品等。

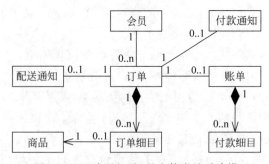

图 11-25 "商品订购"的实体类关系建模

实体类关系则基于业务中数据相关性建立,主要关系有:
- "订单"与"订单细目"之间的聚集关系。
- "订单"与"会员"之间的关联关系。
- "订单"与"配送通知"之间的关联关系。
- "订单"与"账单"之间的关联关系。
- "账单"与"付款细目"之间的聚集关系。

11.5 设计程序系统逻辑结构

11.5.1 确定系统构架

设计程序系统,首先需要考虑的是程序系统构架,这是程序系统的基本框架。

1. 系统分层构架

分层构架是一种常用的构架模式,其特点是程序系统按功能支持分层构建,如应用层、中间构件层、系统层等。

应用层:面向用户的应用程序系统,如界面程序、客户端处理程序。

中间构件层:面向开发的支撑程序系统,如开发平台、API支持包、对象服务代理程序。

系统层:面向设备或底层环境的程序,如操作系统、数据库引擎系统、网络通信协议、设备驱动程序。

图 11-26 所示即是 Java 程序系统分层构架,其自下而上分别是系统层、Java 平台层、Java 应用层。

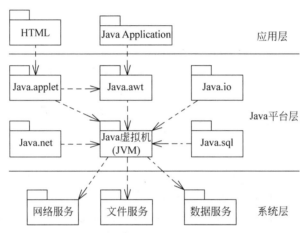

图 11-26　Java 程序系统分层构架

通常,应用程序系统研制者承担的是应用层的开发。然而,应用层需要有中间构件层的支撑,如需要基于一定的开发平台实施程序开发,需要基于 API 包构造图形界面、建立数据库访问。中间构件层还需要有系统层的支持,如数据服务支持、文件服务支持、网络服务支持等。因此,尽管是应用程序系统研制,开发者仍需要对应用层所依赖的这些支撑环境有一定的把握,需要对中间构件层所依赖的底层环境有一定的了解。

2. 应用程序框架

对于复杂的应用程序系统,其设计通常是自顶向下逐级进行的,这个"顶"就是应用程序框架,要求最先确定下来。毫无疑问,程序系统的研制者应该尽力设计出一个良好的程序框架,以使程序系统因此具有良好的集成性与可扩充性。

通常情况下,设计者会将一个复杂的程序系统划分为诸多相对简单的、具有一定独立性的任务子系统。应用程序系统框架即以这样的任务子系统为元素搭建。

分析中建立的业务包可作为任务子系统映射到设计中来。例如,图 11-27 所示的商品销售系统逻辑框架,其中的诸多子系统即来自图 11-4 中的业务包的设计转换。

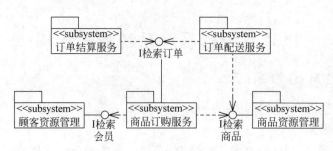

图 11-27　商品销售系统逻辑框架

需要注意的是,子系统是程序实体,因此其内部元素是不同于业务包的。一般地,业务包是业务的聚集,其内部元素是用例、活动等业务元素,而子系统是程序实体,是程序元素的聚集,其内部元素是类、接口、对象等程序元素。

子系统相互之间要求有一定的任务独立性,因此只有较少的数据通信,主要体现为接口连通。

11.5.2　类图设计与完善

类体是构造面向对象程序的基本元素。分析中已建立类图,但分析中的类图是建立于业务实体及其关系上,所表达的是应用层业务数据问题,其主要成分是实体类,它们是基于业务数据定义的。然而,软件设计不能只停留于应用层业务数据,而必须从程序实现角度考察软件内部构造,考察软件系统与环境的交互与通信。因此,设计中需要完善类图,一些分析中没有考虑的类需要补充进来,如控制类、边界类、数据库环境类等;分析中已经考虑的类也要做进一步的完善,如补充属性、设置方法、确定可见性。一般地,设计中需要对类图进行以下方面的设计完善。

(1) 完善实体类定义。分析中的实体类是现实环境中的实体的抽象。然而,设计中的实体类则需要考虑程序结构的合理性,因此需要对来自现实的实体类做进一步的逻辑抽象。例如,建立更高层的抽象类,然后通过抽象类的泛化产生出下级的派生类,以使程序中的类体有更加严密的逻辑定义。

(2) 完善实体类属性定义。分析中的实体类的属性也是直接源于现实环境,这使得属性定义可能并不符合程序编码要求。因此,设计中可能需要根据程序编码需要,对类体属性进行完善,如补充遗漏的属性、按编程语言要求说明属性数据类型等。

(3) 完成实体类操作定义。分析中的实体类的一般不需要考虑其行为,因此也就无须进行与行为有关的操作定义。然而,由实体类产生的对象的运行则需要考虑操作,并需要考虑与其他对象的交互。因此,设计中还必须完成类操作定义。

(4) 完成其他类的定义。实体类是组成程序类模块的核心内容,但实体类作用的发挥需要其他类体元素的协作,如控制类、边界类等。设计中需要将这些类补充进来。

1. 设计中的实体类

分析类图中的实体类(Entity Class)是业务元素,其命名或特征描述一般都建立在用户业务语境基础上。设计中的实体类则是程序元素,需要以程序实现为建模目标。

分析中的实体类可映射到设计中,但一般需要重新命名,以方便今后的程序代码管理与实现,并需要有更进一步的发现与细节说明。

图 11-28 中的"E 订单"即为设计中的实体类,其源自图 11-25 中的"订单",其类别标签《entity》与命名中的前缀字符 E 被用来标记它是实体类。

显然,设计中的实体类有了比分析中的实体类更多的细节,不仅涉及属性、操作,并有对属性、操作的可见性说明——公共的(Public,"＋")、私有的(Private,"－")、受保护的(Protect,"♯")。

实体类的核心内容是属性,其反映了实体类的数据特征。

例如,E 订单类中有以下属性:

id——订单标识码;

paymentMethod——付款方式;

shipAddress——送货地址;

status——订单状态;

contractDate——签约日期。

通常,数据要求有良好的私密性,因此属性的可见性大多定义为私有的或受保护的,E 订单类中的属性都定义为私有的。

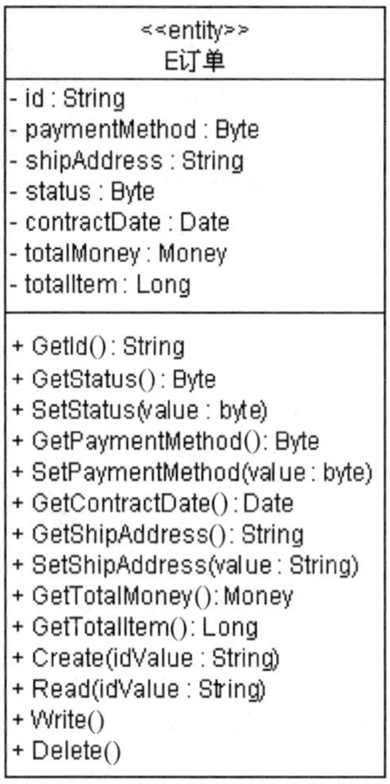

```
          <<entity>>
            E订单
- id : String
- paymentMethod : Byte
- shipAddress : String
- status : Byte
- contractDate : Date
- totalMoney : Money
- totalItem : Long

+ GetId() : String
+ GetStatus() : Byte
+ SetStatus(value : byte)
+ GetPaymentMethod() : Byte
+ SetPaymentMethod(value : byte)
+ GetContractDate() : Date
+ GetShipAddress() : String
+ SetShipAddress(value : String)
+ GetTotalMoney() : Money
+ GetTotalItem() : Long
+ Create(idValue : String)
+ Read(idValue : String)
+ Write()
+ Delete()
```

图 11-28　设计中的实体类

设计中实体类的操作则一般围绕其属性定义,并一般定义为公共的,以作为私有数据属性的消息通道。图 11-28 中 E 订单类的诸多操作被定义为公共的,因此可被外部其他对象访问。

2. 设计中的控制类

控制类(Control Class)是设计中最重要的类,一般基于程序任务定义。图 11-29 所示的"C 订单结算"即是一个控制类,其类别标签<< control >>与命名中的前缀字符 C 用来标记它是控制类。

控制类的核心内容是操作,并且其每个操作都与类的某个任务目标相关,或对应某项特定的程序任务。

图 11-29 中的"C 订单结算"类提供了 3 种针对订单的付账计算操作:

DuePay()——应付款;

AlreadyPay()——已付款;

ResidualPay()——余款。

由于控制类是基于程序任务定义,因此其自身无须构造数据,可以通过依赖实体类获取所需数据。图 11-29 中的"C 订单结算"即依赖于"E 订单""E 账单",以获取所需的订单、账单数据。

主控类(Main Class)是一种特殊的控制类,其含有 main()方法,处于最高层控制位置,可用于启动程序。

图 11-30 中的 M 订单管理是主控类,含有 main()方法,其命名中的首字符 M 与名称上面的标签<< main >>用来标记它是主控类。

需要说明的是,主控类依编程语言的不同而有不同形态,例如 C++,它没有含 main()方法的主控类,只有名称为 main 的主控过程,尽管如此,仍可使用主控类这个概念表示一个可独立运行的程序进程,并在设计中通过主控类标记出这个程序进程的启动与顶层控制。

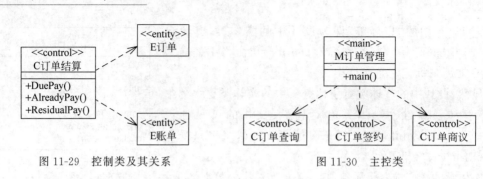

图 11-29 控制类及其关系　　　　　　　　图 11-30 主控类

主控类是基于程序进程定义的,并通常与一个可执行程序构件对应。然而,主控类对象一般只提供一个执行环境,具体执行则依赖执行过程中的其他控制类对象。例如,图 11-30 中的 M 订单管理类只承担对订单的管理操控,具体执行则依赖于 C 订单查询、C 订单签约、C 订单商议等其他控制类。

3. 设计中的边界类

边界类(Boundary Class)是以程序系统与外部环境的交互或通信为依据设定,如窗体、Web 页、终端连接程序、外部应用接口等,都可看作边界类。

图 11-31 所示的“B 订单结算窗”就是一个边界类,其类别标签《boundary》与命名中的前缀字符 B 用来标记它是边界类。

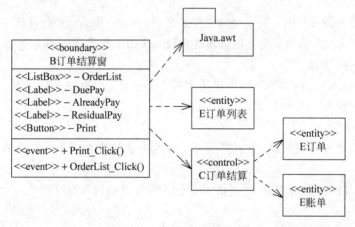

图 11-31 边界类及其关系

窗体、Web 页是最常用的边界类,用于构造图形用户界面(Graphics User Interface,GUI)。值得注意的是,窗体、Web 页中的属性大多为可响应外部事件的图形控件,因此属性名前面有必要加上控件类型标签,如<< ListBox >>(列表框)、<< Button >>(按钮),以标记控件类型。

图形控件元素一般引用于图形控件包或控件类库,例如,Java 中的 Java.awt 包、Studio.NET 中的 Forms.dll 库。这种引用关系也需要在建模中加以体现。

边界类中的操作也有特殊性,一般是事件函数,由来自控件的事件消息触发。例如,“B 订单结算窗”类中的 OrderList_Click()、Print_Click()等操作即为事件函数,因此,其操作名前面加有<< event >>标签,以表明需要由事件消息触发。

边界类是用来构造界面的,因此其对象一般不自身提供数据,而是在控制类对象实例的操控下,由实体类对象实例提供数据。因此,边界类往往对控制类、实体类有依赖,例如,“B 订单结算窗”即对“E 订单列表”和“C 订单结算”有依赖。

4. 设计中的数据库环境类

如果系统有对数据库的频繁访问,则可能需要建立数据库环境类(Environment Class),以获得对数据库访问的公共的并有限制的集中操控。

图 11-32 中的"DE 商品销售数据环境"即是一个数据库环境类,其类别标签 << DbEnvironment >>与命名中的前缀字符 DE 被用来标记它是数据库环境类。

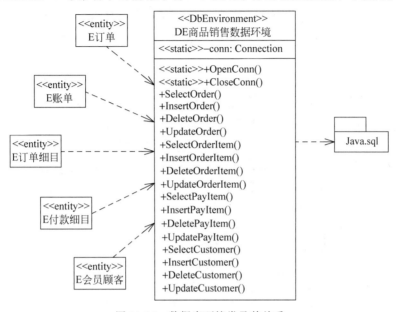

图 11-32　数据库环境类及其关系

DE 商品销售数据环境类用于建立公共数据环境。DE 商品销售数据环境类中的 Conn 属性用于提供数据库连接参数,并被定义为静态属性,以供所有数据环境对象实现共享连接。公共操作 OpenConn( )用于打开数据库连接、CloseConn( )用于关闭数据库连接,并都被定义为静态的,以提供基于类的共享访问。

DE 商品销售数据环境类中的其他操作则针对具体数据对象定义,用于提供专门的并能建立规则限制的数据操作接口。

数据库环境类一般处于实体类与底层数据访问类之间的中间层位置,并在两者之间起通道作用。因此,往下面看,数据库环境类需要依赖底层数据访问类的支持,如 ODBC、JDBC、ADO 的支持。而往上面看,数据库环境类则能支持实体类进行数据操作,可被实体类所依赖。

例如,DE 商品销售数据环境即依赖于 Java.sql 包,以获得 JDBC 支持,并被订单、账单、订单细目等诸多实体类所依赖,为它们提供所需要的数据操作。

11.5.3　抽象类、接口及其用途

1. 抽象类

抽象类(Abstract Class)是一种不能构造对象实例的专门用于高层数据抽象的特殊的 A 类。图 11-33 中的 A 列表类即为抽象类,其类别标签<< Abstract >>与类命名中的前缀字符 A 被用来标记它是抽象类。

抽象类通常处于类层级关系的顶层位置,用于对具有共同特性或行为的类进行概括。A 列表类即用于概括具有共性的列表类,如 E 订单列表、E 商品列表,可使许多列表类共同

拥有的属性与方法获得更高层次的抽象。

抽象类主要用来定义具有框架特征的系统高层数据结构,可给程序系统带来统一风格与高复用率。通常,程序构架设计时需要确定数据规范,需要考虑系统有趋于统一的构造风格。抽象类既可用来定义数据规范,并可使程序有趋于统一的构造风格。

值得关注的是,虽然不能通过抽象类构造对象,但由抽象类派生的下级子类可构造对象,而由抽象类定义的引用变量或指针变量可以指向并操控这些子类对象。因此,设计中可通过抽象类建立多态应用。

2. 接口

接口(Interface)是 Java 程序引进的一种特殊的数据类型,以解决 Java 类不能多继承的问题。接口是操作的集合,是类、构件、子系统的外部可见的操作说明,专门用于功能抽象。

可通过子接口对上级接口的多继承,定义来自不同接口的功能组装。例如,基于扫描接口、打印接口,可复合组装出扫描打印子接口,其具有扫描和打印两方面的功能操作定义。

图 11-34 所示的"I打印报表"即是一个用于报表输出的接口,其类别标签<< Interface >>与命名中的前缀字符 I 被用来标记它是接口。

图 11-33　抽象类及其派生子类　　　　图 11-34　接口及其实现

接口具有以下特点。

(1) 接口只有操作而没有属性,并且只能声明操作,而没有实现操作的方法体。

(2) 接口中操作都是公共的,能够被外部对象访问。

(3) 接口只能被下级子接口继承,而不能被类体继承,但可被类体实现。

(4) 接口只有在被类体实现之后才有实际价值。

(5) 接口不能创建对象实例,但可定义接口变量,并可通过接口变量访问实现接口的类对象实例。

(6) 接口与前面的抽象类有许多相似之处,都不能产生对象实例,都能够支持消息多态,但接口并不完全等同于抽象类。

接口与抽象类之间的差异是:

(1) 接口一般用来进行功能抽象,或定义公共消息通道。抽象类则一般用来进行数据抽象,定义抽象数据类型。

(2) 接口是虚体,实际上无法利用接口提高代码复用率。抽象类则只是不能产生对象的实体,但可以有实现操作的方法体,可依靠下级子类的继承而提高代码复用率。

很显然,接口并不能建立实质性功能,而且还增加了编程复杂度,降低了程序执行效率。

然而,接口可建立消息通道,并可被不同的类体实现,因此可作为不同类体共有的格式统一的消息通道。

例如,图11-35中的"I打印报表"接口,它被"C打印商品报表"和"C打印订单报表"这两个类体实现(带虚线泛化图标表示了类对接口的实现),因此也就成为这两个类共同的消息通道。

接口也可使用空心圆点表示,并可连线于类实现,如图11-36所示。实际上,接口也就是实现其类的暴露在外的消息通道。显然,这样的空心圆点更具外部消息通道象征性。

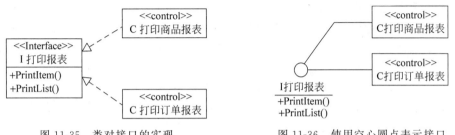

图 11-35　类对接口的实现　　　　图 11-36　使用空心圆点表示接口

大多数程序系统需要具备功能扩充性,例如,数据导入功能,某程序系统需要从外部数据源导入数据,并且外部数据源会随系统应用发展而不断增加。接口则有利于程序系统的功能扩充,例如,设计一个通用数据导入接口,然后在后续的系统建设中,根据应用需要建立各种能承担不同数据导入功能的类体实现这个接口。

3. 基于抽象类、接口的系统构架设计

抽象类、接口通常用于系统构架设计,以定义系统基本数据结构,约束系统外部行为特征,或表现系统需要提供的外部服务。

在图11-27所示的商品销售系统逻辑框架中,就使用了接口说明子系统之间的服务依赖。然而,抽象类需要派生出下级子类,接口需要被类引用并通过类实现其操作,它们才有实际价值。例如,图11-37中的外部接口"I检索订单""I检索会员""I检索商品"与用于实现接口的"C订单查询"类体。

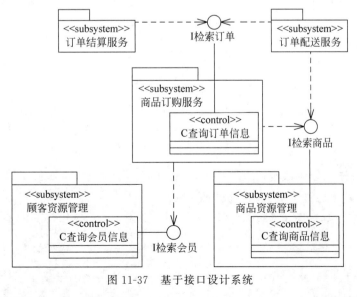

图 11-37　基于接口设计系统

11.5.4　程序逻辑结构

面向对象程序设计的核心内容是程序逻辑结构设计,其需要考虑的问题是确定有哪些类和确定类体之间的关系。可通过设计类图说明程序逻辑结构。

程序系统分析时已基于实体类建立分析类图,程序系统设计时不只需要考虑实体类,还需要考虑控制类、边界类、数据库环境类等其他方面的类。类之间的关系不只是业务层面的数据关联,而必须深入程序内部控制机制上去,需要有对控制机制的精细的设计考虑。

1. 映射程序系统基本结构

所谓结构映射,也就是将分析中已经建立的类图迁移到设计中来,以此启动类图设计。实际上,由于面向对象的分析与设计中都需要建立类图模型,因此,基于类图的由分析到设计的过渡,也就显得比传统结构化方法更加顺畅,可看作无痕过渡。

例如,图 11-38 所示的设计类图,它即由图 11-25 的分析类图映射。由于所进行的结构映射只是用来启动设计,因此其几乎就是原样复制,一般只需要进行以下方面的设计补充:

(1) 按照编码需要对类体重新命名;

(2) 确定并设置类别标签;

(3) 对已经确认的类中的属性、方法等进行精细定义。

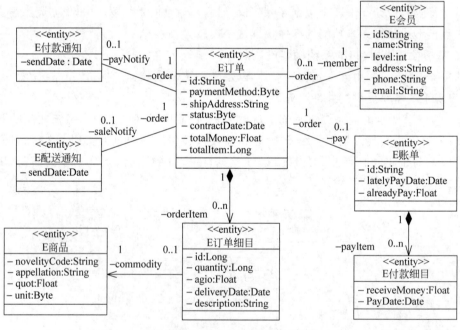

图 11-38　源自分析的类图映射

设计中的类图已能生成类体框架代码,若使用设计建模工具(如 Rose、PowerDesigner)建立设计蓝图,则可通过工具自动生成类体框架。

下面是图 11-38 中类体的框架代码。

```
/ ***************************************************************
* 类体声明
**************************************************************** /
```

```java
public class E 订单;
public class E 订单细目;
public class E 会员;
public class E 商品;
public class E 配送通知;
public class E 付款通知;
public class E 账单;
public class E 付款细目;
/ ******************************************************************
 *  类体定义
 ****************************************************************** /
public class E 订单 {
    private String id;
    private Byte paymentMethod;
    private String shipAddress;
    private Byte status;
private Date contractDate;
    private Float totalMoney;
    private Long totalItem;
    private E 会员 member;
    private E 订单细目[ ] orderItem;
    private E 账单 pay;
private E 付款通知 payNotify;
private E 配送通知 saleNotify;
}

public class E 订单细目 {
    private Long id;
    private Long quantity;
    private Float agio;
    private Date deliveryDate;
    private String description;
    private E 商品 commodity;
    private E 订单 order;
}

public class E 会员 {
    private String id;
    private String name;
    private int level;
    private String address;
    private String phone;
    private String email;
    private E 订单[ ] order;
}

public class E 商品 {
    private String novelityCode;
    private String appellation;
    private Float quot;
    private Byte unit;
}

public class E 配送通知 {
```

```
    private Date sendDate;
    private E 订单 order;
}

public class E 付款通知 {
    private Date sendDate;
    private E 订单 order;
}

public class E 账单 {
    private String id;
    private Date latelyPayDate;
    private Float alreadyPay;
    private E 订单[] order;
    private E 付款细目[] payItem;
}

public class E 付款细目 {
    private Float receiveMoney;
    private Date payDate;
}
```

2. 构造程序系统完整结构

从分析类图转换而来的程序结构只是全部程序结构中的一个部分,所涉及的只是体现系统数据特征的实体类。设计需要考虑的是完整的程序结构,设计获得的结果应该能对程序系统构建提供全面、有效的支持。因此,设计需要有对类体及其关系更全面的建模,不仅有实体类,还有控制类、边界类等其他方面的类,以及类体之间的关系,都需要通过建模确定下来。

一种合乎逻辑的设计思路是,以用例为依据构造完整程序结构,这也就是用例驱动。一般地,用例是一个可被用户直接体验的完整功能单元,但如果从程序角度考察如何实现用例,则必然涉及诸多方面的类的集成,因此,也就需要有基于用例的类关系建模说明。实际上,通过用例及其内部活动可发现更多的类,如实体类、边界类、控制类、数据环境类等,都可通过考察用例发现出来。

其一,用例将必然涉及数据,因此需要有与数据相关联的实体类。通常,可根据用例内部活动的数据需要,进行实体类用例分配,不仅分配已经发现的类,并且还可能需要补建一些新的实体类到用例中来,以满足用例更加全面的数据需要。

其二,用例可被用户直接体验,其必然涉及与用户的交互或通信,因此需要定义边界类。通常,可根据用例内部活动的交互需要建立边界类,如窗体、Web 页等。

其三,用例还必然涉及程序任务控制,并且大多需要有控制类进行专门的程序流程控制。一般地,控制类如同用户界面与系统内部数据之间的连接通道,可使许多来自实体类对象的数据,按照设计好的规则,有序地在边界类对象上表现出来。通常,可根据用例内部活动对控制的需要建立控制类。

其四,如果用例中有访问数据库的活动,还需要有数据环境类的支持,以方便对后台数据库的访问。

其五,用例中的边界类、控制类、实体类、数据环境类等各种类体元素主要通过依赖关系建立联系,以反映对所需类体的引用。可对用例内部活动进行细心考察,从中发现类体之间的依赖。其一般是由外至内建立依赖,即从边界类到控制类、实体类,再到数据环境类。

下面以"建立订单"为例,说明如何基于用例完善程序结构。图 11-39 和图 11-40 所示分别是"建立订单"的用例模型与活动模型。

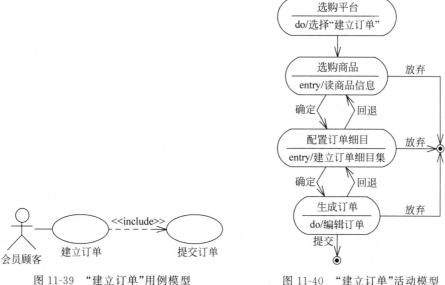

图 11-39　"建立订单"用例模型　　　　图 11-40　"建立订单"活动模型

下面是对这两个模型的分析。

(1) 数据源自实体类。依据该用例的数据需要,可进行以下实体类分析:

- 顾客需要选购商品,因此需要有商品类;
- 顾客需要建立订单,因此需要有订单类、订单细目类;
- 建立订单时需要导入顾客会员信息,如会员级别、送货地址、联系电话、邮件地址等,因此需要有会员类。

(2) 顾客建立订单时需要有与系统进行交互的界面,并考虑通过 Web 页建立交互界面。依据对用例内部活动的考察,可识别出以下 Web 页:订购平台页、选购商品页、配置订单细目页和生成订单页。

(3) 建立订单过程中还需要有控制类进行任务控制。

(4) 该用例还将涉及对数据库的读写操作,因此需要有数据环境类的支持。

基于上述分析,可建立该用例类关系模型,如图 11-41 所示。

毫无疑问的是,如果要完整地表现整个系统的程序结构,则必须对每个用例都进行类图建模。很显然,这必然是一件非常需要耐心的工作。

3. 提高类体独立性

类体是面向对象程序基本模块,要求有良好的独立性。通常情况下,类体独立性越强,系统结构越稳定,系统扩充性也就越好。设计需要考虑的是,避免不必要的耦合,或采用低耦合,以提高类体独立性。

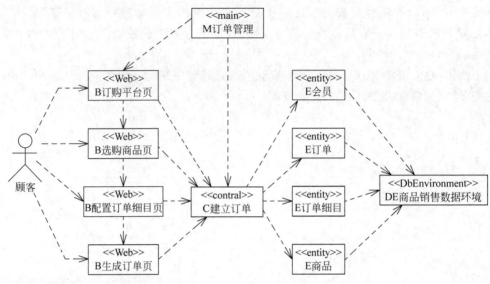

图 11-41 "建立订单"类图模型

1) 类体内聚度

类体既需要考虑如何构造与封装数据,又需要考虑如何通过方法处理封装数据。

首先,类体应在整体构造上获得高内聚,因此需要以数据为核心构造,许多操作则围绕数据创建,并以服务数据为操作目标。

类体还需要具有较高的方法处理内聚度。第 6 章中介绍的一些内聚形式,如功能内聚、顺序内聚、通信内聚、过程内聚,可用来判断操作方法是否具有高内聚度。

2) 类体之间的耦合度

类体之间需要依靠耦合结成整体。然而,高耦合会导致类体独立性下降。

传统耦合形式有数据耦合、控制耦合、公共耦合,它们也适应于类体。此外,类体作为构造对象的特殊模块,还有一些特殊的耦合形式。

类体继承耦合:类 B 如继承于类 A,则类 B 将因继承类 A 的公共的或受保护的属性、操作而受制于类 A。例如,构造类 B 对象,其就不仅要对类 B 特有属性进行初始化,并还需要调用类 A 的构造函数,以对上级类 A 属性进行初始化。继承耦合的影响是,上级类 A 如有修改,则下级类 B 也需要做一定的适应性修改。

类体引用耦合:如果在类 A 中引用了类 B,则产生此种耦合。实际上,无论被引用到类 A 中的类 B 有何用途(如用于定义类 A 的某个对象属性,或用于定义类 A 的某个方法中的局部对象变量),只要类 B 有了修改,则类 A 就可能需要进行一定的适应性修改。

类体友元耦合:如果类 B 被声明为类 A 的友元类,则类 B 将嵌入类 A 中,以致类 B 中的任何操作都可直接访问类 A 中的私有的或受保护的数据属性,并使得类 A 的任何改变都可通过类 B 向外传播。

一般地,如果基于接口设计与实现类体,则类体中依赖于接口的外部消息通道与用于实现操作的内部方法都会受到规则制约。显然,这样的类体可有更低的耦合度与更高的内聚度,因此独立性更强。因此,规模庞大而复杂的系统一般会要求先通过接口设计程序系统基本框架,然后基于框架设计基于类的程序结构,由此使系统获得稳定的结构与良好的扩充性。

11.6　设计程序系统流程控制

面向对象程序虽然是以类体为主要元素构造,然而类体是静态结构,通常情况下类体通过构造对象实例动态工作。因此,在面向对象程序设计中,除了需要有基于类的静态结构建模说明,还需要有基于对象实例的动态过程建模说明。

UML中能够用于建立对象实例动态过程模型的有协作图、时序图、状态图。

11.6.1　协作图建模

对象实例之间可通过消息进行动态交互,UML中的协作图则可说明对象之间的动态交互。图 11-42 所示就是一个协作图,其即反映了 a、b、c 3 个对象之间的动态交互。

图 11-42　对象协作图

协作图中的主要图形元素如下。

对象:类体实例,用矩形框表示,框内标有对象名与对象所属的类,命名格式是: [对象名]: 类。其中,对象名可省略。

链接:对象之间的永久关系,一般由类体之间的持久静态关系映射,如类体之间的关联关系、聚集关系、依赖关系等,即能够被映射为对象之间的链接关系。

消息:对象之间的短暂通信或交互,需要依附于持久链接关系建立,其中的序号用于表示消息触发的时间顺序。

需要指出的是,协作图建模将依靠用例驱动,而且已经获得的针对用例的类关系建模能够用作协作建模的结构背景。与此相适应的建模策略是,从基于用例的类关系模型中直接获取到有关对象的协作框架。

可以说,这是一项很容易操作的工作,通过将类关系模型中的类体映射为对象,将类体之间的关联、聚集、依赖关系映射为对象之间的链接关系,那么一个有关对象的协作框架也就建立起来了。

以"建立订单"用例为例,图 11-41 已经给出了类关系结构,以该类结构为依据,可直接映射出"建立订单"对象协作框架,如图 11-43 所示。

但是,一个由类关系模型映射而来的对象协作框架只能说明对象之间的静态协作关系,不能反映对象之间基于消息的动态交互。因此,在建立对象协作框架之后,还需要考虑对象之间的消息通信与动态协作。

通常情况下,可以依据用例内部活动,搜寻对象之间的动态协作。为使活动模型能有效支持动态协作建模,设计者有必要对用例内部活动做进一步的细化,然后将诸多细节活动转

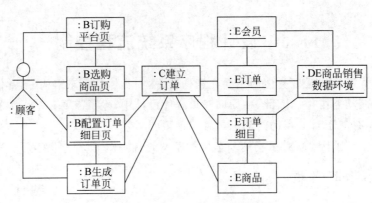

图 11-43　"建立订单"对象协作框架

换为对象消息。

　　最后,许多源自活动的对象消息,将需要依附于静态协作框架中的对象链接表示出来,以说明对象之间短暂的、动态的、基于消息的通信或交互。

　　依据上述协作建模策略,并基于图 11-43 中的"建立订单"对象协作框架,可进行动态协作建模,由此可建立"建立订单"对象动态协作模型,如图 11-44 所示。

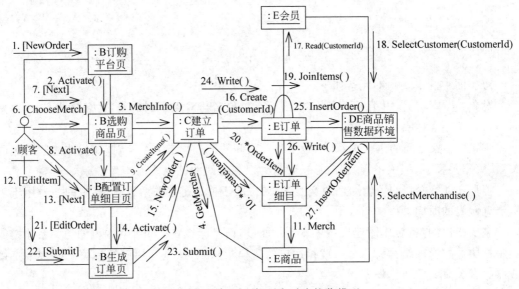

图 11-44　"建立订单"对象动态协作模型

11.6.2　时序图建模

　　时序图也是针对对象的动态行为建模,但有不同于协作图的建模特点,主要基于对象生命线说明对象实例交互,因此有比协作图更加直观、清晰的时序说明。

　　图 11-45 所示为时序图。

　　时序图中的图形元素如下。

　　对象:类实例,用矩形框表示,框内标有对象名与对象所属的类,命名格式是:[对象名]:类。其中,对象名可省略。

　　对象生命线:对象矩形框向下的垂直虚线,用于表示对象在某段时间内的存在状态。

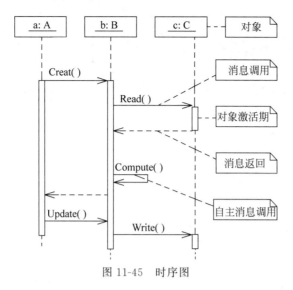

图 11-45　时序图

对象激活期：对象生命线上的细长矩形条。当对象收到消息时，接收对象立即开始执行活动，即对象被激活了。

消息：由一个对象激活期到另一个对象激活期之间的有向水平连线，箭头形状表示消息的类型（如同步、异步），其中的消息可以用消息名和参数表标识。

需要注意的是，尽管时序图有不同于协作图的建模视角，但所建模型的实质内容则具有一致性。因此，协作图与时序图相互可以转换。图 11-46 和图 11-47 是"建立订单"时序建模举例，其由协作图转换而来。

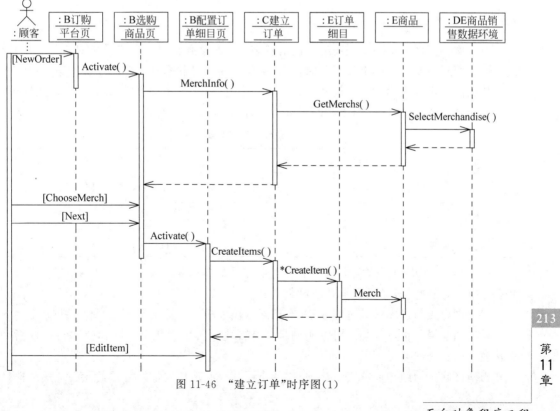

图 11-46　"建立订单"时序图（1）

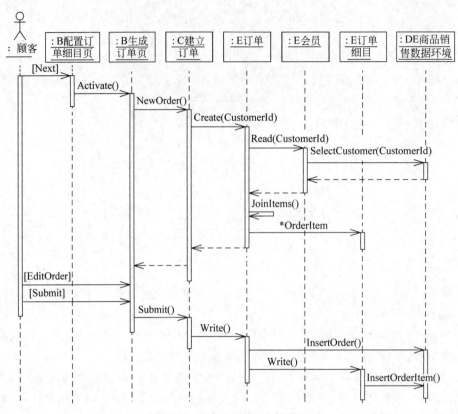

图 11-47 "建立订单"时序图(2)

11.6.3 状态图建模

对象实例因属性值的不同而有不同的状态。对象实例的某种状态通常具有一定的稳定性,然而,当对象受到外部事件干预时,可能触发其由一种状态迁移到另一种状态。

状态图可用来描述对象实例状态及其迁移。表 11-2 所列是状态图中一些常用图形符号。显然,状态图有与活动图类似的图符元素,但图符含义则有差别。

表 11-2　状态图主要图形符号说明

名　称	图　符	说　明
状态	(状态名)	对象的一组有显著特征的属性值
迁移	⟶	对象由一种状态到另一种状态的迁移
初始状态	●	伪状态,表示由此处进入状态
最终状态	◉	表示到此处后将结束所有状态

通常,状态图中的对象实例是一个取自系统的个体元素。因此,在对某个对象实例进行状态考察时,无须过多考虑它与其他对象的交互。

状态图也无须过多考虑过程细节,它们通常由分析中的活动图模型提供依据。

状态图建模的重点是关注对象实例自身有哪些可辨别的状态,以及它将如何由一种状态转换为另一种状态。

当所面临的问题与业务密切相关时,状态图建模必然需要涉及对象的业务应用。而且,一个涉及用户业务的对象实例状态图,还可能需要从业务全局角度考察对象实例状态及其迁移。因此,状态图可能会跨越不同的程序进程,或可能贯穿对象实例的全部生命历程,以使得对象实例可能出现的并有一定业务意义的各种状态,以及这些状态之间可能出现的各种迁移,都能够在状态图中得到说明。

图 11-48 所示为"订单"对象状态图建模,它跨越了多个程序进程,并贯穿了"订单"对象几乎全部的生命历程,从订单的新建、待签,到签单、配单,直到结单。

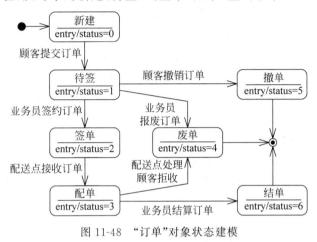

图 11-48 "订单"对象状态建模

11.7 程序系统物理装配与部署

11.7.1 程序构件图

1. 模型元素

UML 中的构件图是软件系统物理结构建模,用于反映软件系统基于构件的物理集成与装配。图 11-49 所示为构件图。

构件图中的主要图形元素如下。

构件:软件系统中的物理单元,通常可对应到一个特定程序文件,如可执行程序文件、动态链接库文件、数据库文件、ASP 文件、HTML 文件等。

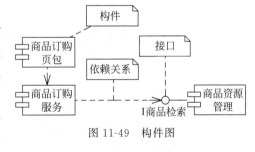

图 11-49 构件图

接口:构件中需要暴露在外的消息通道。其通常在逻辑框架中定义,并被引入构件中,以支持构件与外界的数据通信与任务协作。

依赖:表示一个构件需要从另一个构件处获得服务支持。如果另一个构件有接口,则可建立对接口的依赖,以获得服务支持。

2. 建模方法

构件是构件图中的核心元素。通常情况下,构件有清晰的边界,并能对应到一个特定的文件或文件包,如可执行程序文件、动态链接库文件、数据库文件、ASP 文件包、HTML 文件包等。

构件所要表现的是对逻辑类体进行物理构造,并且一个构件可以构造一个或多个类体。一般认为,构件可基于类体相关性进行物理集成,如业务相关性、功能相关性、数据相关性。这些相关性是定义程序构件的依据。

当然,一个类体也可以被多个构件构造,但这无疑将造成程序冗余,并会使程序维护难度加大。因此,构件建模中,应对逻辑类体有合理的分类组合,一些需要共享的类体,则有必要抽出作为独立构件定义,以提供给其他构件引用。

基于业务相关性集成的构件可看作业务构件。逻辑框架中的业务包或业务子系统,可对应为一个业务级物理构件。例如,前面讨论的商品销售系统,可考虑由顾客资源管理、商品资源管理、商品订购、订单配送、订单结算等业务级构件集成,其中的每一个业务级构件可看作一个业务子系统。

然而,业务级构件可能有较大规模,并且构件中的某些功能或数据需要被其他构件引用,或需要部署到特定的机器节点上独立工作。显然,这些功能或数据有必要抽取出来,并作为独立的功能构件或数据构件定义。

需要注意的是,构件是可替换的零件,而通过构件替换,可对软件系统进行维护改造、功能扩充。因此,在定义构件时,还必须考虑它的可替换性,以方便软件系统的扩充与维护。一般看来,包含有较多类体的大构件,有必要被分解为多个较小的构件,以使其有更好的可替换性。

构件建模中还将涉及对接口的分配。这些接口通常在程序逻辑框架中定义,并依赖于类体实现。显然,接口应该与实现该接口的类体集成在一个构件中,而不是分离开来。

3. 建模举例

1)建立基本物理框架

构件建模时首先需要考虑的是程序系统的基本的物理框架。一般认为,这个基本的物理框架可建立在程序系统基本的逻辑框架上。

图 11-50 所示的商品销售系统基本构件图,即以图 11-27 中的商品销售系统逻辑框架为建模依据。

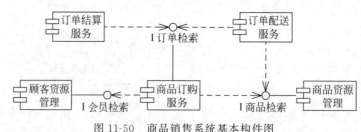

图 11-50 商品销售系统基本构件图

2)细化与完善物理框架

一般地,程序系统基本物理框架只能考虑业务级构件。

可以说,业务级构件还不足以支持程序系统结构创建,必须要有进一步的细化,以达到功能级、数据级构件建模。

例如,图 11-50 中的商品订购服务构件,其核心功能是建立订单、管理订单,因此包含有订单类及其相关的订单细目类、订单列表类。然而,该图中的订单配送服务构件与订单结算服务构件,由于涉及订单检索,因此也要引用订单类、订单细目类、订单列表类,并且这两个构件有可能需要单独部署。

　　显然,更加合理的方案是将订单类、订单细目类、订单列表类从商品订购服务构件中抽出,并单独建立订单构件供需要用到这些类的其他构件引用。

　　基于上述思路,可对基本框架做进一步完善。图 11-51 所示的构件图,即经过进一步细化与完善所得,其对构件有了更全面的考虑,并且每个构件有了更加明确的物理特征,可与某个具体的文件或文件包对应。

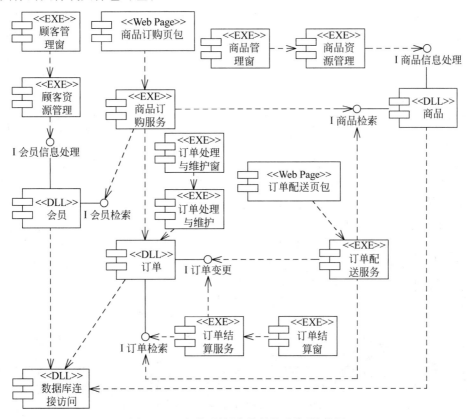

图 11-51　完善后的"商品销售系统"构件图

11.7.2　系统部署图

　　建立起来的程序系统还需要安装、部署到计算机上才能投入使用。部署图即可说明程序系统的安装、部署,可反映程序系统运行时,各种将驻留或执行程序的计算机设备之间的物理关联。

　　部署图中主要图形元素如下。

　　节点:立方体,表示驻留程序的计算机设备,如应用服务器、数据库服务器、Web 服务器、前端客户机、网络路由器、外部存储器。

　　关联:节点之间的连线,表示计算机设备之间的连接通信。

　　部署图建模需要以节点为核心。一般地,节点是软件系统工作时,容留构件实例的容器,或者说是构件的运行空间。极端情况下的系统可能只有一个节点,例如,集中式结构。通常,这样的系统无须部署图说明安装、部署。

然而,更多的情况下,系统涉及许多节点,并且基于节点及节点之间的关联,形成分布式构架,其中的每一个节点是一个驻留有程序的分布式单元。对于这样的系统,则必须要有部署图说明安装、部署。

系统部署还需要说明系统需求的最终实现。因此,在系统部署时,还必须考虑系统的实际应用状况以及系统工作时的现实设备状况。

图 11-52 所示是"商品销售系统"的部署图,其涉及设备有数据库服务器、业务服务器、Web 服务器,以及业务操作前端设备。该系统还考虑基于三层构架建立分布式应用,考虑对顾客订购、订单配送,建立基于互联网的 Web 服务,以方便顾客或配送点,在没有安装客户端程序的情况下,也能较好地应用该系统。

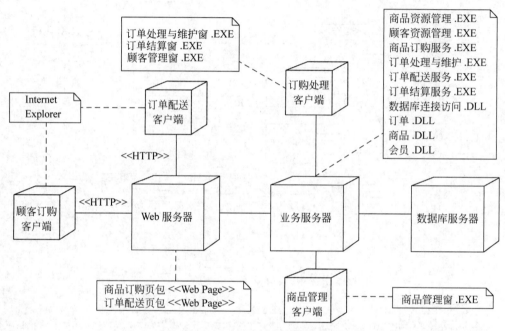

图 11-52 "商品销售系统"部署图

小　　结

1. 面向对象程序工程方法

面向对象程序工程通过类对现实世界中诸多要素进行模型抽象与结构定义,由此搭建起程序世界的基本框架。面向对象程序是以实体为依据,并基于实体及其控制确定程序结构,还需要考察对象行为,说明对象动态行为过程。

可通过 UML 建立面向对象分析设计模型。UML 有统一的语法规则、语义规则与语用规则,可从多个不同视角建立软件模型,所涉及模型有用例图、活动图、类图、状态图、协作图、时序图、构件图、部署图。分析设计建模应是合乎逻辑的推论,并需要从程序系统业务特征、逻辑结构、动态过程,以及物理部署等方面进行模型构建。

可基于 RUP 推进项目进程,其过程具有以下特点:用例驱动、以构架为中心、增量迭代。

2. 程序系统业务分析

面向对象程序系统以现实问题抽象为构建依据,因此,程序系统构建前需要有良好的业务分析。可以从业务域、业务流、业务数据这 3 方面对程序系统做业务分析。

可通过用例图建立业务域分析模型。用例图中的基本元素如下。

- 用例:用户业务级程序实例,使用椭圆图标表示。
- 参与者:可与系统进行主动交流的外部环境元素,使用人形图标表示。
- 交流:系统与用户之间的交互或通信,使用连线表示。

可通过活动图建立业务流分析模型。活动图用于描述程序系统执行过程,主要图形元素有活动、转换、起点、终点、判断、并发、同步、泳道等。可使用活动图说明高层业务级活动,这通常涉及一个较完整的业务流程。也可针对每个用例进行活动建模,以反映用例内部活动细节。

可通过实体类图建立业务数据分析模型。其首要工作是发现实体类。可使用名词搜索法发现候选类,然后再从候选类中筛选出实体类。实体类所代表的数据,相互之间通常有一定的关系。依靠这种关系可形成有组织的程序数据结构。实体类之间的主要数据关系有关联、聚集、泛化。

3. 程序系统构架定义

程序系统构架是构造程序系统的基本框架,需要优先考虑。分层构架则是一种常用的构架模式,其特点是程序系统按功能支持分层构建,如应用层、中间件层、系统层等。

应用程序框架则涉及程序构造。一个复杂的程序系统,可被划分为许多相对简单的任务子系统。这样的任务子系统大多有一定的独立性,并且是搭建程序框架的基本元素。

4. 程序系统逻辑结构设计

类体是构造程序的基本元素。设计中将涉及以下方面的类:实体类、控制类、边界类、数据库环境类等。其中,实体类体现数据,控制类体现过程控制,边界类体现交互,数据库环境类体现对数据库的访问。

程序逻辑结构则主要通过设计类图反映,它是面向对象程序结构设计的核心内容。其中,分析中已经建立的类图可迁移到设计中来,以此启动类图设计。然而,从分析类图转换而来的程序结构,只是全部程序结构中的一个部分,并不足以支持程序系统构建。设计需要有对类体及其关系更全面的建模,一种合乎逻辑的设计思路是,基于用例完善程序结构。通常,用例是一个可被用户直接体验的完整功能单元,并涉及许多方面的类的集成,因此,可基于用例建立更加完整的类关系模型。

5. 程序系统动态过程设计

面向对象程序设计中,还需要有基于对象的动态过程建模说明。所涉及动态过程模型有协作图、时序图、状态图。

协作图可说明对象之间的动态交互。协作图建模也将依靠用例驱动。已经获得的基于用例的类关系模型,可作为协作建模的结构背景,由此可获取到有关对象的协作框架。

时序图也是针对对象的动态行为建模,但基于对象生命线说明对象交互,因此有比协作图更加直观、清晰的时序说明。

状态图可描述对象状态及其迁移。通常,状态图中的对象是一个取自系统的个体元素。因此,在对某个对象进行状态考察时,无须过多考虑它与其他对象的交互。一个涉及用户业务的对象状态图,需要从业务全局考察对象状态及其迁移。因此可能跨越不同程序进程,甚至可能贯穿对象全部生命历程。

6. 程序系统物理装配与部署

构件图是软件系统物理建模,用于反映软件系统基于构件的物理集成与装配。

部署图可说明程序系统的安装、部署,可反映程序系统运行时各种将驻留或执行程序的计算机设备之间的物理关联。

习   题

1. 某指纹门禁控制系统涉及类体有电控锁、指纹感应、开锁控制、开锁人授权。

(1) 电控锁:实体类,有 rating、state 两个属性,分别代表权限等级(如:1,2,3)、当前状态(如:0——关闭,1——打开)。

get_state()方法用于获取当前状态值。up_state()方法则用于改变当前状态并返回变更结果,其中,rating 参数用于提供用户授权等级,只有 rating 参数大于或等于 rating 属性值时,才能改变当前状态。

(2) 指纹感应:边界类,通过 touch()事件接收来自指纹感应器的开锁人触摸。

(3) 开锁控制:控制类,通过 openLock()方法控制开锁流程,并返回开锁结果提示。

(4) 开锁人授权:数据环境类,通过 readRating()方法从后台数据中返回开锁人授权等级。如果没有该开锁人指纹记录,则返回-1。

上述类体关系如图 11-53 所示。

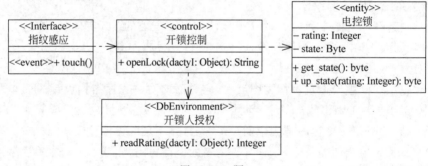

图 11-53 题 1

下面是对其工作机制的说明。

(1) 开锁人通过触摸指纹感应器而触发指纹感应类对象的 touch()事件,由此向开锁控制类对象发送 openLock()消息。

(2) 开锁控制类对象向电控锁类对象发送 get_state()消息,以获取电控锁类对象当前的 state 属性值。如果电控锁类对象的 get_state()消息返回的 state 属性值为 1,则开锁控制类对象的 openLock()消息将继续向指纹感应类对象返回"锁已开!"提示。

(3) 如果电控锁类对象的 get_state()消息返回的 state 属性值为 0,则开锁控制类对象将向开锁人授权对象发送 readRating()消息,以获取开锁人授权等级。如果没有该开锁人指纹记录,则返回-1,并由开锁控制类对象的 openLock()消息向指纹感应类对象返回"无效指纹!"提示。

（4）如果开锁人授权对象的 readRating()消息返回了有效的授权等级,则开锁控制类对象将继续向电控锁类对象发送 up_state()消息,以改变 state 属性值,并返回 state 属性值。如果返回 1,则再经开锁控制类对象的 openLock()消息向指纹感应类对象返回"锁已开!"提示。如果返回 0,则再经开锁控制类对象的 openLock()消息向指纹感应类对象返回"不够授权!"提示。

以上述电控锁工作机制及类图说明为依据,建立有关对象实例的协作图、时序图,以提供直观、清晰的程序动态过程模型说明。

2. 某图书借阅管理系统需求说明如下。

（1）管理员应建立图书书目,以提供图书检索的便利。一条书目可有多本同 ISBN 号的图书,每本图书只能对应一个书目。

（2）图书可被读者借阅。读者在办理图书借阅时,管理员应记录借书日期,并记录约定还书日期,以督促读者按时归还。一个读者可借阅多本图书,一本图书每次只能被一个读者借阅。

（3）图书将由管理员办理入出库。图书入出库时,应记录图书状态变更,如存库、外借,并记录变更日期。一个管理员可办理多本图书入出库,但一本图书的某次入出库办理,必须有确定的管理员经手。

以上述说明为依据,从业务域、业务流、业务数据 3 方面建立该问题业务模型,并基于业务模型建立程序系统逻辑结构模型、流程控制模型。

3. 某商品库存管理系统需求如下。

（1）计划部、库房部、采购部、销售部将使用该系统。

（2）计划部负责编制商品库存计划,涉及品名、库存上限、库存下限。

（3）采购部需要依据商品库存情况与商品库存计划编制商品订购单。

（4）销售部需要依据商品库存情况编制商品提货单。

（5）库房部负责商品入出库操作,并凭商品订购单入库,凭商品提货单出库。

（6）商品入出库时,需要写入出库记录到商品流通表,并更新商品库存量。如果某商品库存量低于计划下限,则将会自动通知采购部订货。

（7）系统有针对部门的授权机制和针对工作人员的注册机制,并由系统管理员负责授权与注册。

以上述说明为依据,从业务域、业务流、业务数据 3 方面建立该问题业务模型,并基于业务模型建立程序系统逻辑结构模型、流程控制模型。

4. 某银行储蓄系统需求说明如下。

（1）开户:客户可填写开立账户申请表,然后交由工作人员验证并输入系统。系统会建立账户记录,并会提示客户设置密码(若客户没做设置,则会有一个默认密码)。如果开户成功,系统会打印一本存折给客户。

（2）密码设置:在开户时客户即可设置密码。此后,客户在经过身份验证后,还可修改密码。

（3）存款:客户可填写存款单,然后交由工作人员验证并输入系统。系统将建立存款记录,并在存折上打印该笔存款记录。

（4）取款:客户可按存款记录逐笔取款,由客户填写取款单,然后交由工作人员验证并输入系统。系统首先会验证客户身份,其根据客户的账户、密码,对客户身份进行验证。如果客户身份验证通过,则系统将根据存款记录累计利息,然后注销该笔存款,并在存折上打印该笔存款的注销与利息累计。

以上述说明为依据,从业务域、业务流、业务数据 3 方面建立该问题业务模型,并基于业务模型建立程序系统逻辑结构模型、流程控制模型。

5. 某网上考试系统需求说明如下。

(1) 登录系统:教师或考试的学生可凭据已有的统一身份登录网上考试系统。

(2) 组卷:教师登录系统后可对所任教课程进行组卷,涉及功能有选题、生成试卷、提交试卷。其中,选题时的待选试题来自公共题库,生成的试卷在提交后则保存到考卷库,以供考试之用。

(3) 考试:考试的学生登录系统后可对所学课程进行考试,涉及功能有选择课程、导入试卷、答卷、提交试卷。系统会根据学生所选课程,从考卷库中导入试卷,学生完成的答卷可通过提交保存到答题库,以供评卷之用。

(4) 评卷:教师登录系统后可对所任教课程进行组卷后评卷,涉及功能有导入答卷、评阅答卷、提交成绩。系统将从答题库中导入答卷,并通过评阅产生成绩,结果可通过提交保存到成绩库,以供成绩输出、查询。

以上述说明为依据,从业务域、业务流、业务数据 3 方面建立该问题业务模型,并基于业务模型建立程序系统逻辑结构模型、流程控制模型。

第 12 章　数据库工程

数据库用于长久存储数据,有严密的数据组织结构,能使数据获得良好的管理、维护与应用。在一个软件系统中,数据库通常被看作后台数据环境,以对系统运行提供后台数据支撑。由于数据库的特殊性,在软件系统研发中,通常会作为一个独立的工程问题对待,有专门的基于数据库的分析与设计。

本章要点:

- 数据库体系架构。
- 数据库分析与建模。
- 数据库结构设计。
- 数据库访问设计。

12.1　数据库体系结构

数据库是存储数据的仓库,有层次数据库、网状数据库、关系数据库等多种类型,每种类型有不同的数据组织结构。早期应用主要是层次数据库与网状数据库,较好地解决了数据的集中和共享问题,但是数据的独立性问题却比较难以解决,不利于对数据的存取操作。层次数据库与网状数据库存在的问题,通过关系数据库得到了较好的解决。因此,自 20 世纪 80 年代以来,关系数据库逐步成为主流数据库模式。目前应用中还有对象数据库,但其大多由关系数据库发展而来,只是数据元素可以是对象。

12.1.1　基本体系

数据库通常基于外模式、概念模式、内模式这三层模式构造,并通过这三层模式建立两级映像,由此获取数据的逻辑独立与物理独立,如图 12-1 所示。

1. 三层模式

- 外模式:它是面向数据应用的,是用户访问数据库时的应用接口,一般基于某个特定用户的最终数据需求定义。外模式的核心要素是数据视图,需要考虑的是如何通过数据视图而使特定用户获取所需要的数据。
- 概念模式:它是面向数据逻辑构造的,需要考虑的是数据科学合理的逻辑结构,涉及的要素有数据表、数据表关联、数据完整性约束等。通常,数据分析时已有了针对数据现实问题的实体关系建模,数据库概念模式设计即建立于已有的数据实体关系模型基础上。

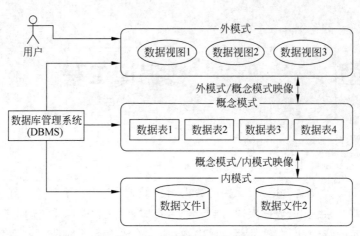

图 12-1　数据库体系结构

- 内模式:它是面向数据物理存储的,需要考虑的是合理的并与机器相关联的数据物理存储,如数据库文件存储位置、数据库文件大小分割、数据记录的存储结构、索引结构等。通常情况下,设计者可根据计算机设备条件、系统工作性能等进行内模式设计。

2. 两级映像

基于数据库三层模式,可建立外模式到概念模式、概念模式到内模式两级映像。

- 外模式到概念模式的映像:这是从应用数据视图到逻辑数据表的映像。外模式中的数据视图通常以应用为依据,大多需要有对应用的数据集成。然而,概念模式中的数据表则要求有良好的逻辑合理性,可获得较低的数据冗余度,并可有效防范数据冲突。实际上,基于逻辑法则定义的数据表并不一定适应用户的数据应用。因此,从外模式到概念模式需要有从应用到构造的基于二维关系的数据映像。

- 概念模式到内模式的映像:将概念模式中非线性的逻辑数据表映像为内模式中的线性的物理数据存储。通常,数据的逻辑结构是非线性的,但数据的物理存储结构是线性的。因此,从数据逻辑结构到物理存储结构,需要有从非线性到线性的数据结构映像。

3. 数据独立性

数据库中数据的两级映像可带来数据逻辑独立与数据物理独立。

- 数据逻辑独立:数据逻辑独立体现于概念层到外模式应用层之间,其表现形态是可对概念层进行逻辑扩充改造,如增加新的数据表,或对已建数据表进行字段扩充,甚至是改变已建字段的数据类型。然而,这些针对概念层的逻辑结构扩充改进与完善,并不会影响到已建的数据应用。因此,已建的数据库具有良好的逻辑扩充性。

- 数据物理独立:数据的物理独立体现于概念层到内模式物理层之间,其表现形态是,可对物理层进行适应性改造,如将一个由前端引擎驱动的桌面数据库系统,移植为由后台引擎驱动的服务器数据库系统,则这种移植只会涉及少量的与连接通道相关的适应性修改,而无须进行大量的涉及数据库逻辑结构的改变。因此,已建的数据库具有良好的物理适应性。

12.1.2　基于数据库服务器的数据库系统

大型数据库系统一般基于数据库服务器构建,其通常涉及后台数据库服务器与前端客户机两个部分的构建。

- 数据库服务器:装配有 DBMS 的后台服务器,用于存储数据、定义数据、管理数据,或执行对数据库的数据操作,如数据的查询、插入、更新、删除操作。
- 前端客户机:装配有前端用户应用程序,还装配有数据库客户端访问程序,以及用于支持客户端数据库访问的中间构件程序,如 ODBC、JDB、ADO 等。

数据库服务器要求由具有服务器数据服务功能的 DBMS 提供,如 Oracle、SQL Server、Sybase、DB2、MySQL。

- Oracle:由 Oracle 公司提供,一直是数据库领域最先进技术代表。Oracle 5 提供了客户/服务器结构与分布式数据应用,Oracle 6 具有了对多处理器的计算支持,Oracle 8 增加了对象技术,成为关系对象数据库系统。
- SQL Server:由 Microsoft 公司提供,只能运行于 Windows 环境,是 Web 应用中最流行的数据库服务器,已广泛应用于电子商务、银行、保险、电力等行业。
- Sybase:由 Sybase 公司提供,并提供运行于不同操作系统的版本,如 UNIX 版本、Windows 版本,目前应用较广的是 Sybase 10。
- DB2:由 IBM 公司提供,只能基于 IBM 的 AS/400 工作,支持标准的 SQL,具有与其他数据库相连的网关。
- MySQL:由 MySQL AB 公司开发,是最受欢迎的开源 DBMS,应用非常广泛。

基于数据库服务器的数据库系统,不仅能基于服务器存储数据,而且能基于服务器处理数据。基于文件服务器的数据库系统(如 Access)则缺乏这样的能力,只能基于服务器存储数据,而不能基于服务器处理数据。因此,基于数据库服务器的数据库系统对数据处理有更强的功能支持,对网络环境有更低的负担承载。例如,前端用户需要从不同的数据表中提取数据进行统计汇总,如果这项统计汇总计算是由前端客户机完成的,则需要将这些携带大量数据的数据表由服务器传送到前端客户机,显然,这必然极大地增加网络负担,因此很有必要由服务器完成汇总计算,然后只将汇总结果传送到前端客户机。

基于数据库服务器的数据库系统需要专门考虑以下两个设计问题。

(1)明确数据处理任务。需要明确哪些任务由数据库服务器完成,哪些任务由前端客户机完成。服务器一般承担针对数据库的数据计算任务,客户机一般承担针对环境应用的数据表现任务。

(2)定义数据处理过程。可依据数据库服务器任务,定义数据库服务器程序处理过程,一般由数据库中的存储过程实现。可依据客户机任务定义客户机程序处理过程,一般由前端主程序语言实现。

12.1.3　数据库分布应用

当数据库系统由多个数据库服务器构造时,就涉及数据库分布应用。常用的数据分布处理策略是系统通过远程数据库实现数据共享与集中管理,但通过本地数据库服务器就近处理数据,以改善数据库的工作性能,并减轻网络对数据的传输负担。例如,一个在全球各地设有制造厂的跨区域企业,一方面各地的制造厂需要基于内部网与本地数据库服务器就近处理当前生产数据;另一方面还需要定期对生产数据进行统计汇总,并通过互联网将汇总结果传送到总部中央数据库服务器,或定期接收来自总部的生产指令,如图 12-2 所示。这样的系统就涉及数据库分布应用。

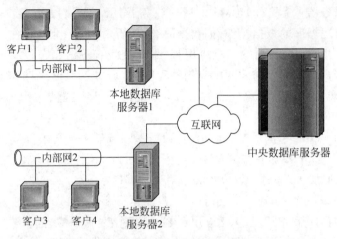

图 12-2 数据分布处理系统

数据库分布应用还涉及工作模式问题。通常,分布式数据库引擎可提供实时同步分布处理与延时同步分布处理两种工作模式。以 SQL Server 为例,其既可基于分布引擎进行实时同步,也可基于副本复制进行延时同步。

一般地,如果分布数据需要及时同步,或只涉及少量数据同步,就采用实时同步。但如果分布数据无须立即同步,并且涉及大量数据同步,就采用延时同步。以跨区域企业生产数据分布处理为例,假如其并无数据立即同步的必要,并且还有大量数据需要经互联网传送,即可采用基于副本复制进行延时同步。

12.1.4 SQL

SQL(Structured Query Language,结构化查询语言)是标准化的数据库操作接口,各种不同种类的关系型数据库,如 Oracle、MySQL、DB2、SQL Server、Access,都可通过 SQL 进行操作。

SQL 起源于 20 世纪 70 年代美国 IBM 研究中心的 E. F. Codd 所建立的关系数据库理论,并在 IBM 的早期原型系统 IBM Research 中得到了初步实现。此后,SQL 逐步发展成为关系数据库的标准语言,并在逐步完善过程中产生了多种标准版本,如 SQL-86、SQL-92、SQL-99 等。

SQL 虽然名称上叫作查询语言,但实际上可对数据库做更多的操作,包括数据定义、数据操纵、数据权限控制。

SQL 是关系数据库的标准操作接口,然而对于各种实际的数据库管理系统,SQL 在格式和功能上仍会有所差别。

可依靠数据库管理系统在数据库内部建立 SQL 应用,也可通过数据访问中间构件,如 ODBC、JDBC、ADO,而在主程序中实现对数据库的前端 SQL 访问。

12.2 数据库分析与建模

数据库分析需要建立有关数据问题的概念模型。之所以称其为概念模型,在于其模型元素主要来自对现实数据问题的概念抽象。

实体关系(E-R——Entity Relation)图是应用得最广泛的有关数据问题的概念模型,由 Chen 于 20 世纪 70 年代最先推出,以现实业务环境为建模依据,可在业务层面说明数据要素及其关系。

12.2.1 模型元素

实体关系图中的基本模型元素是实体(Entity)与关系(Relation),下面是对这些模型元素的说明。

1. 实体

实体是现实世界中可独立存在事物的个体抽象,用于代表一般性个体,而并不特指某个具体的个体。例如,可从学校活动中抽象出"教师"和"学生"这样的实体,它可表示一个教师和一个学生,然而却并不特指某个具体的教师和某个具体的学生。

实体通过一组属性反映其特征。例如,教师的属性有编号、姓名、性别、学历、职称,学生的属性有学号、姓名、性别。通常,可将实体的一个属性或多个属性组成的属性集,设置为实体的标识码,以使抽象实体的每一个现实实例具有唯一性。例如,教师的"编号"属性,即可作为教师的标识码,用来区分不同的教师。

2. 关系

关系是指实体之间的联系。关系不能独立存在,而必须依赖于实体创建。

实体通常是有行为活动的,关系可从实体的行为活动中搜寻。例如,教师有教学活动,而通过教师的教学,可发现教师与课程之间存在关系;学生有学习活动,而通过学生的学习,可发现学生与课程之间也存在关系。

关系也可以有属性,例如,学生与课程之间的"学习"关系,即有"成绩"属性。然而,大多数的关系可能无须考虑其属性。

在确定实体之间关系时,一般还需要考虑关系基数、关系形态这两个因素。

1) 关系基数

关系基数用于体现关系实体之间现实实例个数的配比关系,有一对一关系、一对多关系和多对多关系 3 种关系基数。

- 一对一关系(1:1):一个 A 实体只能关系到一个 B 实体。例如,股份制公司,由于公司仅有一个董事会,并需要通过董事会任命一位总经理管理公司日常事务,则公司董事会与公司总经理之间即是一对一关系。
- 一对多关系(1:N):一个 A 实体可关联多个 B 实体。例如,班级教学,由于需要通过班级安排学生就读,并且一个班级内可安排许多学生就读,则班级与学生之间即是一对多关系。
- 多对多关系(N:M):多个 A 实体可关系多个 B 实体。例如,学生选修课程,如果一个学生可选修多门课程,而一门课程又可被许多学生选学,则学生与课程之间即是多对多关系。

2)关系形态

实体之间的关系可以是"必要"的,或是"可选"的,这即是关系形态。例如,班级与学生之间的关系。学生必须就读于某个班级,然而班级可以有零到多个学生。因此,班级与学生关系中,班级是"必要"形态,学生则为"可选"形态。

- "必要"形态所对应的实体的现实实例数是一到一、一到多。
- "可选"形态所对应的实体的现实实例数是零到一、零到多。

12.2.2 传统实体关系建模方法

传统实体关系图是很好的手工建模工具,可比较自由地面对现实环境构思数据关系模型,通常用于前期实体关系建模构想,以对业务中的数据问题做初步关联分析。

图 12-3 所示是传统 E-R 图中的实体、关系、属性等图标符号。

图 12-3 传统 E-R 图中的图标

图 12-4 所示是有关学生课程学习的实体关系的传统 E-R 建模举例。

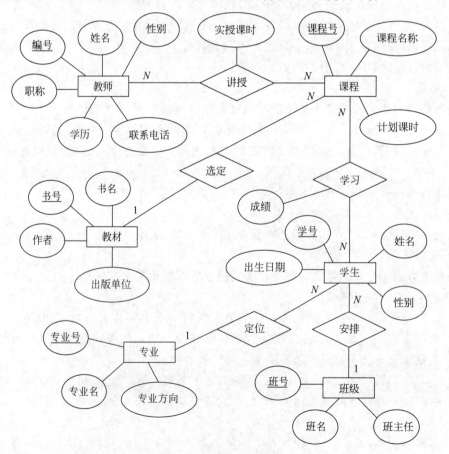

图 12-4 传统 E-R 建模

12.2.3 基于工具实体关系建模方法

传统实体关系图虽然可用来构思数据关系模型,但构图比较零散,并且不便于反映数据及其关系细节,对于较复杂的数据问题,还可能因构图零散而带来混乱。因此,数据关系建模需要有建模工具支持,以利于模型元素的细节描述,并方便数据问题由分析模型到设计模型的转化。

PowerDesigner 是一种比较常用的数据库建模软件工具。图 12-5 所示的学生课程学习实体关系模型,即通过该软件工具创建。可看到的是,其布局更加紧凑,并提供许多模型细节,如关系形态、属性类型等。显然,这样的模型可提供更多的规格语义。

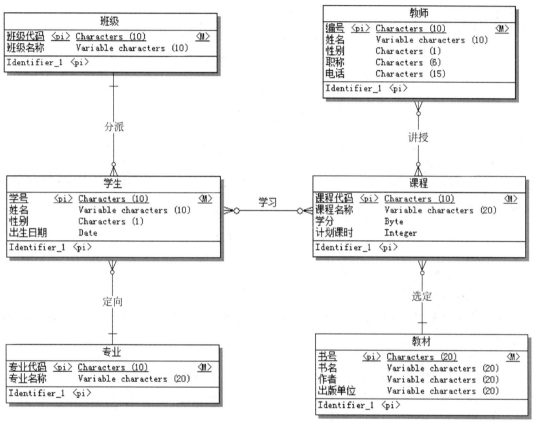

图 12-5 基于 PowerDesigner 的 E-R 建模

下面是由图 12-5 获得的实体关系语义。

- 一个"教师"可讲授多门"课程",一门"课程"至少有一位"教师"讲授。
- 一个"学生"可选学多门"课程",一门"课程"至少有一位"学生"选学。
- 一个"班级"可有多个"学生",一个"学生"则只能在一个"班级"就读。
- 一个"专业"可有多个"学生",一个"学生"则只能选择一个"专业"。
- 一种"教材"可被多门"课程"选用,一门"课程"则只能选一种"教材"。

关系可以有属性,但 PowerDesigner 中的关系不能直接设置属性,而需要转换为关系体,并依靠关系体设置关系属性。图 12-6 所示的学生课程学习实体关系中,即通过关系体表示"讲授"与"学习"关系。

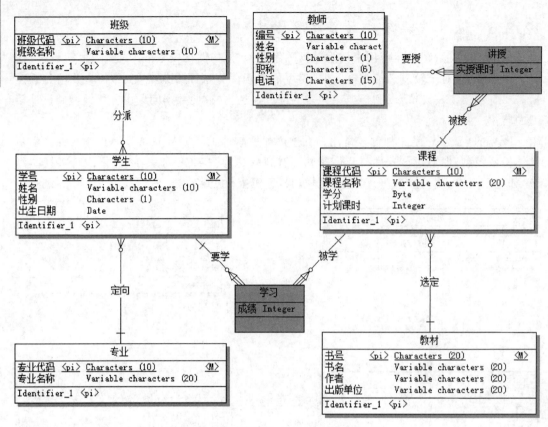

图 12-6　通过关系体表示实体之间的关系

12.2.4　实体关系建模举例

1. 库房管理实体关系建模

实体关系建模的首要问题是从现实的数据问题中发现实体元素,而对库房管理问题可做以下分析。

(1) 物品需要存库,该物品是存放在库房的物架上。

(2) 需要有入库单物品才能入库。

(3) 需要有出库单物品才能出库。

(4) 入库单、出库单需要有管理员签字。

依据以上分析可发现的实体元素是物品、物架、入库单、出库单、管理员。

接下来考察这些实体元素之间的关系。显然,在有关该数据问题描述中可发现的关系是物品——物架,物品——入库单——管理员,物品——出库单——管理员。

基于上述分析结论可建立数据实体关系模型如图 12-7 所示。

2. 商品订购实体关系建模

针对商品订购可做以下分析。

(1) 制造商制造商品。

(2) 销售商通过合同出售商品。

(3) 客户通过合同购买商品。

依据以上分析可发现的实体元素是制造商、商品、销售商、合同、客户。

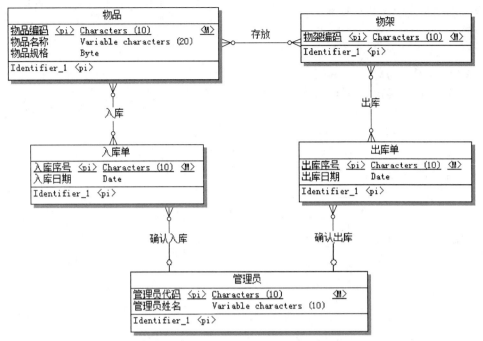

图 12-7　库房管理中的实体关系模型

这些实体元素之间的关系是制造商——商品,销售商——合同——商品,客户——合同——商品。基于上述分析结论可建立数据实体关系模型如图 12-8 所示。

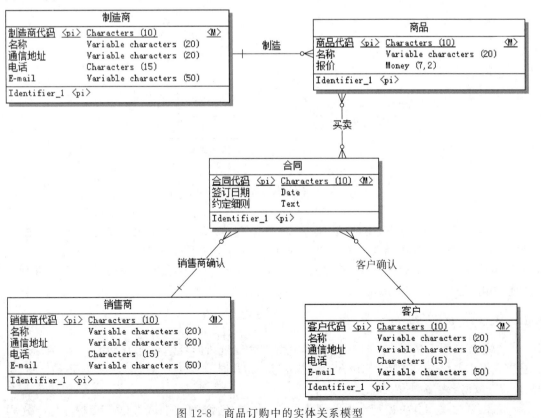

图 12-8　商品订购中的实体关系模型

3. 影院售票实体关系建模

针对影院售票可做以下分析。

（1）影院内设有影厅。

（2）影厅通过场次播放影片。

（3）影片通过场次在影厅播放。

（4）通过场次出售影票。

依据以上分析可发现的实体元素是影院、影厅、影片、场次、影片。

这些实体元素之间的关系是影院——影厅，影厅——场次——影片，场次——影票。基于上述分析结论可建立数据实体关系模型如图 12-9 所示。

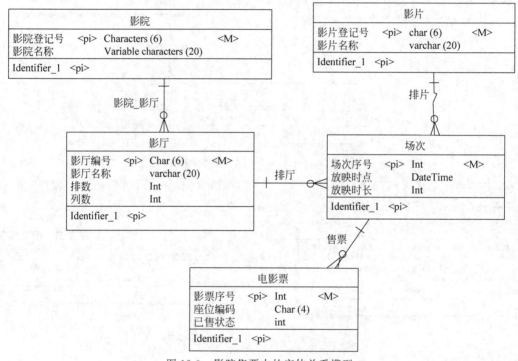

图 12-9　影院售票中的实体关系模型

12.3　数据库结构设计

数据库结构基于存储、访问、表现等几个要素构建，涉及诸多结构元素，如数据表、数据索引、数据视图等，这些结构元素都通过 SQL 中的 create 语句创建。

一个良好的数据库依赖于合理的数据库结构设计，必须搞清楚其结构元素用途，并加以有效使用。

12.3.1　数据表

数据库是用于存储数据的组织机体，其数据是通过数据表（Table）存储的，这些数据表可看作数据库中数据的逻辑存储结构，其由字段定义，并通过 SQL 中的 create table 语句创建。

1. 数据表结构映射

可以从数据库分析模型中提取到数据表。分析模型中的实体、关联等可按照以下规则映射为设计模型中的数据表。

（1）实体数据表：由实体关系中的实体映射。实体中的标识码属性（集）则映射为数据表中的主键字段（集）。如果两个实体之间是一对一关系，则两个相关实体可结合映射为一个实体数据表。

（2）聚集数据表：如果两个实体之间是多对多关系，则关系需要映射为聚集数据表，其用来实现两个实体数据表之间多对多的关联。

2．数据表关联映射

分析模型中实体之间的主从关系可映射为设计模型中数据表之间的主从关联，并可按照以下规则进行关联关系映射。

（1）实体之间的一对多关系。可映射为主表到从表的关联，其中，"一"的一端为主表，"多"的一端为从表。主表中的主键字段（集）需要引入从表作为外键字段（集），而通过主表主键与从表外键可建立主表到从表的关联。

（2）实体之间的多对多关系。两个实体映射为主表，多对多关系则映射为从表。两个主表中的主键字段（集）都需要引入从表作为外键字段（集），并且这两个引入从表的外键字段（集）可合为一体作为从表的主键，此外，通过主表主键与从表外键可建立主表到从表的关联。

3．基于映射规则的数据库设计举例

1）学生数据库

基于图 12-6 中的学生管理实体关系模型，并依据上述规则，可映射出数据表及其关联设计模型如图 12-10 所示，其中的学生、教师、班级、专业、课程、教材等数据表由相关实体映射，而讲授、学习数据表则由多对多关系映射。

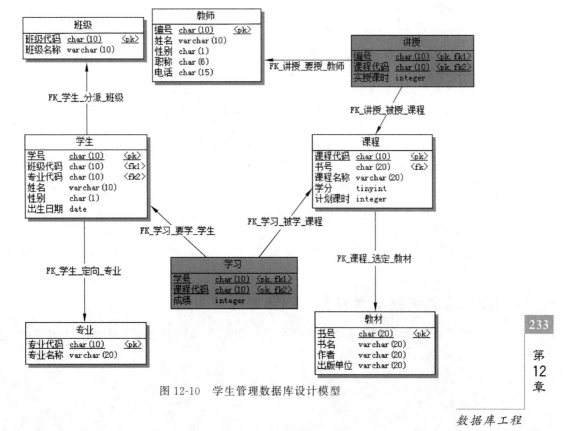

图 12-10　学生管理数据库设计模型

2）库房管理数据库

以图 12-7 所示库房管理实体关系模型为依据,并考虑入库单与物品之间的"入库"关系、出库单与物品之间的"出库"关系、物品与物架之间的"存放"关系中自有的属性特征,可产生库房管理数据表映射结构如图 12-11 所示。

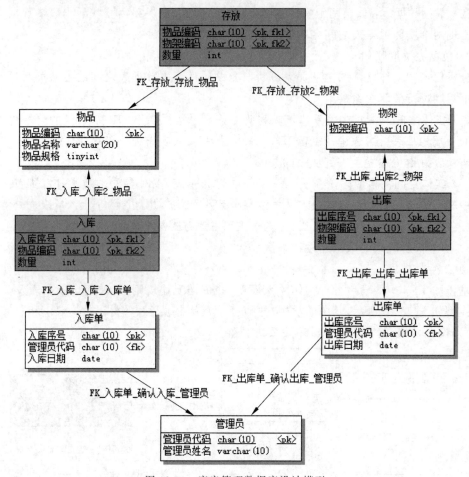

图 12-11 库房管理数据库设计模型

3）商品订购数据库

以图 12-8 所示商品订购实体关系模型为依据,并考虑商品与合同之间的"买卖"关系中自有的属性特征,可产生商品订购数据表映射结构如图 12-12 所示。

4）影院售票数据库

以图 12-9 所示影院售票实体关系模型为依据,可产生影院售票数据表映射结构如图 12-13 所示。

12.3.2 数据完整性规则

所谓数据完整性,就是通过一定的数据约束机制,由此使数据是有效的、不冲突的、可维护的、可扩充的。

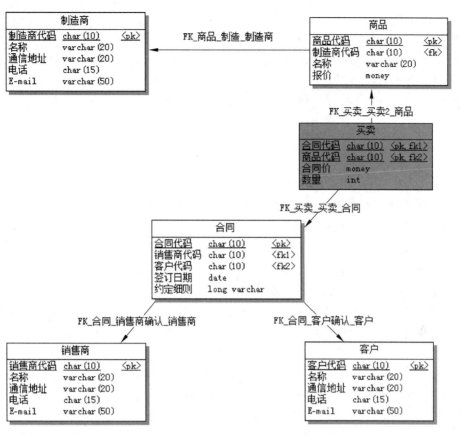

图 12-12　商品订购数据库设计模型

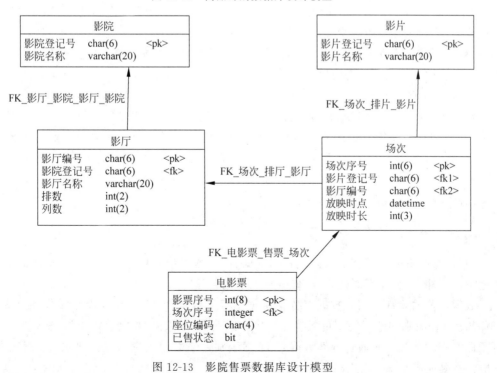

图 12-13　影院售票数据库设计模型

1. 实体完整性

数据表如果由实体映射,则数据表中的每一条记录将对应于一个具体的实体实例。显然,这些实体实例是不可重复的,因此每一条记录不可重复,并可通过某个字段(集)进行区分,这就是实体完整性。

数据表可通过设置有主键(Primary Key)提供实体完整性,主键字段(集)不能为空(Null),而且其值具有唯一性,由此可保证每条记录不会重复。

2. 参照完整性

参照完整性是主表与从表之间的数据限制,是通过在从表中设置外键(Foreign Key),并通过从表的外键与主表的主键建立主表与从表关联实现的。如果两个数据表有主从关联,则主表中的主键字段(集)与从表中的外键字段(集)应该是一致的、不冲突的。

一些常用的参照完整性约束规则如下。

(1) 禁止从表外键字段(集)在主表主键字段(集)以外取值。

(2) 禁止删除已与从表发生关联的主表记录。或建立主表对从表的级联删除,使得当主表记录删除时,所关联的从表记录被一同删除。

(3) 禁止更新已与从表发生关联的主表记录的主键字段(集);或建立主表对从表的级联更新,使得当主表记录的主键字段(集)更新时,所关联是从表记录的外键字段(集)被一同更新。

显然,有禁止操作与级联操作两种参照完整性约束规则可供设计者选择。其中,禁止操作是更严格的数据限制,既可保证数据一致,又可保证数据不会丢失。级联操作则是相对宽松的数据限制,可保证数据一致,但可发生数据丢失。

通常,设计者需要根据实际数据需要,制订合理的参照完整性约束规则。例如,图12-10中"学生"与"学习"之间的关联字段"学号",如果"学号"只涉及系统内部信息搜寻,则"学号"可更改,并可通过建立级联更新保证数据的一致性,但如果"学号"还将涉及系统以外的使用,则就不得不考虑系统内外的一致性,因此也就需要采取更加严格的禁止更新"学号"的完整性措施。

3. 域值完整性

数据表中的字段取值受到一定的条件限制,这就是域值完整性。设计中必须考虑字段的取值限制,并给出必要的设计说明与约束规则设置。例如,学生表中学生的身份证号字段,其具有唯一性,要求每个学生的身份证号都是唯一的,因此需要对该字段做唯一性(Unique)约束设置。又如,学习表中的成绩字段,如果成绩是百分制,则成绩必须为 $0 \sim 100$,因此需要对该字段做取值范围检测(Check)。

12.3.3 数据表结构优化

通常,映射自概念模型的未做优化的数据表,虽然可较好地贴近现实环境,但却难以避免地有逻辑冲突,因此需要优化,以使其更加规范合理。

数据库范式规则可用作数据表优化依据。有1范式、2范式、3范式、BC范式、4范式、5范式等多种级别的范式规则可供优化参照。原则上,如果满足了高级别的范式,则也就满足了低级别的范式。而通过分解数据表,可逐级别地使数据表满足范式要求。实际应用中一般分解到能满足 BC 范式即可。

基于范式优化涉及可标识表中记录唯一性的候选键。数据表可有多个候选键,其中一个为主键。候选键内部字段为键中字段,候选键以外字段为非键字段。例如,学习(序号,学号,课程代码,成绩)数据表,其中的"序号"具有唯一性,为候选键。"学号,课程代码"也具有唯一性,也是候选键,但选中"序号"为主键。

下面是对 1 范式、2 范式、3 范式、BC 范式的说明。

- 1NF:表中的每一个字段都是不可再做分割的原子单位。
- 2NF:满足 1NF,且非键字段对任何候选键都有完全依赖。
- 3NF:满足 2NF,且非键字段不能通过其他字段对候选键进行传递依赖。
- BCNF:满足 3NF,且键中字段对其他候选键不能有部分或传递依赖。

因此,如学习(序号,学号,课程代码,成绩),则有以下合乎 BCNF 的函数依赖:"学号,课程代码"对于"序号"的依赖,"成绩"对于"序号"的依赖,"成绩"对于"学号,课程代码"的依赖,"序号"对于"学号,课程代码"的依赖。

数据表分解时还需要考虑的问题如下。

其一,无损分解,即不出现数据丢失。也就是说,分解后的许多小表的数据集合应该能够覆盖大表的数据集合。

其二,保持函数依赖,即不出现关系丢失。也就是说,原来大数据表内部的字段之间的函数依赖关系,应该保留下来,并表现为诸多小表之间的外部关联。

例如,图 12-14 中的没有做优化处理的学生信息数据表。

其有以下 4 种依赖关系:

(1) 姓名、性别、电话、班级代码对学号的依赖;

(2) 课程名称对课程代码的依赖;

(3) 课程成绩对学号、课程代码的依赖;

(4) 班主任对班级代码的依赖。

学生信息	
学号	character(10)
姓名	variable character(10)
性别	character(1)
电话	character(15)
课程代码	character(10)
课程名称	character(20)
课程成绩	integer
班级代码	character(10)
班主任	character(10)

图 12-14　未做优化的学生
信息数据表

对数据表的优化处理中,一个数据表内存在几种依赖关系,就应该分解成几个数据表,以简化数据表内部关系。但是,数据表中原有的数据依赖关系又不能丢失,而必须通过数据表之间的关联关系表现出来。

基于上述考虑,优化处理后学生信息数据表结构如图 12-15 所示。

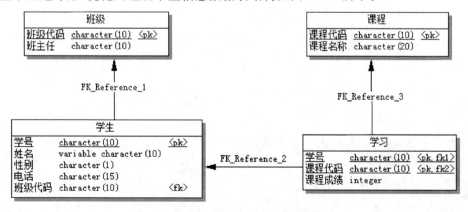

图 12-15　优化处理后的学生信息数据表

12.3.4 数据索引

数据库结构设计还需要考虑数据索引(Index),以提供对数据表中数据按字段或字段集的有序检索,有主(Primary)索引、唯一性(Unique)索引、普通索引(Index)等几种索引,其中的主索引、唯一性索引与数据表中主键、唯一性约束有直接相关性。

主键字段(集)必然有主索引,具有唯一性约束的字段(集)必然有唯一性索引,其他字段(集)则可根据实际需要确定是否需要建立普通索引。

索引的好处是提高查询速度,但索引需要占据一定的存储空间,并会降低数据表更新速度。因此,有必要对字段(集)是否设置普通索引进行设计确认。

如果数据表中的数据量较少,并且主要用于存储数据,或需要对表中数据频繁更新,就没有必要额外设置索引。但如果数据表数据量大,并且需要经常进行查询,则可考虑对需要查询的字段建立索引,以提高查询效率。

12.3.5 数据视图

数据视图(View)是建立于数据库内的可供访问的数据关系类型变量,由逻辑层的数据表经由一定的关系运算(如并、交、积、投影、选择)映射而成,由 SQL 中的 create view 语句创建,并与 SQL 中的 select 语句绑定。

数据视图具有像数据表一样的关系模式特征,但它只是数据表现模式,而不是数据存储构造,因此被看作虚表。

数据库设计需要定义数据视图。数据视图的作用是可带来数据逻辑独立,由此可使逻辑层的数据结构具有扩充性,有利于今后数据库应用的发展。

数据视图还可使逻辑层的数据表具有隐蔽性。当用户通过视图访问数据库时,无须知道数据存储的结构,这样会使数据库更安全。

图 12-16 数据视图定义

数据视图可用来实现多个表的数据查询。通常,良好的数据存储要求有较低的数据冗余,以利于节约数据存储空间和预防数据冲突。然而,数据访问应用必须满足用户特定的数据需要,因此往往需要借助视图从多个数据表中提取所需的数据。

数据视图应该基于数据应用定义,并基于这些应用确定从数据表到视图的映射。例如,图 12-12 中的商品订购数据库,如果需要进行商品交易信息查询,则可定义"商品交易信息"视图,其数据来源涉及"商品""合同""买卖"等数据表,如图 12-16 所示。

12.4 数据库程序控制与事务机制

数据库还涉及编程控制,内容包括函数、存储过程、触发器,但它们既是程序,同时也是数据库定义时的结构元素,可通过 create 语句创建。

12.4.1 函数

数据库中可使用函数(Function),它是建立于数据库内的程序块。函数的特征是执行后会返回一个单值。可在 SQL 语句中嵌入函数,实现对函数的调用。

许多数据库引擎,如 SQLServer、MySQL 等,都提供了系统函数。除了数据库引擎提供的系统函数,用户也可通过 SQL 中的 create function 语句创建自定义函数。

函数所建程序是相对简单的程序,不含事务,不能通过 select 语句进行记录集查询。函数的用途在于提供特定计算,数据库中一些经常需要涉及的计算可通过函数编程构建,然后该计算就可通过函数嵌入在不同的 SQL 语句中得到应用。

12.4.2　存储过程

存储过程(Procedure)也是建立于数据库内的程序块。存储过程中可建立比函数更加复杂的程序,其程序中可使用事务,可通过 select 语句进行多行记录查询。存储过程本身无数据返回,如要返回数据,需要在存储过程中设置 out 形态参数。

可通过 SQL 中的 create procedure 语句建立存储过程,通过 SQL 中的 call 语句调用存储过程。此外,也可通过其他高级语言(如 Java)在数据库外部调用存储过程。

可通过存储过程建立带参数的 SQL 操作,以方便前端程序对后台数据的有条件访问。通常,数据视图中的可供访问的数据集合,还需要根据实际的数据需要进行筛选。这就需要建立对数据视图的筛选程序,存储过程可用来建立这样的程序。

涉及多行语句的有关 SQL 的流程控制与操作,往往需要通过存储过程建立。另外,存储过程是建立于数据库内部的程序处理,比起其他语言编写的程序,更加接近数据库,有更好的数据库操作性能,并且对数据库中数据的处理也更加便利。

可针对一些涉及多项业务的公共数据处理建立存储过程,为数据库的灵活应用提供便利。例如,在软件系统维护中,设计者可能需要按照新的规则为前端程序提供数据集合,如果是基于嵌套 SQL 提供数据集合,则前端程序可能面临多处修改,这种修改很容易带来混乱,可能给程序引入难以预见的新错误。但如果通过存储过程提供数据集合,则只要对数据库中的存储过程进行修改。由于只对一个程序块进行修改,因此可避免程序混乱,并使维护工作可以更确切地进行出错定位。

12.4.3　触发器

数据触发器(Trigger)是存储于数据库中的能被系统自动触发的可执行程序块,可通过 SQL 中的 create trigger 语句建立。触发器依附于数据表创建,被用来响应数据表中的数据处理事件(如 insert、delete、update 事件),并被用来实现数据特殊的规则约束。

触发器无参数,因此不能通过参数进行内外数据传递。对此,触发器工作时提供了两个临时表: old 和 new,这两个临时表与触发器所在的数据表有完全相同的字段结构,分别用于保存触发器所在数据表中 insert、delete、update 事件涉及记录事件前后的数据。其中,insert 事件只涉及 new 临时表,delete 事件只涉及 old 临时表,update 事件则既涉及 old 表又涉及 new 表,分别用来保存 update 更新记录之前与之后的数据。

数据库管理系统自身就带有许多常用的数据触发器,例如,参照完整性中的禁止操作或级联操作即通过系统提供触发器实现。但是,在常规约束之外的特殊约束则需要设计者通过设置数据触发器实现,例如,要对写入数据表中的身份标识符进行规则检验,就可能需要创建触发器实现。

触发器还能够带来数据表中诸多数据的联动,例如,库房管理中的入库、出库处理,既要

239

第12章

产生入库、出库流水记录,又要更新库存量,因此就会涉及多表数据联动,这就需要在入库表、出库表中建立 insert 事件触发器,以使得当入库表、出库表中有新的入库、出库流水记录插入时,可触发对物品表库存量的更新,实现数据联动,确保数据的一致性。

12.4.4　数据事务与并发控制

1. 数据事务

数据库程序中还涉及数据事务(Transaction)。这个事务被看成一个不可分割的具有整体性的原子任务单元,具有原子性、一致性、隔离性、持久性等基本特性所进行的数据操作,或者完整提交(Commit),或者通过回滚(Rollback)彻底放弃。

程序中可通过数据事务定义一个有关数据的任务,基于事务特性,任务中的数据具有完整性与一致性,任务结果则也就具有可预见性。例如,对数据表的 insert、delete、update 操作,如果处理的数据量大,则可能面临一个相对较长的处理时段,然而在这期间难免会出现意外,以致数据处理中断。如因数据处理意外中断只处理部分数据,这会导致数据库中数据的不一致,并且还会使得接着需要继续完成的数据处理不知从何处启动。而基于事务的数据处理则可避免这样的情形出现,其对数据的操作或者完全成功,或者彻底放弃,因此可防止数据处理意外中断导致任务中数据出现不一致现象的发生。

如在 MySQL 的 InnoDB 引擎中,默认状态下,SQL 中的每一条写操作语句都对应一个事务,这样的事务被看成自动提交事务,其事务机制由系统设定。因此,一个有关数据表中记录更新的 update 操作,其可预见的结果是,所有满足条件的待更新记录,或全部满足条件的记录都得以更新,或放弃所有操作,使数据表恢复到事务前状态。

当数据任务涉及多条 SQL 语句,并需要将这多条语句捆绑成一个任务单元时,需要定义用户事务,可通过 SQL 中的 start transaction 语句启动一个用户事务,并在多条语句执行完成后,通过 commit 语句(提交)或 rollback 语句(回滚)结束事务。

2. 锁机制与事务并发控制

一个基于服务器的数据库必然面临来自不同用户的连接会话,而在不同的会话中会有各种不同的事务的并发,这样的事务并发可带来冲突,并使数据出现不一致现象,如更新丢失、脏读、不可重复读、幻读。

更新丢失(Lost Update):A 事务对数据的更新被 B 事务覆盖,导致 A 事务数据更新操作无效。

脏读(Drity Read):A 事务已撤销对数据的改写,但该数据改写已被 B 事务读取,导致 B 事务读取了无效的数据。

不可重复读(Non-repeatable Read):A 事务前后两次相同记录查询之间,B 事务介入并进行了该记录的数据改写操作,导致 A 事务前后两次相同记录查询有了不同的结果。

幻读(Phantom Read):A 事务前后两次相同的查询之间,B 事务介入并进行了记录插入或删除操作,导致 A 事务前后相同查询操作有了不同记录集结果。

为了避免事务中上述数据不一致现象的出现,有必要在事务中对数据进行加锁处理,以使得一个事务中正在处理的数据,其他事务不能介入。

对数据加锁,首先需要考虑的是锁的粒度。表锁,锁定一个表,粒度较大。行锁,锁定一行,粒度较小。很显然,锁的粒度越大,对数据操作影响的范围越大。为使数据应用更加流畅,应该尽量选用粒度小的数据锁。因此,实际数据库 SQL 编程中,更多情况下会使用行锁。

锁还分为共享锁、排它锁。读数据时一般采用共享锁,其不会影响其他事务对数据的读操作,但不允许其他事务对数据的写操作,可防止事务中出现不可重复读、幻读等数据不一致现象。写数据时一般采用排它锁,则事务中所操作数据处于独享状态,其他事务不可对这些已加排它锁的数据进行任何操作,可防止出现更新丢失、脏读等数据不一致现象。

对表的加锁是独立进行的,可通过 SQL 中的 lock tables 语句对数据表加锁,通过 unlock tables 语句对已加锁的表进行解锁。表锁影响较大,数据操作完成后须及时解锁。

对行的加锁是随操作语句进行的。通常情况下,对于修改数据的 insert、delete、update 操作,数据库引擎会自动对受影响的记录行加排它锁(隐形加锁)。对于读取数据的 select 操作,则可在语句尾部设置加锁子句,如 lock in share mode(共享锁)、update(排它锁),进行相关行的数据锁定。

12.5　数据库设计举例

12.5.1　问题描述

(1) 建立数据库用于物品入出库处理,需要考虑物品登记、物品入出库流水记录。

(2) 物品登记涉及物品编码、物品名称、物品存量、物品限存量等属性特征,物品入出库涉及入出库流水序号、入出库数量、入出库时间等属性特征。

(3) 入出库事务由操作员完成,须留存操作员的操作痕迹。入库将增加存量,但入库后存量不能超过限存量,否则不允许入库。出库将减少存量,但出库后存量不能为负,否则不允许出库。

(4) 入出库处理基于事务进行,需要防止事务并发带来的数据不一致现象。

12.5.2　E-R 建模

依据上述问题描述,可建立 E-R 模型如图 12-17 所示。

12.5.3　数据表结构建模

由图 12-17 可映射如图 12-18 所示的数据表关联模型。

12.5.4　数据库构建

1. 数据表

依据上面的数据表关联模型可进行数据表创建,下面是有关数据表创建的 SQL 脚本。

```
create table 物品(
      物品编码 char(6) not null,
      物品名称  varchar(20) not null,
      限存量 int(6) not null,
      存量 int(6) default 0,
      primary key(物品编码)
);
create table 操作员(
```

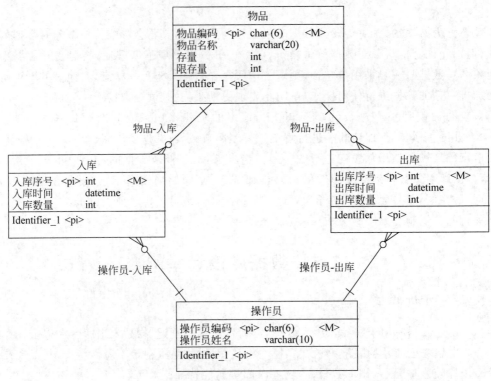

图 12-17　物品入出库 E-R 模型

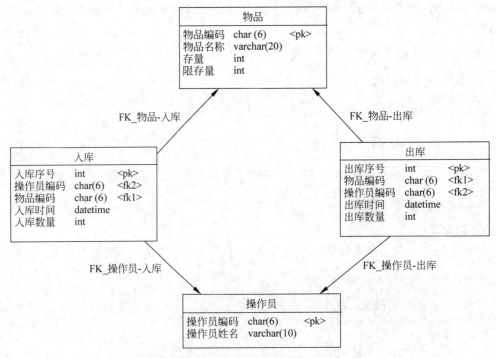

图 12-18　物品入出库数据表关联模型

```
        操作员编码 char(6) not null,
        姓名 varchar(10) not null,
        primary key(操作员编码)
);
create table 入库(
        入库序号 int(6) not null auto_increment,
        物品编码 char(6) not null,
        操作员编码 char(6) not null,
        入库量 int(5) not null,
        入库日期 datetime   default now(),
        primary key(入库序号),
        constraint fk_gd_in foreign key(物品编码) references 物品(物品编码) on delete restrict
            on update cascade,
        constraint fk_op_in foreign key(操作员编码) references 操作员(操作员编码) on delete
            restrict on update cascade
);
create table 出库(
        出库序号 int(6) not null auto_increment,
        物品编码 char(6) not null,
        操作员编码 char(6) not null,
        出库量 int(5) not null,
        出库日期 datetime   default now(),
        primary key(出库序号),
        constraint fk_gd_out foreign key(物品编码) references 物品(物品编码) on delete restrict
            on update cascade,
        constraint fk_op_in foreign key(操作员编码) references 操作员(操作员编码) on delete
            restrict on update cascade
);
```

2. 触发器

当入库、出库数据表中有记录插入时,需要改写物品表中存量,因此须考虑在入库、出库数据表建立 insert 事件触发器,以实现数据联动。

1)入库表 insert 触发器

```
create trigger in_insert after insert on 入库 foreach row
    begin
        update 物品 set 存量 = 存量 + new.入库数量;
    end;
```

2)出库表 insert 触发器

```
create trigger out_insert after insert on 出库 foreach row
    begin
        update 物品 set 存量 = 存量 - new.出库数量;
    end;
```

3. 存储过程

依据问题描述,须实现入出库处理程序控制。需要基于事务建立存储过程,并对操作行加锁,以防止因事务并发导致数据不一致。

1)入库存储过程

```
create procedure pro_goods_in(gid char(6), op char(6), num int)
begin
    declare n int default 0;
```

```
        declare m int default 0;
        select count( * ) into n from 物品 where 物品编号 = gid;
        if n < = 0 then select "物品不在册";
        else
            begin
                start transaction;
                select 限存量 into n,存量 into m from 物品 where 物品编号 = gid for update;
                if m + num > n then
                    begin
                        rollback;
                        select "入库将导致超出限存量,入库失败!";
                    end;
                else
                    begin
                        insert into 入库(物品编码,操作员编码,入库量)  values(gid, op, num);
                        commit;
                        select "入库成功!";
                    end;
                end if;
            end;
        end if;
    end;
```

2) 出库存储过程

```
create procedure pro_goods_out(gid char(6), op char(6), num int)
begin
    declare n int default 0;
    select count( * ) into n from 物品 where 物品编号 = gid;
    if n < = 0 then select "物品不在册";
    else
        begin
            start transaction;
            select 存量 into n from 物品 where 物品编号 = gid for update;
            if  num > n then
                begin
                    rollback;
                    select "出库量超出存量,出库失败!";
                end;
            else
                begin
                    insert into 出库(物品编码,操作员编码,出库量)  values(gid, op, num);
                    commit;
                    select "出库成功!";
                end;
            end if;
        end;
    end if;
end;
```

4. 视图

为方便物品存量数据盘存,以对异常存量数据进行核查,特建立以下视图,其可获取物品存量偏差数据。

```
create view 物品存量偏差 as select 物品编码,物品名称,存量,
    存量 - ((select sum(入库量) from 入库 where 物品编码 = 物品.物品编号) -
    (select sum(出库量) from 出库 where 物品编码 = 物品.物品编号)) as 存量偏差
from 物品;
```

小　　结

1. 数据库体系架构

数据库可划分为外模式、模式、内模式三层模式。基于数据库三层模式,可建立外模式到模式、模式到内模式两级映像,并由此能获得数据的逻辑独立与数据的物理独立。

大型数据库系统一般基于数据库服务器构建,其特点是后台数据库服务器处理数据、前端客户机表现数据。

通常情况下,如果一个系统既要基于互联网进行远程通信,又要基于内部网进行数据传送,则可能需要采用数据分布处理。

SQL 是标准化的数据库操作接口,各种不同种类的关系数据库,如 Oracle、MySQL、DB2、SQL Server Access,都可通过 SQL 进行数据操作。

2. 数据库分析

实体关系图是应用得最广泛的数据库分析建模方法,涉及实体、关系、属性等图形元素,可在业务层面建立数据库概念模型。

3. 数据库结构设计

(1) 数据表:数据库中数据的逻辑存储结构,由字段、主键确定。

(2) 数据关联:用于在两个数据表之间建立联系,其中一个为主表,另一个则为从表。

(3) 数据完整性:涉及数据表内部的实体完整性、数据表之间的参照完整性,以及其他方面约束的自定义完整性。

(4) 数据索引:建立对数据表中数据按字段或字段集的有序检索。

(5) 数据视图:建立于数据库内的可供访问的数据关系类型变量,由逻辑层的数据表经由一定的关系运算(如并、交、积、投影、选择)映射而成,并由 SQL 创建。

4. 数据库访问设计

(1) 函数:建立于数据库内的程序,执行后会返回一个单值。可在 SQL 语句中嵌入函数,实现对函数的调用。

(2) 存储过程:建立于数据库内的程序,可通过 call 语句调用,也可供数据库访问者外部调用。

(3) 触发器:被用来响应数据事件,如 insert、delete、update 事件,并被用来实现数据特殊的规则约束。

(4) 数据事务:用于定义一个完整的数据操作任务,以确保数据处理的一致性与可预见性。

习　　题

1. 数据库结构设计涉及哪些方面的问题?

2. 数据库逻辑模型中的"数据表及其关联"与数据库概念模型中的"实体及其关系"有

什么关联性?

3. 索引有利于提高数据检索速度,但却要求有节制地对数据表设置索引。为什么有这样的要求?

4. 如何对数据表进行结构优化?

5. 存储过程有什么用途?

6. 数据事务有什么用途?

7. 一个用于支持网络游戏的数据库通常需要有良好的扩充性,以利于能向游戏用户逐步扩充更多的游戏资源。例如,加入一个新的游戏品种,则与这个新游戏有关的新的游戏资源数据表,就必须加入数据库中。通常情况下,一些达到一定级别的老用户是无须特别授权,就可参与这些新游戏活动的。然而,这样的数据库还必须具备良好的数据完整性,有可能发生的事情是,某个用户严重违规了,因此游戏管理员要将该用户清除出去,然而不是从用户表删除该用户就结束了,而是要将该用户享有的所要游戏资源一同删除,包括老的游戏资源,也包括新的游戏资源。对此,请做出设计考虑。

8. 图 12-19 所示是学校管理中实体关系模型,请完善该实体关系模型,并以此为依据进行数据库表结构设计。

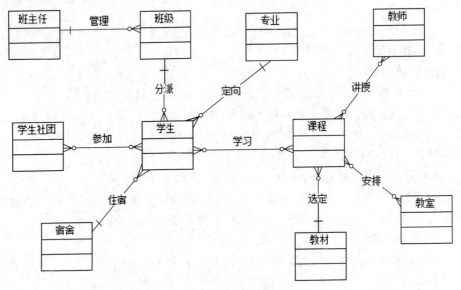

图 12-19　题 11

9. 图 12-13 是影院售票数据库中数据表关联模型。

(1) 以图 12-13 为依据给图 12-13 中的数据表创建 SQL 脚本。

(2) 建立一个存储过程,其用于生成电影票数据表中的数据。该存储过程中需要启用事务,并在事务中需要对相关记录行加锁,以确保数据持久性与一致性。电影票中的座位编码字段数据来自影厅数据表中的排数、列数字段,并设定影厅中的每排有相同座位数(列数)。

第 13 章　用户界面设计

用户界面是人与机器的交互通道,是软件系统面向用户的工作平台,最直接地影响着用户的软件满意度。实际上,许多软件之所以不被用户接受,其原因并不是软件技术不先进、功能不全面,而是软件的用户界面不友好,不能方便用户与系统交互。因此,软件开发者必须对用户界面有足够的重视。

本章要点:
- 界面设计特点。
- 界面类型。
- 界面功能。
- 界面设计方法。

13.1　界面设计特点

13.1.1　可视化

用户界面是人与计算机之间的交互接口。无疑,这是一个非常重要的接口,其设计好坏直接决定软件的可用性。

早期用户界面大多是控制台命令方式,外观比较简单,主要是程序算法问题。然而,用户界面不仅是程序算法问题,还必须考虑人的行为特征与心理感受。

目前的用户界面则大多是图形用户界面(Graphic User Interface,GUI),并一般通过可视化工具构造。由于可视化界面构造工具带来的设计便利,其程序算法问题已经很容易解决。因此,人们对界面设计的关注,更多地放在了其他界面因素上,如构图布局、图形交互、心理感受。所以,GUI 设计需要有诸多方面专家的共同参与,如软件设计师、美工、行为专家、用户领域专家的共同参与。

应该说,基于工具的可视化界面构建,已使得界面设计如同摆放拼图那样便利。下面是一些常用的可视化界面设计元素,大多数的用户界面由这些元素拼装。

(1)顶层菜单:用于功能导航。

(2)标签卡:通常呈现为层叠状,并可通过鼠标对层叠的标签卡进行选择。

(3)文本框:用于数据填写。

(4)有序表:用于显示长记录列表,并可对表中数据按列进行排序。

(5)文本编辑框:用于文本的简单编辑。

(6)向导:用于指导任务步骤,使用户能够一步一步地完成某个复杂任务。

（7）购物车：显示购物清单。

（8）进展指示器：显示任务进展，以降低用户任务操作时的焦虑感。

13.1.2 面向用户

用户界面是直接面向用户的，许多功能强大的软件就因为界面不能让用户舒心而不被用户接受。必须注意的是，不同的用户会有不同的界面需求。

那些以前很少使用计算机软件的初级用户，他们的需求可能是界面简单、容易理解、容易操作。一些有一定经验的用户，则可能会对界面产生许多来自以往经验的界面想法。如果是经常使用这类软件的用户，就可能会有一些更高级需求，例如，对响应时间、组合查询、快捷操作等提出要求，或要求能够自定义界面风格。

实际上，那些已经有了软件应用经验的中高级用户，大多都已经有了对于界面的确定的心理预期，例如，菜单组合、窗口布局、背景颜色、按钮图标等，即往往在他们心中已经有了很确切的预期结果。毫无疑问，如果实现后的用户界面与用户的心理预期是一致的，则用户必然会对软件多一些好感，他们更愿意使用，并且使用起来也会更加有效。

13.1.3 用例驱动

面向对象软件开发是用例驱动的，这种工程驱动策略也可体现在界面设计上。

实际上，用例建模中已涉及用户与系统的交互，而随着基于用例的系统结构模型的创建，这些交互可被表示为诸界面类体，如窗体、Web 页面。界面设计的职责是，使这些已被确认的界面成分，更进一步具体化为可直观感受的、可操控的工作平台。

13.1.4 原型进化

界面设计不可能一步到位，而只能逐步地完善。基于原型的界面进化可产生设计迭代，由此可使界面逐步趋于完善。图 13-1 所示即为基于原型的用户界面进化的基本过程。

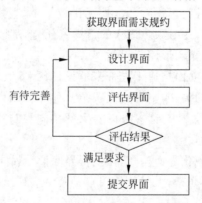

图 13-1 基于原型的用户界面进化的基本过程

设计出来的界面要交给用户评估，并根据用户评估对界面进行完善。用户将主要针对界面交互性进行评估，并可从以下几方面让用户对界面交互性进行评估。

（1）是否无须专门培训即可与系统进行交互？

（2）是否可与系统进行高效率的交互？

（3）交互环境是否与用户业务环境相协调？

（4）是否能及时发现交互错误并帮助用户修正错误？

13.2 界 面 类 型

13.2.1 窗体

窗体是传统的基于 C/S 模式的 GUI，具有稳定、灵活、工作高效的优点。

一般看来，窗体就是一个容器，包含有诸多界面元素，如标题条、菜单条、工具条、状态条、工作区等。

窗体中的菜单条通常置于窗体顶部，并采用层次结构组织系统功能，工具条则是置于菜单下的图标，可提供比菜单更快捷的功能调用。

窗体又可分为单窗体、多窗体、对话框等多种类型。

1. 单窗体

单窗体是独立窗体。图 13-2 所示的"写字板"是典型的单窗体，其只有一个工作区，每次只能打开一个文档。

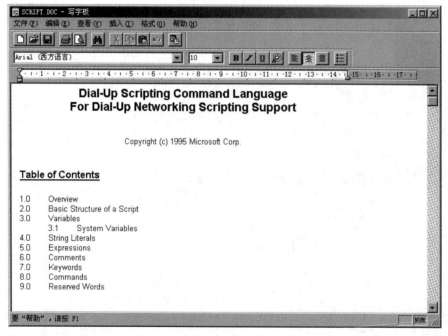

图 13-2 单窗体

图 13-3 所示的资源管理器也是单窗体，但依靠窗格而被划分为两个工作区，其中左部分工作区是一个树形路径，用于搜索资源；右部分工作区则用于显示搜索结果。

2. 多窗体

多窗体指由一个主窗体与多个子窗体构成的窗体。主窗体是包含子窗体的容器，子窗体则是主窗体中的窗体元素。一些涉及多个窗体的公共操作通常被放置在主窗体上，如公共菜单条、工具条、状态条等。

图 13-3　含有多个工作区的单窗体

图 13-4 所示的"图书馆管理系统"就是多窗体结构,主窗体中含有"读者借书还书""图书信息查询"子窗体。

图 13-4　多窗体

3. 对话框

对话框则是弹出式窗体，大多用于辅助性功能交互，如图 13-5 所示的消息对话框。

一些需要在系统正常工作之外进行的操作，即可通过弹出对话框提供。如图 13-6 所示的参数配置对话框。

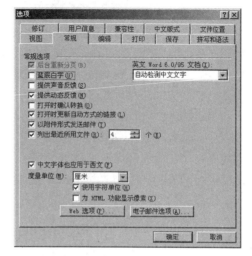

图 13-5　消息对话框　　　　　图 13-6　参数配置对话框

13.2.2　Web 页

Web 页是应用于互联网上的交互界面。由 HTML(Hyper Text Markup Language,超文本标记语言)构造,并依靠 Web 浏览器(Browser)装载,如图 13-7 所示。

图 13-7　Web 页

用户界面设计

与传统窗体相比,Web 方式的优势是:

(1) 界面元素集中于 Web 服务器上,界面的更新、维护更加便利。

(2) 客户端无须安装专门界面程序,可方便不确定客户的远程访问。

然而,Web 页有比传统窗体程序更繁杂的构造,并需要依靠 HTML 流,实现客户端与服务器之间的通信交互。Web 页的交互性与便利性也不如窗体,原因在于用户与系统之间基于窗体的交互如同打电话,能够较长时间连续通信,而用户与系统之间基于 Web 页的交互则如同互发电报,只能是一来一往地非连续通信。

当然,还是希望能基于 Web 页获得尽量较便利的交互,这依赖于设置 Web 框架。通常,一个 Web 框架可同时装载多个 Web 页,一些 Web 页专门从客户端向服务器输入数据,而另一些 Web 页则专门用于返回服务器结果到客户端。如果这些 Web 页都集成到某个 Web 框架上,则 Web 页的交互性可获得一定程度的提高。

一些原来用于窗体的界面控件也可用于 Web 页,但前提是客户端安装了界面控件。实际上,这些控件是运行于客户端的,因此能较好地改善 Web 页的交互性,甚至可使 Web 页具有如窗体那样的交互性。

13.3 界面功能

13.3.1 信息表示

界面需要能够表示信息。然而,不同的用户由于使用目的、知识背景、操作习惯的不同,会要求有不同的信息表示需求。

通常,设计者可以从以下问题的询问中发现用户的信息表示需求。

(1) 用户需要哪些信息?

(2) 数据之间的关系是否需要表现出来?

(3) 信息表示是否需要较快的刷新速度?

(4) 用户是否需要立即看到数据的改变?

(5) 用户必须根据数据的改变执行某种操作吗?

(6) 用户需要看到多大的数据精度?

信息还可能需要有多种表示形式。例如,使用文本表示数字信息,使用图表反映数据关系;还可能需要进行物理仿真,这可能要用到图形方法,如使用可视节点表示电话网络状态,使用三维图表示分子模型。

软件设计中,一般将信息表示与信息处理分离开来,由此可方便信息的多形式表示,如图 13-8 所示。

图 13-8　信息表示与信息处理的分离

信息表示中还需要考虑颜色因素。可使用不同颜色区分不同信息,但却需要有限制地使用。一些有关颜色的限制如下:

（1）限制颜色数量。通常，一个窗口中不应超出 4 种颜色，以防止产生多余信息。

（2）尽量使用中性色，如灰色、白色，原因是明亮颜色易产生视觉疲劳。

（3）尽量不使用颜色表达特定含义，原因是有些用户可能有色盲症状，有可能会误解其中的含义。另外，不同职业对颜色也有不同的理解。

（4）注意色彩搭配，如蓝色背景上的红色，易使眼睛疲劳。

13.3.2　系统交互

用户与系统主要有以下几种交互方式。

（1）直接操作。用户通过屏幕直接操作对象。例如，删除文件，就是把需要删除的文件直接拖到回收站中。

（2）菜单选择。用户通过菜单项做出操作选择。例如，删除文件，其过程是先选定这个文件，然后通过"删除"菜单项执行对文件的删除操作。

（3）表格填写。用户通过填表实现的相关操作。例如，删除文件，其过程是先在表格栏中填写要删除的文件路径名称，然后通过"删除"按钮实现对文件的操作。

（4）命令输入。用户通过特定指令进行相关操作。例如，删除文件，其过程是用户输入删除指令，并将要删除的文件名、路径等作为参数，由指令传入系统。

应该说，上述每一种类型的交互都有一定的适用性，并且可以混合使用。表 13-1 是对这些交互类型的说明。

表 13-1　界面交互方式的说明

交互方式	优　　点	缺　　点
直接操作	快速、直观，容易学习	较难实现，只适应对象化操作
菜单选择	可避免用户出现操作错误，只需要很少的键盘输入	对于有经验的用户来说，其操作速度太慢
表格填写	简单的数据入口，容易学习	占据太多的屏幕空间
命令输入	功能强大、灵活	较难学习

13.3.3　联机支持

界面还需考虑一定的联机支持，以方便用户操作。

一般地，程序难免出现运行错误。这些错误可能来自用户的错误操作，也可能来自系统自身的缺陷。

出错信息用于告知用户系统运行中产生了什么错误。显然，它应该是有礼貌的、简洁的、一致的和建设性的，而不应该含有任何侮辱性的成分，不能使用户感到难堪。

出错信息还应提示用户在遇到错误，应该如何应对。如果错误来自用户操作，应该指导用户如何改正错误。但也可能出错原因不是很明确，这则需要链接到联机帮助或在线帮助系统上去，以提供更全面的出错处理支持。

联机帮助一般是一个可与系统一同安装的学习支持系统。

通常，当用户遇到操作困惑时，或遇到读不懂的出错提示时，他会求助于联机帮助。

有必要邀请应用领域专家参入联机帮助文档编写，以利于帮助文档能够按照用户的术语风格进行说明。

帮助文字说明则应该简要、通俗,并提供链接功能,以利于用户的阅读。画面则不只是系统工作时的屏幕抓图,还需要提供更充足的注释说明,以利于用户轻松看懂画面。

联机帮助还需要考虑多种信息检索方式,并需要考虑前后搜索功能,以利于用户快速获取帮助。

通常情况下,联机帮助系统中的文档应当组织成与软件系统功能组织保持一致的树形结构,以利于用户的学习。图 13-9 所示是 Microsoft Word 的联机帮助系统。

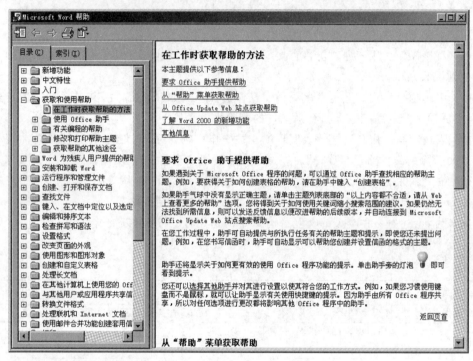

图 13-9　Microsoft Word 的联机帮助系统

13.4　界面设计方法

13.4.1　单界面结构设计

可按照以下步骤设计界面结构。

(1) 定义界面对象及其行为。

(2) 定义那些导致用户界面状态发生变化的事件。

(3) 通过状态图说明基于事件的界面变化。

(4) 描述每个界面状态,就像最终用户实际看到的那样。

(5) 说明用户如何通过界面获取信息与处理信息。

界面结构设计中最难把握的是界面行为。对此,可以先通过草图构思界面,然后基于界面草图中定义的界面对象定义行为,并通过状态图给出详细的界面行为说明,如图 13-10 所示。

值得重视的是,界面结构设计不可能一步到位,而只能逐步完善,这就需要迭代。实际上,界面设计中的每一个步骤都可能需要进行多次迭代。

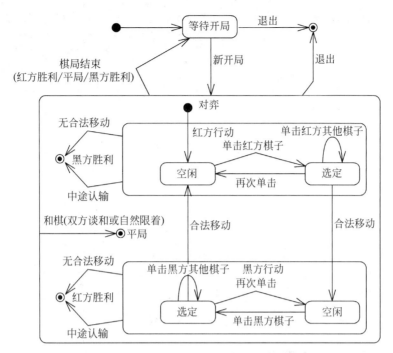

图 13-10　某棋盘界面对弈交互中的行为建模描述

13.4.2　多界面导航设计

大多数的软件系统会有多个用户界面。设计中不仅需要考虑如何构造这些界面,并还需要考虑这些界面将如何协作、如何进行跳转。这即是界面导航。

界面设计中需要有对界面导航的专门设计说明,并可通过状态图进行界面导航设计。

很显然,界面导航设计需要建立的是有序的界面活动,而且需要面向用户,需要考虑与用户的业务活动的协调。

一般情况下,任何可独立存在的界面元素,如窗体、Web 页面,可被表示为一个状态符。界面导航设计的任务是确定这些界面元素,并通过状态图说明这些元素的激活顺序。实际上,如果达到了这个目标,也就获得了一个界面导航框架。

图 13-11 所示的"图书借阅管理系统"窗体导航图,即是该系统界面导航框架,其中的窗体被表示为状态,导向箭头则表示了窗体的激活顺序。

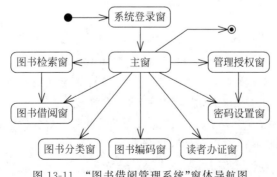

图 13-11　"图书借阅管理系统"窗体导航图

在建立界面导航框架之后,往往还需要考虑界面的内部活动,以提供更具有细节的界面导航描述。

图 13-12 所示的导航图即基于活动说明了更多细节,如窗体激活途径、窗体的释放。

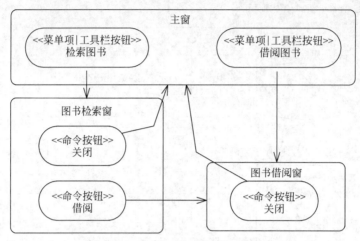

图 13-12　基于活动的导航细节描述

13.4.3　界面交互性设计

用户界面是用来实现用户与软件系统交互的。因此,一个质量优良的界面,必然需要考虑其有良好的用户交互性。

无疑,一个整洁美观的、风格统一的、便于操作的界面必会带来良好的交互性。

1. 整洁美观

用户界面应该给用户带来良好的视觉感受,整洁美观,有合理的整体布局,有合适的元素间隔,以方便用户更好地理解界面。

界面设计中应该仔细考量每个界面元素的作用,一些重要的元素应该尽早显现,并放置在显著位置。当然,不太重要的元素就应当降级到不太显著的位置。

通常情况下,人会按照从上到下、从左到右的顺序进行阅读。因此,最重要的或必须最先操作的元素应当置于屏幕的左上位置。

界面设计中还需要合理地使用颜色。例如,明亮色彩虽然可带来视觉吸引力,但也容易产生视觉疲劳,因此不能大面积使用。

2. 风格一致

界面设计时应该考虑有统一的风格,如相同的命令格式、风格一致的菜单或工具栏设计。毫无疑问的是,界面风格的统一可创造出一种和谐,使界面看上去更显协调,并可以节约用户时间,使用户在一个界面上学习到的操作能被有效迁移到其他界面上。因此,界面设计时有必要制定一致性的规则,例如以下方面的一致性规则。

(1) 信息展现的一致性。例如,窗口标题、图标、颜色、表格样式等,即要求给出一致性规则,以提供给用户的是有一定意义的附加信息。

(2) 任务操作的一致性。例如,任务步骤,虽然任务有差异,但却有相类似的操作向导提供任务导航。一套软件通常会有多个界面,这些界面应遵循相同设计原则,以使不同的交互界面,在操作上有一致的风格。

(3) 源于以往经验的一致性。用户可能已有使用软件处理事务的经验,并因此形成了一定的操作定势。例如,打开文件的快捷键 Alt＋O、保存文件的快捷键 Alt＋S,似乎已经有成为事实标准,并已被用户操作固化。显然,有待开发的软件有必要遵守这些标准。

3. 便于记忆

一般看来,界面需要用户记住的东西越多,用户熟练操作的难度就越大。因此,界面设计时应该考虑如何有效减轻用户的记忆负担。

(1) 让系统记住用户操作中需要记住的信息,由系统帮助用户回忆交互场景,如提供可视的操作提示,使得用户能够识别过去的动作,而不是必须记住它们。

(2) 提供一些操作的初始默认值,以满足大多数用户需要。当然,用户还可根据个人偏好重新定义默认值。

(3) 提供有意义的助记符实现快捷操作。助记符应该易于记忆,可使用户联想到相关动作,例如,使用被激活任务的第一个字母(快捷键 Alt＋P 激活打印功能)。

(4) 提供有效的对现实世界的虚拟仿真,以利于用户基于现实环境搞清楚如何使用系统,而不是靠记住一系列的交互动作去使用系统。

(5) 采用树形结构组织任务,或逐层渐进地向用户展示信息。一般地,高层次上只提供抽象信息,细节则在用户确实需要并在用户单击后再展示。

(6) 提供有意义的动作提示,以使得用户能够比较直观感受到其下一步能进行哪些操作。例如,命令按钮,其可设置为立体凸状,以使按钮具有操作感。

(7) 提供有效的信息反馈。许多时候,一个沙漏或一个等待指示,就足以让用户知道系统处于工作状态。然而,对于那些可能需要较长时间才能完成的操作(如数据统计汇总),则有必要设置任务进程提示,以使得用户不仅知道系统处于工作状态,而且知道系统还大概需要进行多长时间的任务操作。

4. 易于操作

界面应该易于操作。然而,易于操作不仅要让那些缺乏经验的初级用户觉得易于上手,而且还要考虑让那些具有经验的中高级用户觉得有很高的操作效率,还可以按照他们的个性量身定做。因此,一个易于操作的界面,也就不得不从以下方面做出设计考虑。

(1) 简化操作步骤。例如,用户正在通过文本编辑器进行文本编辑,如他想对文本进行文法检测,以发现文字错误,则他应该可很简洁地进入文法检测状态,并在完成检测后可很简洁地返回文本编辑状态,其操作中不应出现一些无用的中间状态。

(2) 提供灵活多样的操作形式,以满足不同用户不同的操作偏好。例如,可允许用户通过键盘、鼠标、数字化笔或语音识别命令等方式进行操作。当然,并非任何交互都需要有多种形式,而应根据实际需要设定,例如,画图时就无须语音识别。

(3) 用户可暂停或撤销操作。用户与系统交互时,有可能陷入一个较长的系列动作中,这时应允许用户暂停或撤销当前操作,去做其他事情。

(4) 用户可定制交互序列。一些高级用户或许会经常地进行相同序列的交互。因此,应该提供用户定制交互序列的机制,如提供"宏"机制,以实现交互动作的集成。

(5) 使用户与软件内部技术细节隔离。用户界面应该能够给用户提供一个虚拟的现实仿真环境,以使得用户不会因计算机内部的复杂技术而感到恐惧。

（6）用户可与屏幕上的对象直接交互。当用户能够操纵任务中的对象,并且以一种该对象好像是真实物理存在的方式来操纵它时,用户就会有一种控制感。例如,画图中的"拉伸"图形尺寸。

（7）使界面可进行个性化设置,以满足不同用户的各种不同偏好。例如,界面背景颜色,一些用户可能喜好暖色调,而另一些用户则可能喜好冷色调。又如界面布局,一些用户可能习惯于工具条在顶部,而另一些用户则可能习惯于工具条在侧面。

（8）界面还应该具有较强的容错能力,能够自动、有效地排除用户的操作错误。例如,用户输入数据时,难免会出现格式问题,如输入了不能被系统接收的保留字,这时系统应能够发现这些错误,并能够进行出错提示,或能够自动修正这些错误。

小　　结

1. 界面设计特点

GUI 不只是程序算法问题,还涉及其他因素,如构图布局、图形交互,并需要考虑用户的行为习惯、心理感受,以满足用户的人性化操作需要。

界面设计可由用例驱动,并可基于原型进化。

2. 界面类型

窗体是传统的基于 C/S 模式的 GUI,具有稳定、灵活、工作高效的优点。有单窗体、多窗体、对话框等多种窗体类型。

Web 页则更适应于互联网交互,但效率一般低于传统窗体,且操作便利性、灵活性、安全性等也不如传统窗体。

3. 界面功能

界面的功能有信息表示、系统交互、联机支持。

4. 界面设计方法

（1）单界面结构设计。

（2）多界面导航设计。

（3）界面交互性设计。

习　　题

1. GUI 设计为何需要有诸多方面专家的共同参与?

2. GUI 设计为什么是用例驱动?试举例说明。

3. 试对传统窗体与 Web 页做出比较。

4. 设计一个学生成绩查询窗,其可按学生专业、班级、姓名、课程等进行成绩查询。

5. 需要开发一个学生成绩管理系统,其要求有主窗、登录窗、成绩录入窗、成绩查询窗等多个窗体,试对系统进行界面导航描述。

6. 界面要求有一致的风格。对此,你有何看法?

第 14 章　非主流工程方法

通常,结构化方法、面向对象方法是主流软件工程方法,有很广泛的软件工程应用。此外,还有许多工程方法,如敏捷工程方法、净室工程方法、Jackson 程序设计方法、Z 语言形式化规格说明,它们应用范围受限,未能获得广泛的软件工程应用,但它们有特定的软件工程应用价值,并因这些工程价值而受到人们关注。

本章要点:

- 敏捷工程方法。
- 净室工程方法。
- Jackson 程序设计方法。
- Z 语言形式化规格说明。

14.1　敏捷工程方法

自 21 世纪以来,有许多新的软件形态出现,如基于互联网的游戏软件、商务应用软件等,它们是短周期软件,需要尽快构造产品,并尽早投入应用。这样一来,传统的重量级的工程方法就不适应了,必须要有能够快速响应的工程方法的支持,以确保能够更高效、快速地开发软件产品。敏捷工程方法即具有这样的快速响应的工程特性,被看成轻量级的工程方法,能够更好地适应新的短周期软件的研发。

14.1.1　敏捷价值观

2001 年,一个叫作敏捷联盟的软件工程研究组织,在其发布的敏捷软件开发宣言中写道:"我们正通过身体力行和帮助他人来揭示更好的软件开发之路。经由这项工作,我们形成了如下价值观:个体与交互胜于过程和工具;可工作软件胜于宽泛的文档;客户合作胜于合同谈判;响应变化胜于遵循计划。在上述对比中,虽然后者也有价值,但我们更看重前者。"

很显然,敏捷工程更加重视人的作为。在敏捷者看来,以往的主流工程方法虽然拥有了很完善的工程规范,但却忽视了人的主动创造性,还压制了人的工作热情,没有考虑人的工作方法、技能水平、工作态度的差异。

敏捷者认为,软件开发是一件很易发生变化的不确定性事件。软件需求可能会变,构建软件的技术可能会变,开发软件的团队成员也可能会变,而各种变化都会对开发的软件产品以及项目本身造成影响。因此,敏捷工程要求软件开发应由足够灵活的敏捷团队完成。其不仅是团队成员能够敏捷地思考问题,并且团队成员之间可以快捷地沟通、交流,以使得团队成员之间可以很好地进行任务协作。

敏捷者还认为,传统主流方法太过于依赖工程文档,以致适得其反,导致软件工程效率低下,工程进度难以推进。而且,虽然有了非常完备的工程文档,但也没能使开发的软件完全满足用户的应用需要。因此,他们认为,应当更加注重可被用户使用的可运行软件。简单地说,他们更加注重最终结果。

特别之处是,客户也要求被当作敏捷工程项目内部成员对待。敏捷者认为,这将有以利于开发者与客户之间形成共同的项目目标。

敏捷工程中的项目计划则要求具有可调节性。实际上,项目计划绝无可能面面俱到,也不可能一成不变,因此必须要能够根据项目实际情况进行调整。因此,敏捷工程要求开发者能够增量地向用户分期交付软件。他们认为,这不仅有利于项目计划的调整,并还能够尽快地向用户提供可运行软件。

14.1.2　敏捷工程法则

为使软件开发者能够更有成效地基于敏捷工程方法开发软件,敏捷工程联盟还特别制订了以下 12 条工程法则,其能够用来指导软件开发者的敏捷工程实践。

(1) 最优先要做的是,通过尽早、持续地交付有价值的软件来使客户满意。

(2) 即使是项目开发后期,也欢迎需求变更。敏捷工程将利用变更可为客户创造竞争优势。

(3) 应该分期交付可工作软件,周期从几周到几个月不等,而且越短越好。

(4) 项目过程中,业务人员与开发人员必须在一起工作。

(5) 建立能具体到个人的项目激励机制,给项目人员提供所需要的环境和支持,并且信任他们能够完成任务。

(6) 项目团队内部最有效的沟通方法是面对面的交谈。

(7) 可工作软件是衡量项目进展的最主要指标。

(8) 提倡可持续的开发,应该保持一种可持久稳定的开发速度。

(9) 对技术的精益求精与对设计的不断完善,将有利于敏捷能力的提升。

(10) 要做到简洁,即尽最大可能减少不必要的工作。这是一门艺术。

(11) 好的架构、需求和设计出自自组织团队。

(12) 项目团队要定期反省如何能够做到更有成效,并相应地调整团队的行为。

14.1.3　敏捷过程特点

在传统的主流工程方法中,软件过程就如同铁路路轨,要求足够稳固,以确保运行于其上的软件项目这列火车能够安全、顺利地到达目的地。然而,敏捷工程则更加注重需要到达的目的地,如认为乘飞机更快并更节省费用,就认为没有必要乘坐火车了。

在敏捷者看来,软件开发会受诸多不确定因素影响。

- 项目计划不确定性:虽然软件开发要求按计划逐项完成,然而项目中的各项工作并不容易提前预估。
- 用户需求不确定性:用户需求可能变更,而且这些变更很难提前预见。
- 软件设计不确定性:虽然要求按设计构建系统,但用于约束系统构建的设计还没有最终确定。

毫无疑问的是,这些不确定性因素必然会影响到项目进程,使进程出现这样那样的波动。对此,敏捷者的考虑是,软件过程应该具有一定的对波动的自适应能力,并且认为,增量式开发可使软件过程获得较好的自适应性。

例如,可以通过可运行原型或可运行增量部件而及时地反馈用户的产品建议,可以通过迭代而使用户逐个地、周期性地评价软件增量部件,由此能使对可能发生的项目变更(计划变更、需求变更、设计变更)有较好的适应。

14.1.4 敏捷设计原则

敏捷开发欢迎变化,这即要求设计有足够的灵活性,能够很好地适应变化。因此,软件结构要求简单、易于理解,并能够持续改进,以利于系统的迭代进化与逐步完善。

基于以上考虑,针对面向对象程序系统,敏捷开发采取了以下设计原则。

(1) 单一职责原则(Single Responsibility Principle,SRP):就一个类而言,应该仅有一个引起它变化的原因。

(2) 开放封闭原则(Open Close Principle,OCP):软件实体应该是可以扩展的,但是不可修改。

(3) 里氏替换原则(Liskov Substitution Principle,LSP):子类型必须能够替换掉它们的基类型。

(4) 依赖倒置原则(Dependency Inversion Principle,DIP):抽象不应该依赖于细节,细节应该依赖于抽象。

(5) 接口隔离原则(Interface Separate Principle,ISP):接口属于客户,不属于它所在的类层次结构。不应该强迫客户依赖于它们不用的方法。

(6) 重用发布等价原则(Reuse Equivalence Principle,REP):重用的粒度就是发布的粒度。

(7) 共同封闭原则(Common Close Principle,CCP):包中的所有类对于同一类性质的变化应该是共同封闭的。一个变化若对一个包产生影响,则将对该包中的所有类产生影响,而对于其他的包不造成任何影响。

(8) 共同重用原则(Common Resue Principle,CRP):一个包中的所有类应该是共同重用的。如果重用了包中的一个类,那么就要重用包中的所有类。

(9) 无环依赖原则(Acyclic Dependency Principle,ADP):在包的依赖关系图中不允许存在环。

(10) 稳定依赖原则(Stabilization Dependency Principle,SDP):朝着稳定的方向进行依赖。

(11) 稳定抽象原则(Stabilization Abstract Principle,SAP):包的抽象程度应该和其稳定程度一致。

14.1.5 极限编程

极限编程(Extreme Programming,XP)是最早推出的敏捷工程方法,由 Kent Beck 提出,使用了面向对象方法作为开发范型,包含策划、设计、编码和测试 4 个框架活动。

1. 策划

策划活动开始于建立一系列描述待开发软件必要特征与功能的"故事"(类似用例)。通常,由客户提供故事,并对故事所对应功能的业务价值标明权值(即优先级)。开发者评估每一个故事,并给出以开发周数为度量单位的开发成本。如果故事成本超过了 3 个开发周,则客户需要把该故事做进一步细分,并重新赋予权值。

客户和开发者共同决定如何把故事分组,其将用于确定需要创建那些软件增量,并以此为依据决定如何发布软件版本。

开发者可基于以下原则,有序地开发故事:其一,所有故事都应该在几周之内尽快实现;其二,具有最高价值的故事应该最先实现;其三,高风险故事应该优先实现。

在开发过程中,客户可以增加故事,改变故事的权值,分解或者去掉故事。开发者应该根据项目变更,重新考虑发行版本并相应修改项目计划。

2. 设计

极限编程设计应遵循简洁原则,即使用简单而不是复杂的表述,并遵循够用实现原则,也即不鼓励需求以外的功能性设计。

极限编程一般通过 CRC(Class Responsibility Collaborator,类名、类职责、类协作关系)卡表现设计作品。CRC 卡被用来组织当前软件增量相关的对象和类。如果某个故事遇到了设计难题,则需要建立这部分设计的可执行原型,并评估设计原型,以降低产品实现风险。

极限编程鼓励"重构"。所谓重构,就是在编码完成之后进行的设计优化。通常情况下,重构不会改变代码外部行为,但会改进其内部结构。实际上,重构意味着设计将会随着系统的构建而连续进行,而构建活动本身又将给开发者提供关于如何改进设计的指导。

3. 编码

极限编程认为,在基本设计完成之后,开发者不应直接开始编码,而应先设计用于检测本次软件增量开发所需的单元测试。实际上,如果已事先建立起了单元测试,则开发者可更集中精力于实现,并在完成编码之后,立即进行单元测试。

极限编程编码活动的关键是结对编程。极限编程建议两个人面对同一台计算机共同为一个故事编写代码。这一方案提供了实时解决问题和实时质量保证的机制,同时也使得开发者能集中精力于手头的问题。实施中不同成员担任的角色略有不同,例如,一名成员承担特定设计的详细编码实现,而另一名成员确保编码遵循特定的标准。

4. 测试

极限编程方法要求在编码开始之前,即建立好单元测试。所建立的单元测试还要求使用一个可以自动实施的框架。通常,这是一个可多次重复执行的测试,因此可为极限编程提供重构支持。

实际上,如果能将个人的单元测试与系统的集成测试结合起来,则意味着可以随时进行系统的集成和确认测试。无疑,这有利于为开发者提供连续的进展指示,也能够在一旦发生问题时,及早发出预警。

可根据需要发布的增量部件所实现的用户故事,确定如何进行验收测试。其一般由客户决定,并通常要求着眼于客户可见的、可评审的、系统级的特征和功能进行。

14.1.6 自适应软件开发

Highsmith提出了自适应软件开发(Adaptive Software Development,ASD),这是一种着眼于人员协作和团队自我组织的敏捷开发方法。

Highsmith对自我组织的解释是,一个可有效聚集创造力的项目团队。

自适应软件开发要求循环地开发增量构件,并将一个循环过程分为思考、协作和学习3个步骤。

1. 思考

策划如何进行自适应循环,并基于项目约束、基本需求,确定如何循环地按计划发布增量构件。

2. 协作

通过团队协作获取构件需求与制订构件规格。

自适应软件开发要求开发者以饱满的热情与创造性思维协作完成开发任务。因此,协作还要求体现出是团队精神与个人创造精神的良好结合,要求通过成员的个人尽责,通过成员之间的相互帮助,而达到良好沟通,由此形成对问题共同一致的认识。

3. 学习

每当开发出一个增量构件,团队成员都应对所完成的开发任务进行学习总结,由此改进技术。自适应团队主要的学习途径有:

- 用户反馈。用户对已发布增量构件提供应用反馈,以确定构件是否满足业务需求。
- 机构评审。由专门机构评审增量构件,以对产品质量给出权威确认。
- 自我反省。项目团队对软件开发中的自身表现进行自我反省,由此增长学识、改进开发方法。

14.1.7 动态系统开发方法

DSDM联盟推出了动态系统敏捷开发方法(Dynamic System Development Method,DSDM)。如同极限编程、自适应开发,动态系统开发方法也提倡迭代,但遵循80%迭代原则,即每个增量都只完成能够保证顺利进入下一增量的工作,剩余的细节则在获取更多需求或是确认变更之后完成。

DSDM联盟还定义了动态系统开发方法过程,其由可行性研究、业务需求分析、功能模型迭代、软件设计与构建迭代、软件实现与集成迭代等几项活动组成。

(1) 可行性研究:确定待开发系统业务需求和相关约束,并评估该系统是否可采用动态系统开发方法实施开发。

(2) 业务需求分析:基于系统业务需求确定其具有细节的功能需求和数据需求,并确定系统基本架构及其可维护性。

(3) 功能原型迭代:创建功能增量原型,并通过用户对增量原型的使用,而获取到更多的用户需求细节。

(4) 软件设计与构建迭代:已建功能原型是可进化的。因此,可基于原型进行系统设计与构建,由此可使原型朝着符合用户实际应用的目标系统进化。实际上,功能模型迭代与设计构建迭代可同步进行。

(5) 软件实现与集成迭代:将创建好的软件增量构件进行系统集成。需要注意的是,如果还有没创建的增量构件,或是已建增量构件需要修改与完善功能,则转向功能原型迭代,即重做(3)、(4)、(5)步骤。

14.2 净室工程方法

20世纪80年代,Mills、Dyer、Linger等提出了净室软件工程方法。这是一种建立在数学与统计学基础上的工程方法,要求软件开发应有完备的正确性验证,以预防软件缺陷的发生,由此确保生产高品质的软件产品。

14.2.1 工程策略

传统工程方法是基于逐步完善的原则实现软件的,因此容许进行工程试探,并可采用事后修补的方式逐步改进产品的设计缺陷。净室工程方法不同于传统工程方法,其要求在非常洁净的工作环境下,并用非常干净的设计制造工艺,创建出无缺陷的软件产品。毫无疑问,净室工程方法不同于传统的软件生产,必然需要有不同于传统的工程策略。

1. 基于增量的软件开发

第2章已讨论过增量过程模式。这是一种将软件系统分解为多个构件,然后逐步创建与集成的开发模式。

通常情况下,一个较小规模的局部构件,将会比整个软件系统要简单得多,因此更容易被设计得没有缺陷。净室工程所需要的就是没有缺陷,因此,其需要基于增量过程模式实施软件开发。

按照增量过程实施净室工程,首先需要做的就是制订有效的增量项目计划,如基于功能的系统构件分解、基于增量构件的项目任务分配、基于增量构件的项目计划,则应该在增量项目计划中得到很好的说明。

2. 基于盒结构的软件建模

净室工程基于盒结构进行分析设计建模,有分析时的黑盒、状态盒,设计时的透明盒。实际上,净室工程的分析设计过程也就是由软件问题黑盒到状态盒再到透明盒的、由外至内不断分解细化的过程,并由此使软件问题逐步地清晰明朗的过程。

3. 基于函数理论的程序正确性验证

净室工程基于数学中的函数理论定义程序模块,认为程序有从函数定义域(程序输入)到函数值域(程序输出)的映射,并有数学函数所要求的完备性、一致性和正确性。

(1) 完备性:函数的定义域中的每个元素,其值域中至少有一个元素与之对应。因此,程序的每种可能的输入,都必须有一个输出与之对应。

(2) 一致性:函数在值域中最多有一个元素与定义域中的同一元素对应。因此,程序中的每一个输入只能对应一个输出。

(3) 正确性:基于函数理论建立起来的程序,其正确性可通过数学推理进行验证。

4. 基于统计理论的软件测试

净室工程认为,我们无法对软件的无限的总体进行穷举测试,而只能抽取有限的样例进行检测。

净室工程所要求的是,我们不是无目标的抽样,而是基于统计理论的抽样测试,需要考虑软件应用的概率分布。并且还认为,基于统计理论的测试结果是可反复验证的,产品的质量是可基于统计进行控制的。

14.2.2　盒结构建模

软件开发涉及软件的行为、数据、执行过程这 3 方面的问题,净室工程通过黑盒、状态盒、透明盒,这 3 种盒结构建立这 3 方面的模型。其中的黑盒可用来确定系统或系统组件的外部行为,状态盒可用来确定与系统外部行为相关联的内部数据,透明盒则可基于状态盒对行为进行过程设计,由此使状态盒进一步具体化。

1. 黑盒

黑盒是用来定义系统或系统中构件外部行为的,其特征函数是:激励(输入)→响应(输出),如图 14-1 所示。

黑盒是从用户角度测试系统行为的,只需要说明系统外部功能特征——通常是用户可理解的或可感知的,而无须考虑系统内部细节。

需要注意的是,必须历史地考察黑盒接收到的外部激励,而不只是当前激励。以通过计算器进行左右两数的双目运算操作为例,假如输入了"C(清零)""36""＊""47"之后,接着又输入了"＝",则当前激励是"＝"。然而,历史激励是"C36＊47＝",其响应结果是 1692。图 14-2 所示即为该问题黑盒描述。

图 14-1　黑盒

图 14-2　计算器中左右两数双目运算黑盒描述

2. 状态盒

状态盒用于确定系统有哪些状态,并通过状态表现系统内部数据,其特征函数是:(激励,旧状态)→(响应,新状态),如图 14-3 所示。

状态盒将深入系统内部,并通过细化状态而使系统内部数据透明。

通常,一个状态盒内可细化出诸多状态,每一种状态封装都有一组确定的数据值,一种状态可因外部激励而过渡到另一种状态。

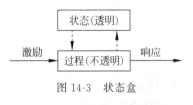

图 14-3　状态盒

状态盒建模首先需要考虑的是有哪些状态。

通常,可按历史线索分解来自黑盒的外部激励,并可依据这些激励元素确定有哪些状态。例如,前面的计算器进行的左右两数的双目运算,其历史激励"C36＊47＝"即可按操作线索分解为"C""36＊""47＝"3 个激励元素,通过这些激励元素,可区分出"等待输入左数""等待输入右数""等待计算"3 种状态。实际上,依据这 3 种状态,可建立该问题状态盒模型,如图 14-4 所示。

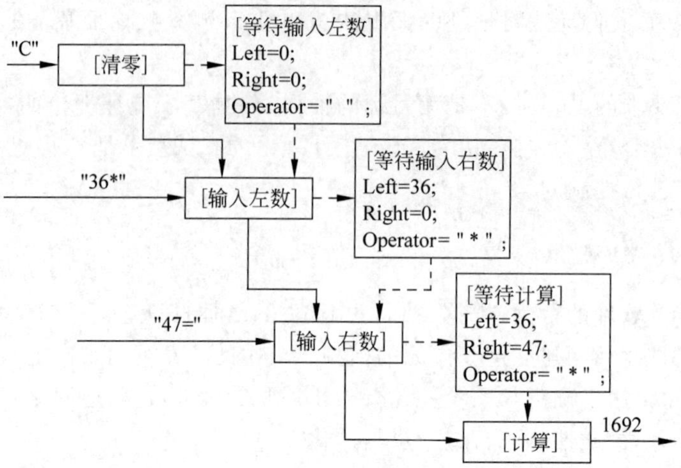

[等待输入左数]
Left=0;
Right=0;
Operator=" ";

"C" → [清零]

"36*" → [输入左数]

[等待输入右数]
Left=36;
Right=0;
Operator=" * ";

"47=" → [输入右数]

[等待计算]
Left=36;
Right=47;
Operator=" * ";

[计算] 1692 →

图 14-4　计算器中左右两数双目运算状态盒描述

3. 透明盒

状态盒中的过程并不很透明,一般只有大致步骤。透明盒则可使过程非常透明,涉及程序执行细节,需要考虑程序算法,如图 14-5 所示。

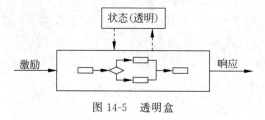

状态(透明)

激励 → □ ◇ □ → 响应

图 14-5　透明盒

一般地,如果状态盒对状态有较好的细化,过程就将有较好的基本划分,它们通常可对应到某个程序函数。

实际上,基于状态盒的过程划分已使我们获得了程序框架。因此,透明盒所要完成的只是这些程序函数的内部算法。例如前面的计算器问题即可通过透明盒完成其程序算法设计,如图 14-6 所示。

14.2.3　程序正确性验证

经过透明盒设计的程序还需要进行正确性验证。

净室软件工程要求基于数学函数理论对透明盒进行正确性验证,由此确认程序过程与程序功能规范定义是否相符。

可通过预期函数(intended function)定义程序功能规范。需要说明的是,预期函数只是基于数学理论讨论程序问题。因此,预期函数可能是一个数学表达式(对于简单问题),但更可能是一个形式化语言或自然语言描述(对于复杂问题)。

通常,在设计程序控制结构的同时,需要在控制结构的入口处建立预期函数,用于解读程序功能,并用于验证控制流程是否具有功能规范所要求的正确性。

实际上,每个控制结构都需要建立合适的预期函数进行正确性验证,并且还应该基于功

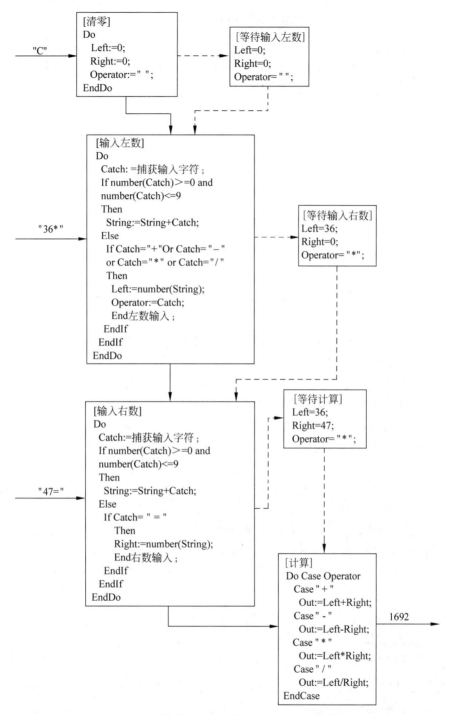

图 14-6　计算器中左右两数双目运算透明盒描述

能细化对控制结构逐层地进行验证。如果逐层地对所有的子控制结构建立起用于正确性验证的预期函数,则整个过程也就具有了正确验证性。

下面以计算器左右两数双目运算透明盒中"输入右数"过程为例,说明如何建立预期函数,以对程序提供正确性验证。

[预期函数:Right 赋值为输入数字串 String 的数值转换]
Do
    Catch: = 捕获输入字符;
    [预期函数:当 Catch 为数字符时,将 Catch 连接到 String 的尾部;
    当 Catch 为非数字符时,则在判断其为" = "后,对 Right 赋值.]
    If number(Catch)> = 0 and
    number(Catch)< = 9
    Then
        String: = String + Catch;
    Else
        [预期函数:当非数字符 Catch 为" = "时,Right 赋值为 String 的数值转换,并结束右数输
入;当非数字符 Catch 不是" = "时,不做任何处理.]
        If Catch = " = "
        Then
            Right: = number(String);
            End 右数输入;
        EndIf
    EndIf
EndDo

14.3 Jackson 程序设计方法

这是一种基于数据结构的算法设计方法。程序过程通常是输入数据、处理数据和输出数据。法国科学家 Jackson 的考虑是:如果两头的输入输出数据结构是确定的,则中间的处理数据的程序结构也将是确定的,并可通过数据结构进行映射。

为了方便由数据结构到程序结构的映射,Jackson 还将数据结构分为顺序、选择和重复3 种基本结构。

- 顺序数据结构:数据体由若干数据元素按照一定的顺序结合,且每个元素只能出现一次,如图 14-7 所示。
- 选择数据结构:数据体由若干可选数据元素中的一个构造,如图 14-8 所示。
- 重复数据结构:数据体由数据元素重复多次构造,如图 14-9 所示。

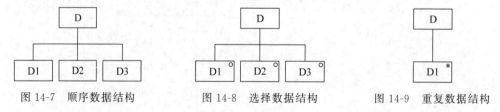

图 14-7　顺序数据结构　　　图 14-8　选择数据结构　　　图 14-9　重复数据结构

与数据结构对应,程序也被区分为顺序、选择、重复 3 种基本结构,并使用与数据结构相同的图形符号表示。

14.3.1　设计步骤

Jackson 设计方法主要有以下 5 个步骤。

(1) 分析并确定输入输出数据的逻辑结构,并用 Jackson 数据结构图表示出来。

(2) 找出输入数据结构和输出数据结构中有直接对应关系的数据单元。这种直接的对

应关系通常体现为确定的因果联系,并一般同时出现在处理过程中。

（3）通过下述 3 条规则实现从数据结构到程序结构的映射。

规则 1：对于有直接对应关系的数据单元,按照它们在数据结构图中的层次在程序结构图的相应层次上画一个处理框。

规则 2：输入数据结构中的其余数据单元,根据其所处层次在程序结构图中画上对应处理框。

规则 3：输出数据结构中的其余数据单元,根据其所处层次在程序结构图中画上对应处理框。

（4）列出所有操作和条件,包括分支条件和循环结束条件,并把它们分配到程序结构图的适当位置上去。

（5）用伪码表示程序。其使用的伪码和 Jackson 结构图是对应的,下面是和 3 种基本结构对应的伪码。

① 顺序结构。

```
A seq
  B
  C
  D
A end
```

② 选择结构。

```
A select cond1
  B
A or cond2
  C
A or cond3
  D
A end
```

其中的 cond1、cond2 和 cond3 是执行 B、C 或 D 时需要满足的条件。

③ 重复结构。

```
A iter until(或 while) cond
  B
A end
```

其中的 cond 是重复条件。

14.3.2　设计举例

图 14-10 所示为销售员注册表(主表)和销售员销售情况记录表(从表)。

现需要通过这两个数据表,并按照销售员代号产生销售汇总报表(见图 14-11)。

图 14-12 表示了输入输出数据结构,并依靠双向箭头反映了输入输出数据之间的因果对应关系。

可理解的是,输出数据来自输入数据的处理,因此,输入输出数据的最高层单元之间,即"销售员销售输入数据"与"销售员销售数据汇总报表"之间,总是存在因果关系的。另外,由于销售汇总时的累计单位是销售员,因此,"销售员注册记录"与"销售员销售累计"之间也存在着因果关系。

图 14-10　销售员注册表(主表)和销售员销售情况记录表(从表)

销售数据汇总报表

编号	姓名	累计销售额
1	黎斌	￥18,890.00
2	王志明	￥18,250.00
3	张兰	￥5,680.00

销售额：￥42,820.00

图 14-11　输出报表

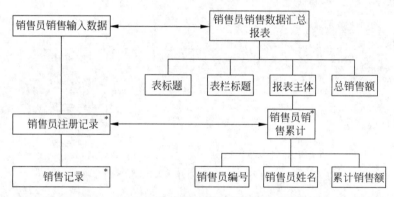

图 14-12　输入输出数据结构及其因果对应关系

程序结构可按照以下步骤映射。

(1) 每对有因果关系的输入输出数据单元,可在程序结构中映射为一个数据处理,以获得程序结构关键节点。由此可确定"销售员销售数据汇总报表打印程序"与"以销售员注册记录为单位产生销售累计"这两个处理。

(2) 数据结构中的其余单元,则根据其所处位置进行合理映射。由此可确定"打印表标题""打印表栏标题""产生表体""打印总销售额""打印销售员编号""打印销售员姓名""累计销售额""处理销售记录"等诸多处理。

根据上述两步可以得到如图 14-13 所示的程序结构基本框架。

(3) 程序基本框架还需要进一步完善,程序运行中的细节操作需要补充到程序基本框架中去,例如,"打开销售员注册表""关闭销售员注册表""按销售员编号读入销售记录集""关闭销售记录集""将累计销售额累加到总销售额""移到下一条销售员记录""将当前记录的销售额累加到累积销售额""移到下一条销售记录""打印累计销售额""将累计销售额累加到总销售额""移到下一条销售员注册记录"等。由此可得到的比较完整的程序结构图(见图 14-14)。

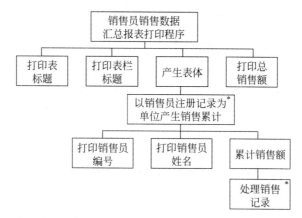

图 14-13　程序结构基本框架

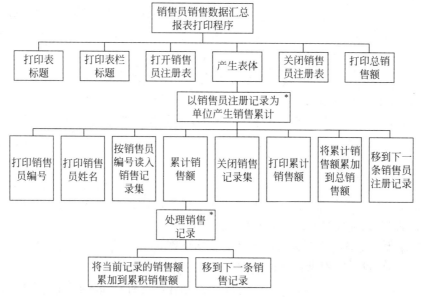

图 14-14　补充细节操作后的程序结构图

依据图 14-14 所示程序结构,可以获得以下算法伪码:

```
销售员销售数据汇总报表打印程序 seq
        打印汇总表标题
        打印汇总表栏标题
        打开销售员注册表
        产生表体 iter until 销售员注册表底
                以销售员注册记录为单位产生销售累计 seq
                        打印销售员编号
                        打印销售员姓名
                        按销售员编号读入销售记录集
                        累计销售额 iter until 销售记录集底
                                处理销售记录 seq
                                        将当前记录的销售额累加到累积销售额
                                        移到下一条销售记录
                                处理销售记录 end
                        累计销售额 end
```

关闭销售记录集
打印累计销售额
将累计销售额累加到总销售额
移到下一条销售员注册记录
以销售员注册记录为单位产生销售累计 end
产生表体 end
关闭销售员注册表
打印总销售额
销售员销售数据汇总报表打印程序 end

14.4 Z 语言形式化规格说明

可以使用自然语言描述软件规格,其有接近用户的优势,然而却容易缺失逻辑严密性,可能使软件规格说明出现这样那样的歧义。

更多情况下使用图形语言描述软件规格,如实体关系图、数据流图、用例图,它们通常能一定程度地解决因语言背景差异而造成的理解性歧义,然而却并不能杜绝规格说明中的逻辑性歧义。

由于上述原因,软件分析中还可能需要使用以数学为理论依据的形式化语言描述软件规格,其可读性不好,编制难度大,然而却能减少软件规格说明中的逻辑歧义。

通常,软件中的关键性规格或不容许出现歧义的软件规格,由于需要有非常严密的逻辑描述,需要采用形式化语言说明其规格。

14.4.1 Z 语言特点

Z 语言是一种获得了最广泛使用的形式化规格说明语言,其以集合运算与谓词逻辑演算为数学语言,并以模式图形符号组织形式化说明。

Z 语言的优势是既有基于数学的形式化说明的严密性,又有基于模式图形符号的直观性。因此,其在提供形式化说明的同时,还能带来较好的可读性。

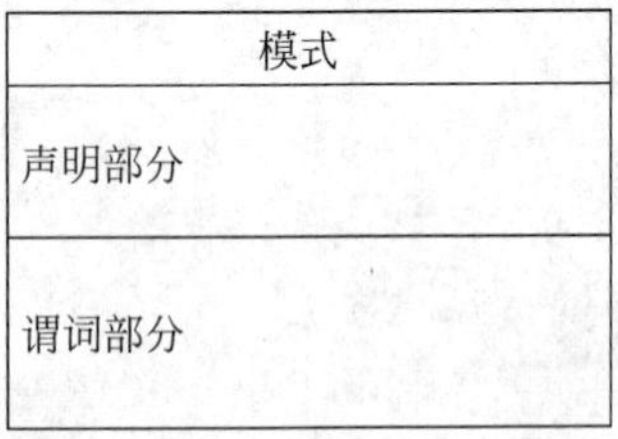

模式
声明部分
谓词部分

图 14-15 Z 语言中的模式

通常,可通过 Z 语言说明软件的状态或操作,一个有待说明的状态或操作可被抽象为一个模式(Schema),若干模式则组成了有关软件的规格说明。

图 14-15 所示即为 Z 语言中的模式,由声明、谓词两部分组成。其中的声明用于定义软件元素,如有待说明的状态、操作中的数据;谓词则用于说明规则,如数据的取值规则、操作的前置条件与后置结果。

显然,模式的谓词部分需要用到集合或逻辑运算,表 14-1 所列是模式的谓词中一些常用的集合与逻辑运算符。

表 14-1 Z 语言中常用的集合与逻辑运算符

运　算　符		含　　义
集合	$S = \{x_1, x_2, x_3\}$	定义由 x_1, x_2, x_3 元素组成的 S 集合
	$S = \{x \mid P(x)\}$	定义可所要可满足 P 函数性质的 x 元素组成的 S 集合
	$x \in S$	x 元素是 S 集合中的成员

运 算 符		含 义
集合	$x \notin S$	x 元素不是 S 集合中的成员
	$S \subset T$	S 是 T 的子集,即,若 $x \in S$,则 $x \in T$
	$S \cup T$	S 与 T 的并集,即,$x \in S$ 或 $x \in T$
	$S \cap T$	S 与 T 的交集,即,$x \in S$ 且 $x \in T$
	$S \backslash T$	S 与 T 的差集,即,$x \in S$ 且 $x \notin T$
	Φ	不含任何元素的空集
逻辑	$P \vee Q$	P 或 Q:P、T 只要有一个为真,即为真
	$P \wedge Q$	P 与 Q:P、T 必须都为真,才为真
其他	ΔR	引用 R
	$S:PB$	声明 S 为 B 类型的集合

14.4.2　Z 语言应用举例

下面的举例是 Z 语言对某洗衣机控制面板的规格说明。

1. 按钮集合定义

该洗衣机控制面板由水位设置、工作模式设置、运行控制等按钮组成,下面的集合语言定义了这些面板元素。

（1）按钮集＝{所有的按钮}；

（2）按下的按钮集＝{所有被按下的按钮}；

（3）水位设置按钮集＝{高水位钮,低水位钮}；

（4）工作模式设置按钮集＝{洗涤钮,漂洗钮,干衣钮}；

（5）运行控制按钮集＝{启动钮,暂停钮,终止钮}。

2. 状态或操作说明

图 14-16 是对洗衣机控制面板基本状态的定义。声明部分说明了控制面板中有哪些按钮集合,谓词部分则说明了这些按钮集之间有什么关系。

```
┌─────────────────────────────────────────────────────────┐
│                        控制面板                          │
├─────────────────────────────────────────────────────────┤
│                                                          │
│  按钮集,水位设置按钮集,工作模式按钮集,运行控制按钮集,按下的按钮集：P 按钮 │
│                                                          │
├─────────────────────────────────────────────────────────┤
│  水位设置按钮集∩工作模式按钮集∩运行控制按钮集=Φ          │
│  ∧水位设置按钮集∪工作模式按钮集∪运行控制按钮集=按钮集    │
│  ∧按下的按钮集⊂按钮集                                    │
└─────────────────────────────────────────────────────────┘
```

图 14-16　洗衣机控制面板状态的定义

图 14-17～图 14-19 则是对设置洗衣机水位、设置洗衣机工作模式、进行洗衣机运行控制时的操作说明。

由于通过控制面板中的按钮进行各种操作,因此,这些图的声明部分都有对控制面板模式的引用。

设置水位
△控制面板 **X?**：按钮
前置条件：〈 启动钮 ∉ 按下的按钮集 〉∧〈 **X?** ∈水位设置按钮集 〉 后置结果：〈 按下的按钮集′＝按下的按钮集\水位设置按钮集∪〈 **X?** 〉〉

图 14-17　洗衣机设置水位操作说明

设置工作模式
△控制面板 **X?**：按钮
前置条件：〈 启动钮 ∉ 按下的按钮集 〉∧〈 **X?** ∈工作模式按钮集 〉 后置结果：〈 按下的按钮集′＝按下的按钮集\工作模式按钮集∪〈 **X?** 〉〉

图 14-18　洗衣机设置工作模式操作说明

操作运行控制按钮
△控制面板 **X?**：按钮
前置条件：〈 **X?** ∈运行控制按钮集 〉 后置结果：〈 按下的按钮集′＝按下的按钮集\运行控制按钮集∪〈 **X?** 〉〉

图 14-19　洗衣机运行控制操作说明

　　声明中的 X?用于表示需要操作什么对象,具体操作则通过谓词部分表述,涉及操作前需要满足的前置条件与操作后将会产生的后置结果。

小　　结

1. 敏捷工程方法

1）敏捷价值观

- 个体与交互胜于过程和工具。
- 可工作软件胜于宽泛的文档。
- 客户合作胜于合同谈判。
- 响应变化胜于遵循计划。

2）敏捷工程法则

敏捷工程联盟制订了 12 条工程法则,其用来指导软件开发者的敏捷工程实践。

3）敏捷过程特点

要求具有一定的波动自适应能力。增量式开发可使过程获得较好的自适应性。

4）敏捷设计原则

软件结构要求简单、易于理解、能够持续改进。对此,并针对面向对象程序系统,敏捷开发采取了一定的设计原则,如单一职责原则、开放封闭原则等。

5）极限编程

由 Kent Beck 提出,使用面向对象方法作为开发范型,包含策划、设计、编码和测试 4 个框架活动。

6）自适应软件开发

一种着眼于人员协作和团队自我组织的敏捷开发方法,要求循环地开发增量构件,并将一个循环过程分为思考、协作和学习 3 个步骤。

7）动态系统开发方法

由 DSDM 联盟推出,遵循 80% 迭代原则,即每个增量只完成能够保证顺利进入下一增量的工作,剩余的细节则在获取更多需求或是确认变更之后完成。

2. 净室工程方法

这是一种建立在数学与统计学基础上的工程方法,要求软件开发应有完备的正确性验证,以预防软件缺陷的发生,由此确保生产高品质的软件产品。

1）净室工程策略

* 基于增量的软件开发。
* 基于盒结构的软件建模。
* 基于函数理论的程序正确性验证。
* 基于统计理论的软件测试。

2）净室工程盒结构建模

* 黑盒:用来定义系统或构件外部行为。
* 状态盒:用于确定系统有哪些状态。
* 透明盒:用于确定系统内部控制流程。

3）程序正确性验证

经过透明盒设计的程序还需要进行正确性验证。净室工程要求基于数学函数理论对透明盒进行正确性验证,由此确认程序过程与程序功能规范定义是否相符。

3. Jackson 设计方法

这是一种基于数据结构的算法设计方法,可依据输入输出数据结构,而映射处理数据的程序结构,涉及顺序、选择、重复 3 种结构映射。

4. Z 语言形式化规格说明

Z 语言是一种获得了最广泛使用的形式化规格说明语言,以集合运算与谓词逻辑演算为数学语言,并以模式图形符号组织形式化说明。其既有基于数学的形式化说明的严密性,又有基于模式图形符号的直观性,在提供形式化说明的同时,能带来较好的可读性。

习　　题

1. 结合自己的项目体验,对敏捷开发软件宣言中的 4 个价值的对比做出评价。

2. 结合自己参与的软件项目,对敏捷工程法则第 2 条"即使是项目开发后期,也欢迎需求变更。敏捷工程将利用变更可为客户创造竞争优势"做出有依据的说明。

3. 敏捷过程为什么要有较好的自适应性? 增量式开发为什么可获得较好的自适应性?

第 14 章

非主流工程方法

请给出有依据的说明。

4. 对于敏捷设计原则第 2 条"开放封闭原则:软件实体应该是可以扩展的,但是不可修改",请举例说明。

5. 对于敏捷设计原则第 4 条"依赖倒置原则:抽象不应该依赖于细节,细节应该依赖于抽象",请举例说明。

6. 极限编程敏捷方法要求结对编程,其作用是什么? 请进行一定的编程体验,然后谈谈自己的实际感受。

7. 自适应软件开发要求循环地开发增量构件,并将一个循环过程分为思考、协作和学习 3 个步骤。其中的学习涉及哪些方面的学习?

8. 净室软件工程方法以什么为理论基础? 其最主要工程目标是什么?

9. 净室软件工程方法涉及黑盒、状态盒、透明盒建模,其分别用来解决哪些方面的问题? 请举例说明。

10. 净室软件工程方法中的程序正确性验证的理论依据是什么?

11. 使用净室软件工程方法对一元二次方程求解问题进行算法设计。

12. 零件库房管理中有"零件表",用于记录零件信息,如零件编号、名称、规格,其中的零件编号是零件唯一标识;有"零件进库表",用于记录零件进库信息,如零件编号、数量。现需要按零件编号对零件进库情况进行汇总,要求使用 Jackson 方法设计该问题的算法。

13. 软件形式化规格说明的用途是什么? 什么软件问题需要采用形式化规格说明?

14. Z 语言是一种广泛使用的形式化语言,其优势是什么?

15. 考虑构建一个登录界面,使用 Z 语言对登录界面做出规格说明。

第15章　面向对象程序工程案例

软件工程重在实践,并且只有通过工程应用才能体现其工程价值。本章提供了一个面向对象工程案例,以为"软件工程"课程实践学习提供便利。该案例有较完整的基于 UML 的面向对象分析与设计建模,并且已经基于 Java、C++ 给予了较完整的编程实现,是对软件工程具体应用的直观说明,能对软件工程实践提供具有价值的案例指导。

本章要点:
- 系统分析。
- 系统设计。
- 程序框架清单。

15.1　系　统　分　析

15.1.1　基本需求说明

1. 基本用途

中国象棋双人远程对弈。

2. 功能需求

(1) 登录系统,包括远程服务器连接、玩家身份验证。

(2) 棋局对弈,包括开局、走棋、悔棋、求和、认输、封盘、续盘等与棋局有关的操作控制。

(3) 棋局信息处理,包括已下棋局的保存、查询、复盘打谱。

3. 交互需求

(1) 界面仿真中国象棋棋盘。

(2) 界面美观易用,不凌乱,画面精巧,图片细致,色调调配符合审美标准。

(3) 交互简而不漏,提示到位而不繁杂。

(4) 用户操作时不应感觉到延时,不应感觉到界面闪烁。

15.1.2　功能用例分析

图 15-1 所示为玩家登录系统用例建模,涉及参与者 Player(玩家)、Client(客户端)、Server(服务器),涉及用例 Login(登录系统)、Connect(连接服务器)。其中,Login 包含 Connect,并通过 Connect 实现 Client 到 Server 的连接。

图 15-2 所示为客户端/服务器远程消息接收发送用例建模。其中的参与者 Client(客户端)拥有 MessageReceiver(消息接收者)和 MessageSender(消息发送者)两种身份,但在一次通信中只能选择一种。用例则有 ReceiveMessage(接收消息)、SendMessage(发送消

息),分别用于从 Server(服务器)接收消息和向 Server(服务器)发送消息。

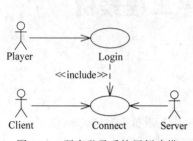

图 15-1 玩家登录系统用例建模

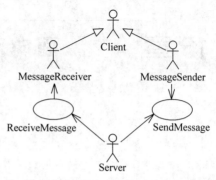

图 15-2 客户端/服务器远程消息接收发送用例建模

图 15-3 所示为棋局对弈用例建模。有 Player(玩家)、Rival(对手方)两个参与者,并有多个用例。其中的 SelectChessman(选子)用例可泛化为 SelectOwnChessman(选择自己方棋子)、SelectRivalChessman(选择对手方棋子)两个更具体的用例;MoveChessman(移动棋子)是玩家自己棋子的操作;KillRivalChessman(吃棋)是玩家对对手方棋子的操作;StartGame(开局)、MakePeace(求和)、悔棋(Undo)、TakeBreak(封盘)、Continue(续盘)等则涉及与对手方的协作。

图 15-4 所示为棋局信息处理用例建模。涉及 Record(记录棋局)、LoadReplay(载入待复牌的棋局)和 Replay(棋局复盘)等用例。

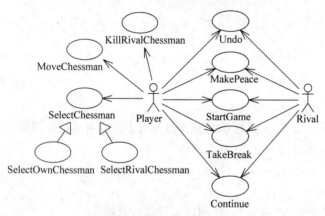

图 15-3 棋局对弈用例建模

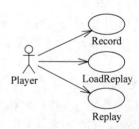

图 15-4 棋局信息处理用例建模

15.1.3 任务活动分析

图 15-5 所示活动图是对玩家从登录系统(login)开始,到选择游戏房间(select room)进行游戏(play games),再到游戏结束(game over)的全过程说明。

(1)该活动从玩家登录系统(login)开始,在玩家进入系统后,服务器会给玩家列出游戏房间信息(list room information),玩家则在浏览房间信息(scan room information)之后,选择一个游戏房间(select room)进入,如果没有可用且满意的游戏房间可退出游戏程序。

(2)在玩家进入游戏房间之后,服务器会给进入房间的玩家列出该房间的游戏桌信息(list table information),玩家在浏览游戏桌信息(scan table information)之后,可选择其中

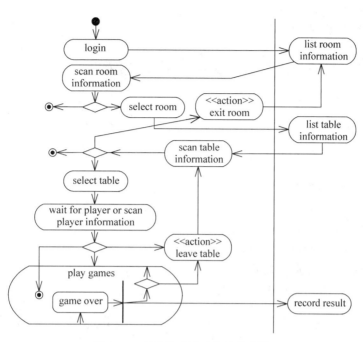

Client: Server:

图 15-5　玩家游戏活动全过程建模

的一个游戏桌坐下（select table），或者是在没有可用且满意的游戏桌时，选择离开该房间
（exit room）或退出程序系统。若玩家选择了一个游戏桌坐下，则需要等待其他玩家加入游
戏成为对手；若玩家选择了离开该游戏桌（leave table），则服务器会再次列出游戏桌信息；
若玩家选择了离开该房间，则服务器会再次列出房间信息。

（3）当玩家选择了一个游戏桌，并且已有其他玩家加入为对手后，则玩家可浏览对手信
息。如果玩家不满意对手，可离开游戏桌（leave table），并重新浏览游戏桌信息；如果满意
对手，则可进行游戏（play games）。

（4）如果玩家与对手之间的游戏结束（game over），则服务器会记录游戏结果，同时玩
家可以选择继续游戏或者离开游戏桌。

15.2　系　统　设　计

15.2.1　系统构架设计

该系统基于客户端/服务器模式构建，因此考虑建立客户端子系统与服务器子系统两个
程序系统，其系统构架如图 15-6 所示。

1. GameClient（客户端子系统）

客户端子系统功能是：

（1）棋局对弈中的交互处理与控制。

（2）游戏过程中的通信处理与控制。

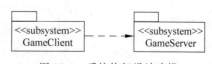

图 15-6　系统构架设计建模

为方便客户端程序的安装运行，该子系统将基于 Java 平台实现。

2. GameServer(服务器子系统)

服务器子系统的功能是:

(1) 客户通信集中控制。

(2) 客户信息集中管理。

为获得较高的服务性能,该子系统将基于 C++平台实现。

15.2.2 类结构设计

1. GameClient(客户端子系统)

首先分析该子系统的象棋对弈时的棋局交互处理与控制功能,其将涉及以下方面的核心类体。

- 界面类:提供操作界面和控制菜单。
- 盘面类:对弈的操作平台,核心结构。
- 棋子类:提供行棋的合法操作。
- 存储类:提供保存的棋局信息。

图 15-7 所示为该功能实现的类结构建模。其中,ChessBoard 为棋盘类,Chessman 为棋子类,ChineseChess 为运行窗类,Save 为棋局存储格式类。

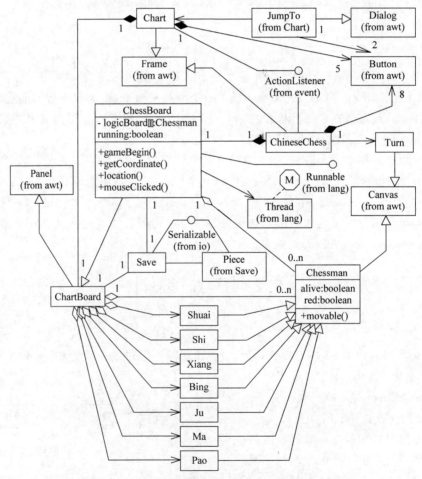

图 15-7 棋局对弈中的交互处理与控制的类结构建模

接下来是游戏过程中的通信处理与控制。图 15-8 所示为该功能实现的类结构建模。其中，Login 为登录窗类；Room 为游戏房间类；Socket 为套接字类；ClientWindow 为带网络连接的客户端运行窗类，是 ChineseChess 的子类；Runnable 为多线程接口。

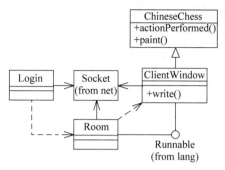

图 15-8　游戏过程中的通信处理与控制的类结构建模

2. GameServer（服务器子系统）

图 15-9 所示为该子系统类结构建模。其中，ServerMain 为服务器主线程；IOCompletionPort 为完成端口；COMPLETIONKEY 为完成键，存储客户信息（如套接字）；PER_IO_OPERATION_DATA 为 I/O 操作数据，存储每次 I/O 操作所需的信息；WINSOCK2 集中了各种可用的 Windows 操作系统网络通信 API；Umx_Pack 为通信消息包类；LockCycQueue <Msg>为存储元素为 Msg 的多线程安全循环队列类；Msg 为消息类；USER 为用户信息类；CRITICAL_SECTION 为临界段类。

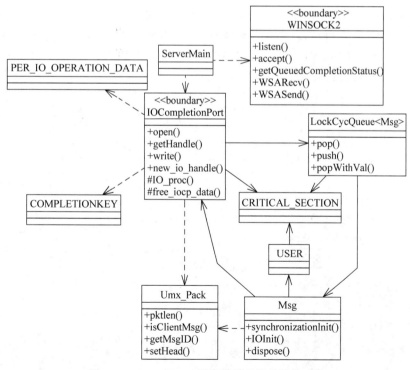

图 15-9　GameServer 服务器子系统类结构建模

面向对象程序工程案例

15.2.3 对象交互设计

该系统以分析用例为任务单元,逐个完成有关对象的交互设计,包括登录系统、客户通信、棋局对弈、棋局复盘等用例的对象交互设计。

1. 登录系统交互设计

图 15-10 所示为登录系统交互设计建模,其交互活动是 Client(客户端)向服务器发送登录消息。该消息由预先处于监听状态的 WINSOCK2 接收,并返回客户端套接字(clientSocket)给服务器主线程(ServerMain)。接着,主线程向完成端口(IOCompletionPort)发出建立新 I/O 句柄的消息,完成端口则在接到消息后向 WINSOCK2 投递接收客户端消息的请求(WSARecv)。

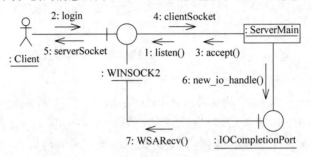

图 15-10   登录系统交互设计建模

2. 远程通信交互设计

图 15-11 所示为远程通信交互设计建模,其交互活动是:消息发送者(MessageSender)先向 WINSOCK2 发送消息,WINSOCK2 收到消息后向 Umx_Pack 发送验证消息来验证消息包的完整性和接收对象,若不完整则继续接收,若为客户端之间的信息则直接转发至客户端,否则送入消息队列,完成排队后由消息对象完成请求的服务,并将通知完成端口发送反馈消息给消息接收者(MessageReceiver)。

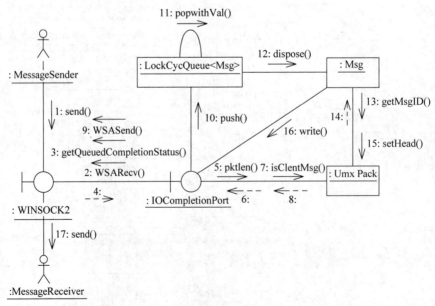

图 15-11   远程通信交互设计建模

3. 棋局对弈交互设计

棋局对弈涉及开局、选子、移子、吃子、悔棋等诸多操作，这些操作都有一定的复杂性，并都为棋局对弈用例包含的子用例。因此，为使设计能对编程提供良好的支持，棋局对弈设计很有必要深入其所包含的子用例层面。也就是说，有必要按照开局、选子、移子、吃子、悔棋分别建模说明交互。图 15-12～图 15-16 所示的时序图即为对这些交互活动的建模。

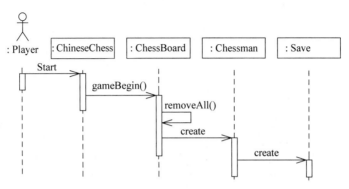

图 15-12　棋局对弈时开局交互设计建模

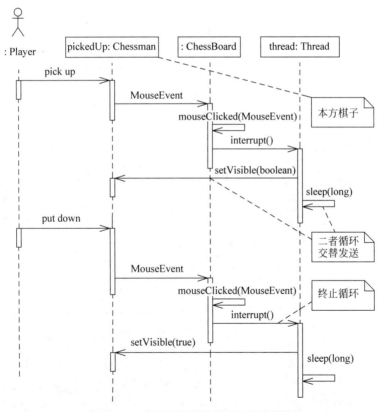

图 15-13　棋局对弈时选子交互设计建模

4. 棋局复盘交互设计

图 15-17 所示为棋局复盘交互设计建模。

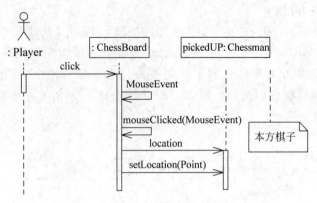

图 15-14　棋局对弈时移子交互设计建模

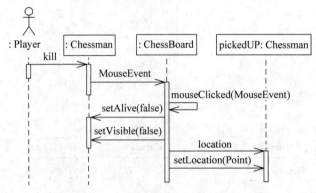

图 15-15　棋局对弈时吃子交互设计建模

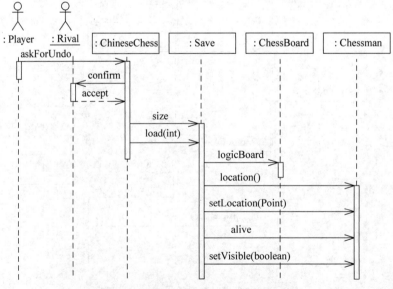

图 15-16　棋局对弈时悔棋交互设计建模

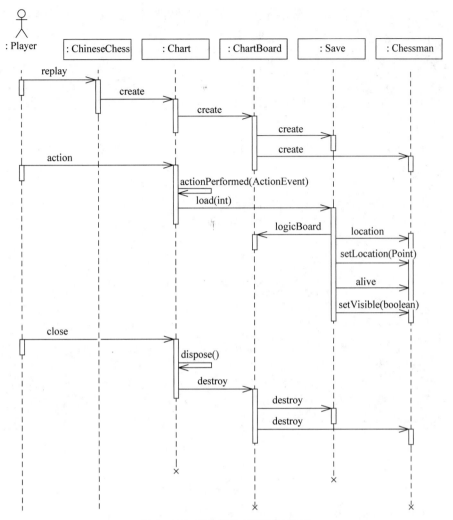

图 15-17　棋局复盘交互设计建模

15.2.4　棋局对弈界面设计

1. 棋局对弈界面图

棋局对弈界面以交互需求为设计依据,即仿真中国象棋棋盘,美观易用且不凌乱。图 15-18 所示即为设计结果。

2. 棋局对弈中棋盘对象的状态说明

棋局对弈界面的核心内容是棋盘,棋盘应该在棋局对弈中提供良好的交互性,并有必要提供良好的设计建模说明,为编程实现提供依据。

图 15-19 所示即为对弈交互中棋盘对象的状态建模说明。

15.2.5　系统构件设计

该程序系统以其构架设计为依据进行物理构建,并通过下列 4 个构件进行物理封装。其设计建模如图 15-20 所示。

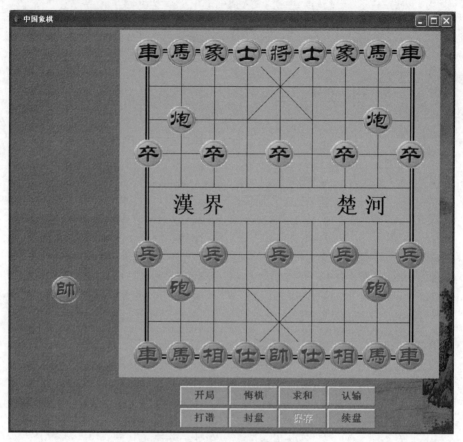

图 15-18　棋局对弈界面设计

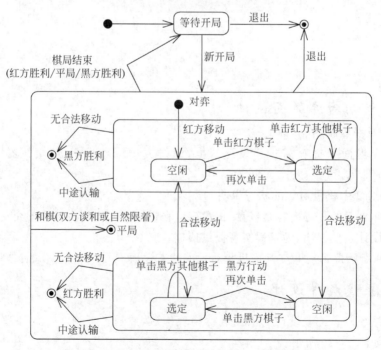

图 15-19　棋盘对象在对弈交互中的状态建模说明

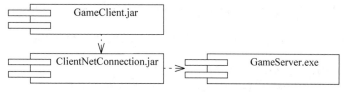

图 15-20　系统构件设计建模

- GameClient.jar：客户端棋局对弈与游戏信息处理程序。
- ClientNetConnection.jar：客户端网络连接程序。
- GameServer.exe：服务器游戏服务支持程序。

15.3　程序框架清单

15.3.1　客户端程序

```
public abstract class Chessman extends Canvas
{
    public static int size;
    static ChessBoard chessBoard;
    public boolean red, alive = true;
    public byte id;
    public Point location;
    private ImageIcon in;
    public Chessman(ImageIcon in, byte id);
    public void paint(Graphics g);
    public abstract boolean movable(int x, int y);
    public abstract byte value();
}
```

打谱运行窗类,运行窗的基类,实例提供打谱的操作界面。

```
public class Chart extends Frame implements ActionListener
{
    private static final long serialVersionUID = - 974146707872975294L;
    int w, h;
    ChartBoard chartBoard;
    Button restart, last, next, to, load;
    public Chart(String s, Save current);
    public void paint(Graphics g);
    public void actionPerformed(ActionEvent e);
    class JumpTo extends Dialog implements ActionListener
    {
        private static final long serialVersionUID = 4343903860783201950L;
        TextField input = new TextField(4);
        Button to = new Button("跳转"), cancel = new Button("取消");
        String toStep = null;
        public JumpTo(Frame f, String s);
        public void actionPerformed(ActionEvent e);
    }
}
```

运行窗类,主界面,实例提供对弈所需功能的操作界面。

```
public class ChineseChess extends Frame implements ActionListener
{
    private static final long serialVersionUID = - 6686759561145449949L;
    protected int w, h;
    protected ChessBoard chessBoard;
    public Button start, regret, beg, giveUp, chart, suspend, saveGame, load, set;
    public Turn chessBlack, chessRed;
    protected Frame opened = null;
    public ChineseChess(String s);
    public void close();
    public void paint(Graphics g);
    public void actionPerformed(ActionEvent e);
}
```

演示盘类,棋盘类的基类,打谱时用的棋盘。

```
public class ChartBoard extends Panel
{
    private static final long serialVersionUID = 6976811080119704740L;
    protected static int w, h, r;
    protected static Chart window;
    public Point toCoordinate(final Point p);
    public Point toLocation(final Point p);
    protected int step, limitStep;
    protected boolean turn = true, check;              //真红假黑
    protected Label label[][] = new Label[90][8];
    protected Point jumpoffPoint = null, endPoint = null;
    protected Chessman logicBoard[][], chessman[];
    protected Ju bj[] = new Ju[2], rj[] = new Ju[2];
    protected Ma bm[] = new Ma[2], rm[] = new Ma[2];
    protected Pao bp[] = new Pao[2], rp[] = new Pao[2];
    protected Shuai jiang, shuai;
    protected Shi bs[] = new Shi[2], rs[] = new Shi[2];
    protected Xiang bx[] = new Xiang[2], rx[] = new Xiang[2];
    protected Bing bz[] = new Bing[5], rb[] =  new Bing[5];
    public Save history;
    public ChartBoard();
    public ChartBoard(int width, int height, Save current);
    public void addLabel();
    public void changeTurn();
    public void chessmanMoved(Point a, Point b, boolean bool);
    public void paint(Graphics g);
}
```

棋盘类,演示盘类的子类,对弈时用的棋盘。

```
public class ChessBoard extends ChartBoard implements
Runnable, MouseListener, MouseMotionListener
{
    private static final long serialVersionUID = 5753667855531808718L;
    protected static ChineseChess window;
    public void test();
    public Point getCoordinate(int x, int y);
    public Point getCoordinate(final Point p);
    public Point location(int x, int y);
```

```
        public Point location(final Point p);
        public boolean reachable(int x, int y);
        public int step;
        protected int limitStep;
        protected boolean drag = false, running = false;          //真红假黑
        protected Thread thread;
        protected Chessman pickedUp = null, bringUp = null,
            redAttackForce[] = new Chessman[11], blackAttackForce[] = new Chessman[11];
        public ChessBoard(int width, int height);
        public void gameBegin();
        public void gameEnd(byte win, byte reason);
        public void mouseClicked(MouseEvent e);
        public void mouseDragged(MouseEvent e);
        public void mouseEntered(MouseEvent e);
        public void mouseExited(MouseEvent e);
        public void mouseMoved(MouseEvent e);
        public void mousePressed(MouseEvent e);
        public void mouseReleased(MouseEvent e);
        public void run();
        public boolean whiteFaceKilling();
        public boolean checked();
        public boolean checking();
        public boolean catching();
        public boolean legal();
        public boolean killed();
    }
```

远程对弈窗类，运行窗类的子类，在其基础上增加了网络连接和远程对弈的功能。

```
public class ClientWindow extends ChineseChess implements Runnable
{
        protected int w, h;
        protected MultiChessBoard chessBoard;
        protected Socket opponent;
        protected DataInputStream in;
        protected DataOutputStream out;
        protected Thread opponentThread;
        protected boolean ready = false, opponentReady = false;
        public ClientWindow(String s, boolean side, Socket socket) throws IOException;
        public void close();
        public void paint(Graphics g);
        public void actionPerformed(ActionEvent e);
        public void run();
        public synchronized void write(byte op, Point from, Point to, boolean check);
    }
```

远程对弈盘类，棋盘类的子类，在其基础上增加了远程对弈的功能。

```
public class MultiChessBoard extends ChessBoard
{
        public boolean side;
        protected static ClientWindow window;
        public MultiChessBoard(int width, int height, boolean side);
        public Point toCoordinate(final Point p);
        public Point toLocation(final Point p);
        public Point location(int x, int y);
```

```
    public Point location(final Point p);
    public void gameEnd(byte win,byte reason);
    public void gameEnd(byte win,String information);
    public void mouseClicked(MouseEvent e);
    public void mouseMoved(MouseEvent e);
    public void opponentStepped(Point from,Point to,boolean check);
}
```

存盘类,实现了棋局的保存格式和方式。

```
public class Save implements Serializable
{
    private static final long serialVersionUID = - 4790784557769296459L;
    static ChartBoard chartBoard;
    static ChessBoard chessBoard;
    public int size = 0;
    public boolean end = false,chart = false;
    public byte win = 0;
    Piece   existent[] = new Piece[4000];
    public Save();
    public Save(boolean chart);
    public Save clone();
    public void load(int s);
    public void save();
    public byte iterance();
    class Piece implements Serializable
  {
      private static final long serialVersionUID = 1273925041460411199L;
      boolean check,turn;
      Point jumpoffPoint,endPoint;
      int limitStep;
      byte logic[][] = new byte[10][10],number = 0;
      Piece();
  }
}
```

登录窗类,远程对弈前登录到服务器的登录窗。

```
public class Login extends Dialog implements ActionListener
{
    static Socket socket = null;
    static ObjectInputStream objIn = null;
    static DataInputStream in = null;
    static DataOutputStream out = null;
    Button call = new Button("登录");
    TextField userName = new TextField(10);
    public Login(Frame f, String title,int x,int y);
    public void actionPerformed(ActionEvent e);
}
```

房间类,显示房间信息的窗口类。

```
public class Room extends Frame implements Runnable,ActionListener
{
    public static ChineseChess playingWindow = null;
    TableButton button[] = new TableButton[80];
```

```
        String opponentName;
        InetAddress opponentIP;
        Socket opponent;
        public Room(String title) throws IOException, ClassNotFoundException;
        public void run();
        public void actionPerformed(ActionEvent e);
        class TableButton extends Button
        {
                int id;
                TableButton(int id);
                TableButton(String name, int id);
        }
    }
```

15.3.2 服务器程序

单身模式模板,该模板的模板类确保只有一个,根据类名引用。

```
template < class T >
class Singleton
{
  public:
        static T * getIstance()
        {
                return instance? instance: instance = new T;
        }
  protected:
        Singleton()
        {
        }
        void free()
        {
                if(instance)
                {
                        delete[] instance;
                        instance = NULL;
                }
        }
        static T * instance;
};
```

用以下方式定义单身模式下的 I/O 端口:

```
typedef Singleton < IOCompletionPort > IOPort;
```

每个 I/O 操作依附的数据:

```
typedef struct
{
    OVERLAPPED Overlapped;
    WSABUF DataBuf;
    char * Buffer;
    int BufferLen, * reference;          ///< Buffer 大小
    DWORD CompletedBytes;                ///完成字节数
    bool Flag;                           ///IO_FLAG_READ 为接收; IO_FLAG_WRITE 为发送
    LPCRITICAL_SECTION lockcore;
```

面向对象程序工程案例

```
}PER_IO_OPERATION_DATA, * LPPER_IO_OPERATION_DATA;
```

每个 I/O 句柄依附的数据：

```
typedef struct
{
    unsigned int handle;
    long number;
}COMPLETIONKEY, * LPCOMPLETIONKEY;
```

I/O 完成端口类体：

```
class IOCompletionPort
{
public:
    IOCompletionPort();
    virtual ~IOCompletionPort();
    int open();
    HANDLE getHandle();
    int write(unsigned int handle, const char * buf, int len, LPCRITICAL_SECTION cs = NULL, int
* reference = NULL);
    int new_io_handle(unsigned int handle, long clientNo);
    //void CloseIOHandle(unsigned int handle);
protected:
    DWORD WINAPI IO_proc(void * param);
    void free_iocp_data(LPCOMPLETIONKEY lpCompletionKey, LPPER_IO_OPERATION_DATA lpPerIoData);
    LockCycQueue < Msg > * msgManager;
    HANDLE          handle_, threadHandle[16];
    set < unsigned int > socket_handles_;          ///保存所有的连接句柄,用于析构时释放
    DWORD          dwNumberOfProcessors;
    CRITICAL_SECTIONlockcore;
};
```

参 考 文 献

［1］ PRESSMAN R S.软件工程：实践者的研究方法［M］.郑人杰,马素霞,白晓颖,译.6 版.北京：机械工业出版社,2006.

［2］ JACOBSON I,BOOCH G,RUMBAUGH J.统一软件开发过程［M］.周伯生,冯学民,樊东平,译.北京：机械工业出版社,2002.

［3］ BOOCH G,RUMBAUGH J,JACOBSON I.UML 用户指南［M］.邵维忠,麻志毅,张文娟,等译.北京：机械工业出版社,2001.

［4］ MACIASZEK L A.需求分析与系统设计［M］.金芝,译.北京：机械工业出版社,2003.

［5］ PFLEEGER S L.软件工程：理论与实践［M］.吴丹,史争印,唐忆,译.2 版.北京：清华大学出版社,2003.

［6］ 覃征.软件体系结构［M］.西安：西安交通大学出版社,2002.

［7］ YOURDON E,ARGIL A C.实用面向对象软件工程教程［M］.殷人昆,田金兰,马晓勤,译.北京：电子工业出版社,1998.

［8］ WIEGERS K E.软件需求［M］.陆丽娜,王忠民,王志敏,等译.北京：机械工业出版社,2000.

［9］ 骆斌,荣国平,葛季栋.软件过程与管理［M］.北京：机械工业出版社,2012.

［10］ 曾强聪,赵歆.软件工程原理与应用［M］.2 版.北京：清华大学出版社,2016.

［11］ 曾强聪,赵歆.软件工程方法与实训［M］.北京：高等教育出版社,2010.

［12］ 阳文东,曾强聪,吴宏斌.软件项目管理方法与实践［M］.北京：中国水利水电出版社,2009.

图书资源支持

感谢您一直以来对清华版图书的支持和爱护。为了配合本书的使用，本书提供配套的资源，有需求的读者请扫描下方的"书圈"微信公众号二维码，在图书专区下载，也可以拨打电话或发送电子邮件咨询。

如果您在使用本书的过程中遇到了什么问题，或者有相关图书出版计划，也请您发邮件告诉我们，以便我们更好地为您服务。

我们的联系方式：

地　　址：北京市海淀区双清路学研大厦 A 座 714

邮　　编：100084

电　　话：010-83470236　010-83470237

客服邮箱：2301891038@qq.com

QQ：2301891038（请写明您的单位和姓名）

资源下载：关注公众号"书圈"下载配套资源。

资源下载、样书申请

书圈

图书案例

清华计算机学堂

观看课程直播